纺织新技术书库⑧

U0259150

新型服装面料开发

郭凤芝　邢声远　郭瑞良　编著

中国纺织出版社

内 容 提 要

本书主要介绍了新型服装面料开发的科学理论及方法、影响新型服装面料开发的因素和现代新型服装面料开发应用的数字化技术及方法。为纺织服装院校学生和纺织服装企业科技人员进一步掌握开发新型服装面料技能提供了帮助，使之在服装设计中能灵活运用相关知识，有利于服装功能的发挥，有利于材料物尽其用，有利于开发个性化服装，有利于服装和面料的共同创新。

本书可供纺织服装院校纺织材料、纺织品设计、服装工程专业师生参考使用，也可供纺织服装生产企业技术人员参考。

图书在版编目（CIP）数据

新型服装面料开发/郭凤芝,邢声远,郭瑞良编著. —北京：中国纺织出版社,2014.9（2024.7重印）
（纺织新技术书库㉞）
ISBN 978-7-5180-0822-3

Ⅰ.①新… Ⅱ.①郭…②邢…③郭… Ⅲ.①服装—材料—开发 Ⅳ.①TS941.15

中国版本图书馆 CIP 数据核字（2014）第 170607 号

———————————————————————————

策划编辑:范雨昕　　特约编辑:王文仙　　责任校对:余静雯
责任设计:何　建　　责任印制:何　建

———————————————————————————

中国纺织出版社出版发行
地址:北京市朝阳区百子湾东里 A407 号楼　邮政编码:100124
销售电话:010—67004422　传真:010—87155801
http://www.c-textilep.com
中国纺织出版社天猫旗舰店
官方微博 http://weibo.com/2119887771
北京虎彩文化传播有限公司印刷　各地新华书店经销
2024 年 7 月第 3 次印刷
开本:710×1000　1/16　印张:13.75
字数:203 千字　定价:45.00 元

———————————————————————————

前　言

　　创新能力是评价一个产业乃至一个国家经济实力的重要标志。在商品生产不断发展的今天,企业是否采用高新技术研发新产品并投放占领市场是企业成败的关键之一。为了在激烈的商品竞争中获胜,世界各国的企业都十分重视新产品的研究和开发。在世界钟表生产王国瑞士,平均20天就有一种优质新产品问世。据有关资料介绍,日本已经生产和有待开发的差别化纤维、功能性纤维、高性能纤维有数百种。美国以高功能化学纤维为主要组成的复合材料在航空、航天领域中的应用达40万吨,并以每年20%的速度增长。用于装备卫星的耐高温材料、高绝缘材料、超级防污材料、抗菌仿生以及用于制作人体器官的材料、用于信息技术的光导纤维等,都与纺织材料和纺织产品密切相关。现在,纺织材料、纺织产品涉及的科学技术领域及其应用领域日益扩大,向空间、海洋、生物领域飞速发展。

　　服装面料是重要的纺织产品之一,是服装的物质基础。新型服装面、辅料的问世始终伴随和直接推动着服装业的迅速发展。一种新型服装材料的出现就会掀起新的服装潮流,打开一个新的服装市场,所以服装的发展过程从某种意义上看也是服装面料的不断创新、完善和提高的过程。面料的发展制约和推动服装产业的发展,服装产业的发展又要求面料不断更新。面料的档次水平和时新程度直接影响了服装在市场中的竞争力。我国服装面料的开发、设计整体水平在近年有了很大提高,但与先进国家的差距仍然较大,出口服装所使用的面料约50%要靠进口,国内服装面料市场还要继续发展和完善,目标是必须有自己创造的新产品。

　　本书通过介绍新型服装面料开发的科学理论及科学方法、新型服装面料开发中的影响因素、新型服装面料开发应用的数字化技术等,使学生和服装企业科技人员进一步掌握开发新型服装面料的知识,开拓思路,不但能在服装设计中进行面料的应用设计,还能进行目标设计,使服装的功能充分发挥,材料物尽其用,开发出个性化服装,有利于服装和面料的共同创新,推动我国服装面料更上一个层次,并在国际服装市场上占有一席之地。

　　本书由郭凤芝、邢声远、郭瑞良共同编写。前言、第二章、第三章、第四章、第一章的第一～第三、五节和第七章的第一～第四节由郭凤芝编写,第五章、第一章的第四节、第三章新型花式纱线的应用部分和第七章的第五节由邢声远编写,第六章由郭瑞良编写。

　　本书编写时,贯彻了科学性、知识性、实用性和可操作性原则,编写过程中,得到了马雅芳、橄增祺、邢宇新、张文菁、邢宇东、马雅琳、张娟、张长林、殷娜、王红、曹小红、曾燕、耿小刚等同志的大力帮助,并参考了不少书刊上的文献资料,在此对参考文献的作者和帮助过本书编写、出版的同志表示衷心的感谢和敬意!

　　由于编著者的水平和经验有限,书中难免有挂一漏万和不足之处,恳请行业内各位专家、学者和读者批评指正,不胜感激!

编著者
2014 年 3 月于北京

目 录

第一章　概述 ·· 1

　第一节　新型服装面料开发的概念和意义 ················ 1

　　一、新型服装面料开发的意义 ······················ 1

　　二、新型服装面料开发的概念 ······················ 1

　第二节　新型服装面料开发的科学理论和科学方法 ········ 2

　　一、新型服装面料的开发与系统工程 ················ 2

　　二、新型服装面料的开发与价值工程 ················ 5

　　三、新型服装面料开发的科学思维 ·················· 7

　第三节　新型服装面料开发与美学 ···················· 8

　　一、材质美与服装面料的开发 ······················ 8

　　二、纹理美与服装面料的开发 ······················ 10

　　三、色彩美与服装面料的开发 ······················ 11

　　四、手感风格美与服装面料的开发 ·················· 12

　第四节　仿生学在新型服装面料开发中的应用 ············ 13

　　一、纺生学的相似原理 ···························· 14

　　二、仿生学在纺织工业中的应用 ···················· 15

　第五节　未来服装面料开发的新思路 ·················· 17

　　一、技术与艺术的结合 ···························· 18

　　二、物质与精神的结合 ···························· 18

　　三、传统与现代的结合 ···························· 19

　　四、个性和共性的结合 ···························· 19

　　五、宏观和微观相结合 ···························· 20

第二章　纤维材料与新型服装面料的开发 ················ 21

　第一节　纤维材料与织物的关系 ······················ 21

　　一、纤维材料与织物服用性能的关系 ················ 21

　　二、纤维材料与织物经济性的关系 ·················· 23

　第二节　纤维材料在新型服装面料开发中的作用 ·········· 23

　　一、纤维材料是新型服装面料开发的物质基础 ·········· 23

二、纤维材料决定新型服装面料的加工工艺 …………………… 23

第三节　纤维材料与新型服装面料的开发 ………………………… 24

一、把握纤维的性能 ………………………………………… 24

二、纤维材料在新型服装面料开发中的应用 ……………… 25

第三章　纱线与新型服装面料的开发 ………………………… 32

第一节　纱线与织物的关系 ……………………………………… 32

一、纱线是纤维和织物之间的桥梁 ……………………… 32

二、纱线直接影响织物的性能 …………………………… 32

第二节　纱线在服装面料开发中的作用 ……………………… 39

一、纱线结构可以在一定程度上改变材料特性 ………… 40

二、纱线内纤维的组合可以改善产品性能 ……………… 40

第三节　变形纱、无捻纱、新型花式纱线的应用 …………… 41

一、变形纱及其新产品 …………………………………… 41

二、无捻纱及其新产品 …………………………………… 47

三、新型花式(色)纱线及其应用 ……………………… 48

第四章　编织、染整技术与服装面料的开发 ……………… 58

第一节　织物设计中原料与组织的合理配置 ……………… 58

一、针织、机织物组织在面料设计中的应用 …………… 58

二、织物设计中原料与组织的合理配置 ………………… 93

三、组织结构的选择与配置举例 ………………………… 95

第二节　编织新型设备在面料开发中的作用 ……………… 97

一、各种新型织机的应用 ………………………………… 97

二、利用纺织新技术开发新型面料 ……………………… 98

第三节　染整技术在新型服装面料开发中的作用 ……… 104

一、预处理的作用 ……………………………………… 104

二、染色方法的选择 …………………………………… 104

三、印花方法的选择 …………………………………… 106

四、后整理方法的选择 ………………………………… 112

第四节　装饰设计在新型服装面料开发中的作用 ……… 120

一、利用刺绣方法装饰面料 …………………………… 120

二、利用褶饰方法装饰面料 …………………………… 123

三、利用编结件装饰面料 ……………………………… 124

四、利用拼贴法装饰面料 ……………………………… 124

五、利用烫贴法装饰面料 ……………………………… 124

六、利用抽纱法装饰面料 ……………………………… 125

七、利用镂空法装饰面料 ……………………………… 126

第五章　复合加工方法与新型服装面料的开发 ……………… 127

第一节　纤维型复合面料的开发 ……………………… 127

一、复合纤维的分类 ……………………………… 128

二、复合纤维的生产方法 ………………………… 128

第二节　纱线型复合面料的开发 ……………………… 130

一、均相复合纱（混纺纱） ……………………… 130

二、群体复合纱（混捻纱） ……………………… 131

三、多层复合纱（包覆纱） ……………………… 134

第三节　织物涂层型复合面料的开发 ………………… 135

一、涂层复合的机理 ……………………………… 136

二、涂层复合常用的涂料与添加剂 ……………… 136

三、涂层复合工艺 ………………………………… 137

四、服用涂层面料 ………………………………… 138

第四节　复合织物面料的开发 ………………………… 141

一、黏合剂复合 …………………………………… 142

二、热熔复合 ……………………………………… 142

三、焰熔复合 ……………………………………… 143

四、其他复合 ……………………………………… 144

第六章　数字化技术在服装面料开发中的应用 ……………… 145

第一节　数字化技术在纱线设计中的应用 …………… 145

一、编辑纱线参数 ………………………………… 146

二、创建纱线 ……………………………………… 147

三、特殊纱线效果 ………………………………… 147

第二节　数字化技术在面料设计中的应用 …………… 147

一、机织面料的设计 ……………………………… 147

二、针织面料的设计 ……………………………… 149

三、面料数据库的使用 …………………………… 153

第三节　数字化技术在印染方面的应用 ……………… 154

一、样稿分析 ……………………………………………………………… 155

二、样稿输入 ……………………………………………………………… 156

三、格式转换 ……………………………………………………………… 156

四、色彩处理 ……………………………………………………………… 156

五、图像处理 ……………………………………………………………… 156

六、其他功能 ……………………………………………………………… 157

第七章　服装面料新风格、特性的开发 …………………………………… 158

第一节　服装面料的风格与服用性能 ……………………………………… 158

一、面料的风格特征及影响因素 …………………………………………… 158

二、面料的服用性能及影响因素 …………………………………………… 161

第二节　舒适型面料的开发 ………………………………………………… 163

一、舒适合体的弹性面料的开发 …………………………………………… 164

二、吸湿透气的凉爽面料的开发 …………………………………………… 164

三、恒温、保暖舒适面料的开发 …………………………………………… 169

四、高级纯棉服装面料的开发 ……………………………………………… 169

五、心理舒适性面料的开发 ………………………………………………… 170

第三节　生态环保型面料的开发 …………………………………………… 171

一、环保型纤维素纤维面料的开发 ………………………………………… 172

二、改良的蛋白质纤维面料的开发 ………………………………………… 174

三、新型生态环保的再生纤维素纤维面料的开发 ………………………… 175

四、新型再生蛋白质纤维面料的开发 ……………………………………… 177

五、再生动物毛蛋白质纤维面料的开发 …………………………………… 179

六、可完全生物降解的合成纤维——聚乳酸纤维（PLA 纤维）面料的开发 …… 180

第四节　功能型面料的开发 ………………………………………………… 180

一、保健卫生功能面料的开发 ……………………………………………… 180

二、阻燃与隔离功能面料的开发 …………………………………………… 188

三、防水透湿功能面料的开发 ……………………………………………… 191

四、拒水拒油功能面料的开发 ……………………………………………… 192

五、防静电功能面料的开发 ………………………………………………… 193

六、形状记忆面料的开发 …………………………………………………… 193

七、安全反光面料的开发 …………………………………………………… 194

八、高性能纤维面料的开发 ………………………………………………… 195

九、变色面料的开发 ………………………………………………………… 196

第五节　新视觉面料的开发 ·· 197

　　一、仿麂皮面料 ·· 197

　　二、砂洗面料 ·· 199

　　三、起绉织物面料 ·· 200

　　四、高收缩面料 ·· 202

　　五、异形纤维面料 ·· 203

　　六、闪光灯芯绒 ·· 204

　　七、涤纶类仿丝绸面料 ·· 204

　　八、烂花类面料 ·· 207

参考文献 ··· 209

第一章 概述

服装是人类生活的必需品,服装面料和其他辅料是服装构成的基础,是构成一件完美服装的有机组成部分。无论从原始社会人类穿着使用的树叶、兽皮,到现代社会服装应用的丰富多彩的各类面料、服饰,都可以证明伴随着人类文明的进步服装也在进步。由此可见,新型服装面料的开发将是人类社会发展的永恒主题。

第一节 新型服装面料开发的概念和意义

一、新型服装面料开发的意义

我国服装出口占全国商品出口的 1/6,也占世界服装贸易的 1/6。但目前出口服装中有一半属于来料加工,每年进口面料约 60 亿美元。一方面我们的纺织品卖不出去,另一方面还要进口面料用来加工出口服装。之所以造成这样的格局,直接原因是我国服装面料的开发、设计整体水平与先进国家差距较大,这与我们纺织服装出口大国的身份极不相称。我国加入世贸组织后,国外服装面料更是大量进入国内市场,所以新型服装面料的开发更加急迫。

二、新型服装面料开发的概念

新型服装面料也是一种新产品。新型服装面料开发有广义和狭义之分,广义的开发把研究阶段以致开发后的推广阶段也包括进去,狭义的开发则指技术的运用。例如,开发某种异形纤维新产品,研制出相应的喷丝板和纺出相应的异形丝,属于技术开发;利用异形纤维设计织制出某种异形纤维织物(新型面料),属于新技术的运用。这里,我们把新型服装面料开发定义为:运用科学技术研制出新型服装面料的全部技术活动,亦即把科学研究成果和一般科学知识应用于新型服装面料产品和工艺上的一种活动。

新型服装面料开发实际上是基础研究到应用研究、技术开发的继续,即由技术开发进一步发展到产品开发。新型服装面料开发的目的是创造新产品,因此新型服装面料开发的结果就是实际的新产品。从新型服装面料的开发来分析,狭义的传统服装面料开发是指新面料的设计,它局限在设计方面。而广义的、现代的新型服装面料开发的概念包括多方面工作,要通过多方面的工作来保证其面料开发具有足够的针对性、可靠性、保证性并能使产品开发获得成功,取得最大效益。这项开发活动涉及许多方面,如有关设备和工艺的研制和改造、新材料的研制和应用、产品结构的设计、产品功能的设计和改造以及产品造型和美观的设计,直到市场的开发和销售服务等方面。所以从现代产品开发的要求和观点来看,局限于狭义的开发活动已远远不够,应该拓宽视线,重视广义的产品开发活动。

国外经验表明,从调研到销售的全程式产品开发可以使新型服装面料开发路子广、方向准、速度快、花样多,从而能尽快提高经济效益。

第二节　新型服装面料开发的科学理论和科学方法

作为一门刚刚萌芽的科学,产品开发除了具有自身的理论与实践规律之外,还与众多的科学领域互相联系、互相渗透、互相交叉。服装面料的开发同样遵循以上规律。

一、新型服装面料的开发与系统工程

(一)系统工程的含义

系统指由相互作用和相互联系的若干组成部分或要素依一定的秩序结合而成的具有特定功能的稳定整体。系统的主要特点是整体性和协调性。一般来说,系统都要和环境发生特定关系。材料、能量和信息是构成系统的三个基本要素。系统还具有层次性、多样性和历史性。

从系统的产生和来源上讲,现实的系统分为三类。

第一,自然系统,如太阳系、银河系、气象系统、水循环系统、生态系统等都是由自然物组成的。

第二,人工系统,如生产系统、运输系统、通信系统、经济系统、教育系统、学科体系等,它们是人类为了实现各种目的而建立起来的系统。

第三,复合系统,如气象预报系统、广播系统、交通管理系统等人—机组合的系统,它是自然系统与人造系统相结合的系统。

系统工程是系统科学中的一个组成部分,属于工程技术类的一门新型科学。具体地说,它是以信息技术为工具,用现代工程的方法去研究和管理系统,以求得系统的最优设计、最优控制、最优管理的一门技术方法,这是一种对所有系统都具有普遍意义的科学方法。

(二)系统的特征

系统的特征有以下几方面。

第一,目的性和功能性。系统工程研究的主要对象是人造系统和复合系统,这类系统是根据目的来设定其功能的,即系统的运行可以完成一定的功能。

第二,相关性。系统中相关联的部分或部件形成"部件集","集"中各个部分的特性和行为互相制约、互相影响,这种相关性确定了系统的性质和形态。

第三,有序性。系统是按照一定的结构、功能和层次构成的,而且结构、功能和层次按一定方向产生动态演变,使系统具有有序性。

第四,整体性。系统由相互依赖的若干部分组成,各部分之间存在着有机联系,构成一个综合的整体,以实现一定的功能。所以系统不是各部分的简单组合,而是有一定的统一性和整体性。

第五,动态性。物质和运动是密不可分的,各种物质的特性、形态、结构、功能及其规律都是通过运动表现出来的,要认识物质首先要研究物质的运动、系统的动态性使其具有生命周期。

第六,环境适应性。一个系统和包围该系统的环境之间通常有物质、能量和信息的交换,外界环境的变化会引起系统特性的改变,相应的引起系统内各部分相互关系和功能的变化,为了保持和恢复系统的原有特性,系统必须具有对环境的适应能力,否则就没有生命力等特征。

(三) 系统工程的研究对象

系统工程有"系统"和"工程"两个侧面。"系统"一方面指的是系统工程所研究的对象,另一方面反映了一种系统的观点,全面、系统地对所研究的对象采取多学科综合性的研究。"工程"强调的是系统科学理论的实践过程与应用,是将研究对象——"系统"的总体研究结果付之于实践。这两者有机地结合便是系统工程。

例如,在复合材料这样一大系统中,一般工程技术解决的是此系统中具体的工程技术问题,如增强材料的合成、纺丝、编织等。而系统工程则是解决这些过程中达到系统目标、实现系统工程的最优化方法问题。所以系统工程是站在系统的整体高度上,从系统的整体功能和目标出发,对各组成部分及其相互关系加以分析和评价,从而得到最佳方案。实际上这也是一种科学的、综合性的组织管理技术和方法的总称。

(四) 系统工程的方法与步骤

系统工程的方法论,是指人们在更高的层次上,正确地应用系统工程的思想、方法和各种准则去处理问题。其工作方法和步骤大致可分为:

第一,问题的确定。一般采用直观经验法、预测法、结构模型法、多变量统计分析法,或利用行为科学、社会科学、一般系统理论和模糊理论来分析,甚至将多种方法结合起来进行分析,明确任务和要求,使问题明确化;

第二,应用功效理论、费用/效益分析法、价值工程原理建立价值体系,研究确定系统的功能指标或目标函数;

第三,系统分析(建立模型)。在已经确定的目标下,对设想的各种方案进行分析、比较;

第四,系统最优选择,即在约束条件规定的可行区域内,从多种可行方案或替代方案中得出最优方案或满意方案;

第五,决策。在系统分析和系统综合的基础上,人们可以根据主观效用和主观概率作出决策;

第六,制订计划。一项大的产品开发项目,涉及设计、研究、开发和生产等很多子系统,每个环节又涉及组织大量的人、财、物,所以必须制订周密的计划,并严格地依照实施。

(五)新型服装面料的开发与系统工程

新产品是一种创造结果。通常创新产品的诞生要经过创造的准备期、创造的酝酿期、创造的突破期和创造的验证期。新产品开发过程与创造过程是一脉相承的,新产品开发可分为五个阶段,即构想阶段、设计阶段、行销规划阶段、投产阶段、投销阶段。其中新产品构想阶段相当于创造的准备期;新产品设计阶段和行销规划阶段相当于创造的酝酿期;新产品投产阶段是新产品的诞生,相当于创造的突破期;新产品投销阶段是检验新产品是否畅销,相当于创造的验证期,如图1-1所示。由图可见,新产品开发的任一环节都渗透着创造。

图1-1 创造与新产品开发

新产品的研究开发包括多种活动、多个部门、多项工作,它是各项工作综合作用的结果,各个部门形成一个体系。

狭义的服装面料产品开发是新面料的设计,它被看作是一项局限于设计方面的技术工作,其创新范围主要在品种花色。广义的服装面料产品开发则包括多方面的工作,对服装面料产品开发系统来说,至少有市场信息采集系统、分析预测系统、决策系统、研究开发系统、试制生产系统、销售服务系统。各系统之间相互联系,相互影响,各系统的信息还要反馈于市场调研系统,再经过分析,为决策下一步的市场开发目标服务(图1-2)。

图1-2 新型服装面料开发的系统工程

在图1-2中,市场调研系统(即市场信息采集系统)要收集市场上的用户需求、现代技术方向和竞争对手等情况,并将其提供给分析预测系统。分析预测系统进行创新构想、具体课题设想和对未来的预测,再把这些提供给决策系统(这个阶段相当于创造的准备期,即新产品即构想阶段)。决策系统根据自身技术力量、生产能力、财力和销售渠道等对项目构想进行评估和审批,即把决策的方案和实施计划交给研究开发系统(这个阶段相当于创造的酝酿期,即新产品设计和行销规划阶段)。研究开发系统再进行产品及工艺研究设计,还要随时根据生产条件,并参照流行情报、质量情报和价格情报,掌握投入日期和进入试制生产系统进行试制生产(这个阶段相当于创造的突破期,即新产品投产阶段)。销售服务系统把销售服务过程中得到的情况反馈给市场调研系统,以便进行下一阶段的市场开发(这个阶段相当于创造的验证期,即新产品投销阶段)。

在新型服装面料产品开发的整个系统工程中,各系统是互相联系的,缺一不可,尤其是后面的研发系统、试制生产系统和销售系统都要随时把信息向市场信息采集系统反馈,以便重新评价,确保新产品开发成功。首先,新产品开发是一个过程,它包含多个环节,它们彼此联系,形成体系,并非是一项简单的技术工作;第二,新产品开发不单是产品本身,而是体系,通过多方面的工作可以保证产品开发具有足够的针对性、可靠性、保证性,并使产品开发获得成功,取得最大效益;第三,新产品开发的每个环节对新产品开发起不同的作用,每一环节包含多方面的工作和要求,它们发生的任何一个失误,都会影响到全局。

由此可见,在新型服装面料的产品开发系统中包括技术性工作和非技术性工作,即管理工作。对于每一个企业,尤其是大型企业和集团,建立完整的产品开发体系是十分重要和必要的。

另外,有的面料企业在进行新型服装面料产品开发时,习惯按照工作进行顺序把整个开发工程的进度划分为规划阶段、设计阶段、研究开发阶段、生产阶段、深加工阶段、流通阶段、更新完善等阶段。

二、新型服装面料的开发与价值工程

(一)价值工程

第二次世界大战期间,美国通用电器公司的设计师迈尔斯(L. D. Miles)认为购买某种材料(产品),实际上是购买某种需求目的。于是便千方百计地寻求功能相同但价格最低的材料作为选购对象。起初,这一理论称为价值分析(Value Analysis,简称VA),并由此引出了围绕功能、成本为核心的"价值"概念。随后这一理论引起了企业界的重视,把这种分析方法推广应用到设计部门和生产技术部门,由此产生了价值工程(Valae Engineering,简称VE)。

价值工程指有组织、有步骤地分析研究一件产品、一个系统或一种劳务,谋求以最少耗费提供必要的功能,从而获得最优价值的经营管理技术。也可以说,价值工程主要是用来对已有的产品进行功能分析,研究以最少的成本如何实现产品的功能。这在降低产品成本、提高经济效益、扩大社会资源的利用效果等方面显示了突出作用。我国将价值工程表述为:"价值工程是通过各相关领域的协作,对所研究对象的功能与费用进行系统分析,不断创新,旨在提高对象价值的思想方法和管理技术。"

以往人们更多地注意用价值工程理论对已有产品进行分析与管理,而现代服装面料的产品开发中更应强调在全过程中运用价值工程理论,以便用最低的成本换取最高的质量与功能,同时取得最大的经济效益。

(二)价值工程中的价值

在价值工程中,价值的概念不同于政治经济学中的价值,而是衡量产品功能与费用之间的关系。即表明产品所具有的功能或满足消费者的程度与支付费用之间的关系。即:

$$价值(V) = \frac{功能(F)}{成本(C)} = 经济效果$$

从此式不难得出提高产品价值和经济效益的途径。

(1)保持产品成本不变,寻求提高其质量与功能。即:

$$\frac{F\uparrow}{C\rightarrow} = V\uparrow$$

(2)保持产品质量和功能不变,设法降低其成本。即:

$$\frac{F\rightarrow}{C\downarrow} = V\uparrow$$

(3)大大提高产品的质量和功能,其成本虽有增加,但价值仍有提高。即:

$$\frac{F\uparrow\uparrow}{C\uparrow} = V\uparrow$$

(4)设法减少或消除不必要的功能或过高的功能,这可以使其成本显著下降,从而提高产品的价值。即:

$$\frac{F\downarrow}{C\downarrow\downarrow} = V\uparrow$$

(5)提高产品的质量和功能,同时降低其成本,从而价值会显著提高。即:

$$\frac{F\uparrow}{C\downarrow} = V\uparrow\uparrow$$

(三)价值创造工程

随着市场竞争的加剧和管理意识的增强,人们对价值工程的含义有了进一步的理解与应用,使价值工程发展到价值创造工程的新阶段(V 简称 VCE)。

价值创造工程除了用于对已有产品进行科学分析与管理外,还强调开发独创性和换代新产品及高功能、高科技产品。更重要的是,价值创造工程将价值工程与创造学、市场学、技术美学、心理学、工业设计等有机地结合起来,强调创商品、创价值。也就是说,在开发服装面料的过程中,从产品的整体概念出发,以市场需求为目标,把技术和经济相结合,质量、功能与成本相结合,企业同消费者相结合,以创造商品的最高价值。

三、新型服装面料开发的科学思维

科学研究、技术开发、产品开发都是十分艰巨复杂的创造性劳动。如果没有大脑的科学思维,任何发明创造都是不可能的。任何科学研究成果、技术开发成果、产品开发成果的获得,都是科研人员科学思维的结果。因为很多发明创造和某些探索性研究都没有可供人们套用的公式,也不可能照搬某些预示成功的规矩,而是在科学工作者多方位实践的基础上,依靠个人和社会的才智与成果才能有所发现,有所发明,有所前进。其中科学思维有举足轻重的作用。

(一)思维科学

所谓思维是人脑对客观事物概括和间接的反映过程,它反映事物的一般特征和内部的本质联系及规律,是认识过程的高级阶段。思维过程也是大脑以已有的知识为中介,进行分析、综合、判断、推理和形象创造的过程。思维科学是研究人的有意识思维的特点、规律、历史发展和人工模拟的科学。所谓人的有意识思维,是指人可以自己加以控制的思维。

(二)科学的思维方法

在科学研究、技术开发及服装面料的产品开发过程中,为了具体实现某些发明与创造,为了实现已确立的目标—功能体系,就必须进行严格、科学的构思,就需要按照思维科学的规律进行科学的思维。

如果将产品的应用质量、审美质量、实物质量;产品的功能、可靠性、安全性、先进性;产品的材料、结构、品质、风格以及生产技术、生产成本;产品的附加值等各种因素,置放于各种思维方法之中进行具体思索,无疑会引发出不计其数的产品开发方案。例如将面料的阻燃功能这一要素置于上述思维方法之中,显然会有许多的产品开发思路。

阻燃剂种类、数量的增减必然改变产品的阻燃功能且出现功能的增减。目前,阻燃整理常规使用的方法是将阻燃剂施加到织物上,改变这种方法,也可将阻燃剂添加到化纤纺丝的原料中制成阻燃纤维,从而得到阻燃织物。如果将阻燃技术纵串横联,便可开发出阻燃涤纶、阻燃锦纶、阻燃腈纶、阻燃维纶等产品。由结果推知原因,得知由碳、氢、氧元素组成的有机高分子具有可燃性,是造成可燃的原因,如果以玻璃纤维制作专用服装或其他纺织品,则不会燃烧,于是有了玻璃纤维制成的复合阻燃材料。目前,阻燃整理织物的服用性能、舒适性能等性能尚感不足,针对这一缺点可开发出以新的途径得到的阻燃功能产品。用阻燃、防高温辐射、防高温金属溅射功能相结合的多功能和递增效益法,则可开发出更新一代的多功能产品。

(三)新型服装面料开发的科学研究方法

方法是认识世界和改造世界的门路和程序。在新型服装面料开发中如果没有正确的方法,就难以实现预定目标。巴甫洛夫说:好的方法能为人们展开更广阔的图景,使人们认识有更深层次的规律,从而能更有效地改造世界。所以,在新型服装面料开发中方法和技巧是联系设想与现实的重要环节,就像过河的桥,摆渡的船,能帮助你顺利前进。有人对创新和产品开发提出了实践—方法—认识的循环原理。也就是说,创新和产品开发的结果是创造欲望加上创造思想加上创造技法。

创新方法与技巧已经有人总结出 300 种之多,一般应从如下两方面进行系统化、条理化分类。

一是从创造技巧分三类,即发现和提出问题的方法、分析和解决问题的方法、程序化的方法。

二是从创造原理的方法上分为四类,即择优律法、相似律法、综合律法、对应律法。

第三节　新型服装面料开发与美学

服装有实用的护体和审美的装身两大功能。即人们常说的物质功能和精神功能。就实用功能讲,随着经济的增长和科学的进步,服装品类由低级向高级发展。就审美功能讲,服装是社会生活的镜子,不同性质的社会有不同的审美尺度和理想。而且随着社会的进步,人们有条件对服装的"美"作更高层次的追求,并以此作为喜爱和情感的传递、交流与表征。

服装材料作为服装的基础,直接影响服装的两大功能。所以如何科学地掌握和运用美学规律使所开发的产品更美,如何掌握和运用审美设计规律和方法进行产品开发与生产包装装潢、广告宣传、商标设计,如何揭示商品的审美价值和使用价值,如何创造一个美的生产环境,如何在生产实践中进一步提高人的文化素质和审美意识,都成为与产品开发紧密相关的美学问题。于是从产品的审美功能出发,可以开发出符合现代要求的新型服装面料。

一、材质美与服装面料的开发

山羊绒(图1-3)纤维具有质轻、柔软、手感滑糯、蓬松保暖、穿着舒适的特点,其织物具有一定的形态稳定性,格调高雅,风格怡人,可以用于制作针织服装或精纺、粗纺面料,是上等服饰材料。相应便出现了以其他绒毛[驼绒、牦牛绒(图1-4)]代替山羊绒的制品;以细羊毛(70~80 支)经化学变性处理,使之近似羊绒制品,以及由黏胶纤维、腈纶、涤纶、锦纶制作的仿绒制品或与绒混纺的制品。

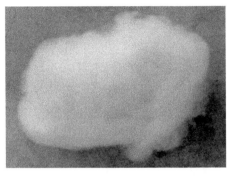

图1-3　山羊绒

图1-4　牦牛绒

蚕丝(图1-5、图1-6)具有珍珠般的光泽,细腻柔软的手感,轻薄舒适的风格特征,所制的服装、室内的装饰品及其文化用品都备受世人青睐。仿真丝的合成纤维历经几十年来的脱生与改进,目前有的已达到不是蚕丝胜似蚕丝的以假乱真程度。

图1-5　桑蚕丝

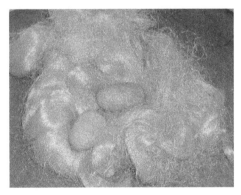

图1-6　柞蚕丝

羊毛光泽怡人,天然卷曲,独具缩绒性,其制品滑糯而有身骨,挺括而活络,有足够的形态稳定性,成为世人瞩目的高档商品,因而也出现了大量的化纤仿制品。

此外,色光灿烂的金银丝(图1-7)、超柔软的极细纤维等高雅的纺织材料、花式纱线(图1-8)用于机织和针织生产,为开发高档的、富有材质美的面料提供了物质基础。

图1-9是曾经获得过"中国纺织面料花样设计大赛最佳材质应用奖"的作品。图1-9(a)为绿色时尚呢,该产品采用70支澳毛80%、莫代尔10%、亚麻5%、大麻5%混纺。莫代尔的加入使羊毛织物在柔和的光泽中带有静静的闪亮与跳跃,使蓬松的羊毛更具有柔软的手感,亚麻和大麻的加入弥补了两种麻纤维的不足,可以增加面料的挺括感。

图 1 - 7　金银丝

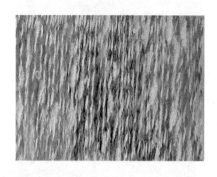 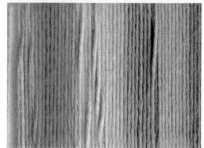

图 1 - 8　花式纱线

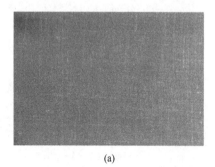 

(a)　　　　　　　　　　　　　　　　(b)

图 1 - 9　获最佳材质应用奖的作品

图 1 - 9(b)为亚麻/莫代尔混纺印花面料,该产品采用亚麻/莫代尔混纺纱线编织,同亚麻/黏纤混纺产品比较,尺寸稳定性增加,由于亚麻、莫代尔在染色过程中得色一致,面料表面色光均匀,印花后显现蓝地白花,菊梅争艳,赏心悦目,而且环保,是秋冬女装的高档面料。

二、纹理美与服装面料的开发

织物的纹理美,一方面体现在织物的结构中,另一方面体现在织物表面的形态中。

以丝织物的纹理而论,不但有格调高雅的绫、罗、绸、缎、绡、纺、绉、锦、绨、纱、呢、绒等各种纹理组织,而且还有千变万化的提花组织,或凹凸不平似浮雕,或闪烁隐映而变幻,或经烧毛刷剪表面光洁而纹路清晰,或经缩绒起毛,表面绒毛细腻而不见织纹,还可以采用各种方式使布面产生绉、泡效应。

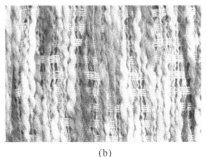

(a)　　　　　　　　　　　　　　　　(b)

图 1 - 10　机织手段形成的纹理美

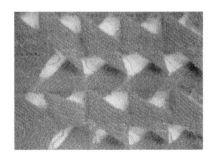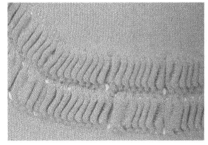

图 1 - 11　针织手段形成的纹理美

图 1 - 10 是机织手段形成的纹理美,图 1 - 10(a)是在织布机上采用花式纱线、平纹组织形成的松结构外衣面料,图 1 - 10(b)是丝织缎纹提花组织形成的织锦缎。图 1 - 11 是针织手段形成的纹理美,可以在全自动电子横机上编织彩色花纹、镂空花纹、褶裥花纹等织物。图 1 - 12 是后整理手段形成的纹理美,图 1 - 12(a)是利用后整理中激光镂空方法形成洞眼花纹,图 1 - 12(b)是利用刷花整理在针织人造毛皮上形成活灵活现的波浪闪光花纹。

随着编织技术的进步和整理技术的提高,利用织物表面纹理的变化开发高层次的富有材质美的面料提供了更多的手段。

三、色彩美与服装面料的开发

色彩美更是十分直观的审美要素。服装面料的缤纷色彩主要靠染色与印花等来实现。除此以外,还可以通过其他整理方法使之出现烂花、闪光、香味、皱缩、凹凸、镂空等

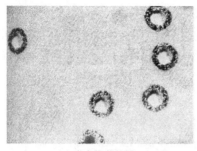

(a) 激光镂空整理

(b) 人造毛皮刷花整理

图 1-12　后整理手段形成的纹理美

外观。新型的静电植绒、真空镀铝及着色技术,如喷淋法、气相转移法、溅射法以及传统的扎染、蜡染、拔染、拓印、手绘等技艺,均可使织物获得美不胜收的图案与色彩。

图 1-13 是曾经获得过"中国纺织面料花样设计大赛最佳色彩应用奖"的作品。其中图 1-13(a)雪尼尔绒面料是以酒红色雪尼尔纱线毛绒效果为主旋律,即利用雪尼尔纱线的穗绒状茸毛在织物表面产生随机的纹理,呈现出浮雕般的艺术效果,体现休闲、朦胧、柔软、温馨舒适和立体效果。加上鲜明的黄色经纬纱构成精致的网眼外观,使织物装点着醒目、动感和热情。织物整体达到明快、简洁、和谐、统一的装饰效果。

图 1-13(b)真丝弹力绉的灵感来源于山中深潭边凝重秋景中绽开枫叶的多彩与活力。材料为精梳棉纱与真丝和莱卡纱线的应用,蓝、黄、红和褐的色彩搭配,使面料具有典雅的丝质感,光洁、柔和色彩的外观又富有诱人的肌肤感,莱卡赋予面料良好的弹性,使表面形成自然的泡泡纱样的褶皱,穿着柔软、舒适。

(a) 雪尼尔绒面料

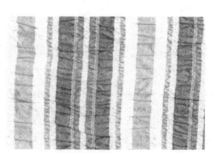

(b) 真丝弹力绉

图 1-13　获最佳色彩应用奖的作品

四、手感风格美与服装面料的开发

所谓手感风格美主要指滑糯与粗涩感、柔软与硬挺感、轻薄与厚重感、蓬松与坚实感等,不同的面料具有一定的风格,能给人带来不同的美感。

真丝与仿丝产品大多以滑糯、柔软、悬垂飘逸为美;粗纺毛织物则以蓬松丰厚,滑糯而软硬适度,挺括而有身骨为美;麻类织物则以粗犷但不刺激皮肤,挺括但兼有柔软为美。

要想实现这些要求,可以通过调整各个生产工序中的工艺参数或加入相应的整理剂处理等手段加以实现。例如,以碱对涤纶进行碱减量处理、以氯化剂对羊毛进行脱磷片处理、以碱对麻进行充分的脱胶并用酶进行处理,这些都可以使其纤维变细,从而使手感柔软,富有悬垂性。羊毛制品有缩绒性,以适量的高收缩化纤与常规化纤相混合,然后热处理而"膨化",均可以使织物变得蓬松丰厚。对毛织物煮呢、蒸呢,对化纤织物进行热定形加工,对涤、麻、丝织物进行树脂整理,均可使其织物富有弹性、有身骨、尺寸稳定。这些都是开发新型服装面料所采用的加工技术。如今又诞生了液氨丝光技术、低温等离子技术、超密编织技术、涂层复合技术、新型的高级柔软整理剂的柔软处理技术,它们均可使织物的手感风格充分的美化,如图 1 - 14 所示。

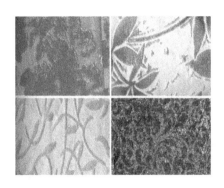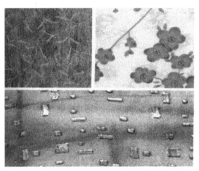

图 1 - 14　不同加工技术形成的服装面料

第四节　仿生学在新型服装面料开发中的应用

仿生学是模仿生物的科学,即研究生物系统的结构、物质、功能、能量转换、信息控制等特征,并将研究结果应用于技术系统,以改善现有的技术工程设备,创造新的工艺过程、建筑构型、自动化装置等的科学。它是一门属于生物科学与技术科学之间的边缘科学,涉及生理学、生物物理学、生物化学、物理学、数学、控制论、工程技术学等学科领域的交叉学科。其任务是将生物系统的优异能力及产生的功能原理和作用机理作为生物模型进行系统研究,再运用于新技术设备的设计与制造或者使人造技术系统具有类似生物系统的特征。

因此,仿生学的出现极大地丰富了人思维的想象力,拓宽了思维的视野,生物界的一些结构、运动形式和规律为发现或发明新事物、创立新的理论提供了科学依据。生动界各种丰富多彩的功能具有极其复杂和精巧的机构,其奇妙的程度远远超过许多人造机器。因而在纺织工业的进一步发展中,人们需要向生物界寻找启发并进行模拟,以推动高新技术在纺织工业中的应用。

一、纺生学的相似原理

(一)相似寓于万物之中

在世界上,任何事物之间均有近似相同的现象。宇宙之间的事物千差万别、千变万化,但总可以从中发现大量的相似现象,这是由于宇宙是由物质统一构成的。物质越是微观,其结构越是相似,若表现为宏观,就是其物理、化学性质越相似。从另一方面来看,某种事物在发展过程中必然存在着相同和变异,才能有所发展。因此,相似是发展着的事物相同与变异的统一。相似既存在于不同种事物之中,也存在于同种事物之中,它属于现象范畴。只有对现象上相似和本质上同一的关系有了认识,才能易于把握事物的本质。同时,也只有充分掌握事物的形状结构和功能结构的相似,才能把握事物作用的相似关系。因而人们常常利用形状结构和功能结构相似的材料、器件来研制出代替原来物品或更优于原来物品的新技术,为人类创造出更加丰富,更加精美的物质财富供人们享用,为推动科学技术的发展和提高人们的生活质量作出贡献。

(二)相似原理

关于事物相似的原理,主要有以下两点:

(1)相似事物都是由相似的单元、层次排列组合而来的。这里所指的单元,是指组成事物内部结构的最基本、最简单的一种单位;所谓层次,是指事物内部相互作用、相互联系、相互制约最为紧密的相对独立的部分。一般复杂的事物都具有多层次的结构形式。科学技术的发展在某种意义上讲就是这一原理的发现与应用,所有的新发现都是和原有基础分不开的,都是一个相互套在一起,由小到大、由低级到高级的综合相似形,演化为更复杂、更庞大的体系。相似的基因、相似的条件和环境产生相似的结构。这一原理表明,如果要把相似的目标由可以变为现实,就必须具备相似的基因、相似的条件和相似的环境。

(2)事物包含的与相关事物的相似功能越多,其作用就越大,应用范围也就越广。相似原理是仿生学的基础,即没有相似原理仿生就无从谈起,科学技术的发现与进步离不开仿生学,纺织工业的进步也是如此,依靠仿生学可以研制出许多新产品。

(三)仿生学的研究内容

仿生学有仿形、仿色,也有仿机理、仿功能。其实,仿就是模仿,既仿形也仿实,运用其机理模仿其功能。这种模仿渗透着高新技术的应用和艺术的巧妙运用。以绘画中常用的术语来说,模仿不但要形似而且还要神似,这种既相似又不是的手法便是仿生学的相似原理。在人们的生活、生产和科学实践中早已不知不觉地运用了仿生学的相似原理。在科学技术高速发展的今天,人们在仿生学方面已经可以做到以假乱真、巧夺天工的地步。

二、仿生学在纺织工业中的应用

（一）化学纤维的发明

蚕丝生产要受桑树种植条件的限制，而且一只蚕一生仅吐一个茧，一个茧仅有0.5g重的丝。因此，人们在努力提高天然蚕丝产量的同时，也希望运用仿生学的原理，人工制造出一种同天然蚕丝相似的纤维。

早在1743年，法国化学家柳缪尔等人观察蚕吐丝造茧的时候，就想找出蚕吐丝的秘密，以便仿照这一过程用桑叶制造出相似的纤维来，但因找不到能溶解桑叶的溶剂而失败。后来，化学家在测定蚕丝和桑叶的组成时，发现二者都含有炭、氢、氧3种元素，而蚕丝还含有氮，根据含有氮的启示，1884年，瑞士化学家奥丹玛斯将纤维素用硝酸处理后制成了硝酸纤维，这种含氮的纤维素可溶解于酒精，配制出了人造纤维。使硝酸纤维能够投入生产，还要归功于法国人查顿。1885年，他用自己制得的硝酸纤维织成了一件光耀夺目的衬衣，在巴黎博览会上展出，引起了人们的极大兴趣。但是，由于这种纤维制造成本太高，强力很低，又容易燃烧，没有得到应用推广。1891年，英国化学家查尔斯·克劳斯和爱德华·贝文发明了一种性能比较优良的黏胶纤维。1936年，意大利科学家第一次从牛乳里提炼出乳酪蛋白质，制成人造纤维，以后又有人陆续从大豆、花生和玉米里把蛋白质分离出来，制成了人造纤维。这几种纤维都以食物作原料，尽管其性能与羊毛相似，却仍不能大规模地生产。随着人们对自然规律认识的不断深化，以煤、石油、天然气产品为原料的合成纤维便逐渐发展起来。其后又相继研究开发成功仿毛（多角形、扁平形、带状形、中空等异形纤维）、仿丝（三角形等异形纤维）和仿麻（扁平形、带状形等异形纤维）等各种新型化学纤维，为发展纺织工业、增加纺织新产品作出了贡献。

（二）非织造布的诞生

非织造布是一种崭新的纤维制品，近30年来发展速度很快，其产品涵盖了传统纺织品应用的各个领域，成为纺织工业中最年轻而又最有发展前途的一个产业，被人们誉为纺织工业中的朝阳产业，是一个激动人心的潜力巨大的新型领域。但这项技术对仿生学原理的应用，可追溯到几千年前的中国古代社会，甚至比机织物和编织物的发展历史还要早。古代的游牧民族在实践中发现和利用了动物纤维的缩绒性，掌握了制毡技术，他们用羊毛、骆驼毛等动物毛，加一些"化学助剂"（如热水、尿或乳精等），通过脚踩或棍棒打击等机械作用，使纤维相互纠结，制成用于鞋、帽和床垫的毡制品，这种毡制品制造技术的延伸与发展，便成为现在的针刺法非织造布生产方法。

早在7000年以前，中国就能将野蚕驯养和纯化成家蚕，抽丝制帛，用于制作服装和服饰，这是利用蚕吐丝直接成网所制成的丝质非织造布，在原理上启示了今日的纺黏法非织造布的诞生。

公元前 2 世纪,我们的祖先受漂絮的启发,发明了大麻纤维纸。漂絮是古代用丝制绵时在衬垫的竹垫上留下的一层薄薄的丝絮,这种漂絮和造纸湿法非织造布的生产原理十分相似。

(三)纺织品的仿真技术

涤纶仿真丝绸碱减量处理是仿生学原理在织物后整理中的应用。碱减量处理就是用氢氧化钠溶液处理涤纶织物,使之重量减轻的仿真丝绸整理。在处理过程中,涤纶的表面因纤维分子酯键水解而发生溶蚀,导致织物中纤维及纱线间隙增大,织物重量减轻,从而获得良好的透气性、形变恢复性、柔软性、悬垂性和外观酷似真丝绸的仿真效果。

(四)纺织品设计中的仿真技术

在纺织品设计中,运用仿生学相似原理也屡见不鲜。如化纤织物的仿毛、仿丝、仿棉、仿麻、仿毛皮等。仿鹿皮、仿貂皮织物,既像毛皮又不是毛皮,很受消费者欢迎。在花布图案设计方面,仿形、仿色就更普遍了,各种动物图案、植物图案和自然风景图案是仿生学与技术美学的完美结合。在色彩上更是丰富,有翡翠宝石色、东方陶瓷色、岳麓枫叶色、紫藤丁香色、传书信鸽色以及丛林色、古典园林色、海滨色、沙滩贝壳色等大自然色调,都是仿生学在服装色彩上的成功应用。纺织品三大类之一的装饰用织物的图案设计更符合仿生学相似原理,装饰织物具有物质功能和精神功能双重作用,是实用品,也是艺术品。因此,它的设计既要考虑实用性,更要考虑装饰性。设计人员通过对大自然的模仿、概括、提炼和艺术夸张等手法,再运用变色、变形、变调将自然形态上升到高于自然形态的艺术形态,从而给人以美的享受。

(五)服装服饰中的仿生技术

仿生技术在服装服饰中的应用不仅历史悠久,而且越来越广泛。例如燕尾服的后摆仿照了燕子开衩的毛羽,穿上这种燕尾服后显得更加英俊潇洒,风度翩翩。现在人们对燕尾服的实用比以前少了,但在后摆开衩的西服、风衣上仍可见到燕尾服的影子。蝴蝶结也是在服饰中早已出现的蝴蝶形象,生动而逼真,从头结、领结到衣结、鞋结,应用十分广泛,它的应用不但是服饰的一个重要组成部分,而且还具有锦上添花的效果。荷叶边服饰在国内外甚多,如外国历代皇室贵族妇女日常都穿着连身蓬裙,达官贵人也都爱穿荷叶边领子的衣衫,显得格外雍容华贵,典雅而不俗。我国自古以来也有采用荷叶边来美化衣着和生活环境的爱好,现在还常常见到在家居和宾馆中的窗帘、舞台上的幕布以及床罩、缝纫机套、电视机套等上缀有美丽的荷叶边,以衬托出环境美。蝙蝠在我国民间视为吉祥物,人们为了讨个吉利,常以"蝠"和图案象征"福",在新婚的床单、被罩和枕头上常绣上双蝠图案,好比双翼,比翼飞翔。为了烘托出蝙蝠翱翔时的英姿美态,服装设计师还专门设计出蝙蝠羊毛衫、蝙蝠连衣裙等松身蝙蝠形蝙蝠系列服装。清代时兴的瓜皮帽由 6 块黑色毛料或黑色贡呢拼缝而成,样子像半个西瓜,是晚清时期男士的时兴着装。以上服饰具有物质功能和精神功能的双重作用,是实用品,也是艺术品,既有实用性,又有装饰性。这是人们通过对大自然形态的模仿、概括、提炼和艺术夸张等手法,再运用变色、变形、变调予以配合,将自然形态上升到高于自然形态的艺术境界,从而给人以美的享受,这不能不说是仿生学的杰作。

第五节 未来服装面料开发的新思路

随着科技的发展、经济的高速增长,人们的生活水平和文化品位日益提高,促使人们的着装方式也在悄然改变。我们可以清楚地看到人们的着装由最初的注重保暖、实用到强调着装后身体和心理的舒适感受,还要在着装方面体现个人的精神气质、品位格调。这一物质和精神相结合的着眼点,是人们关注并追求高质量生活的一种表现。

新型服装面料的开发方向是什么,一句话,需求即导向,有需求就会有市场。日本产业技术振兴协会对服装面料领域的需求进行了调查,提出开发新型服装面料的目标,见表1-1。

从表1-1可以看出,不同服装需求的共同点有舒适性(含健康性和运动功能性)、安全性(难燃性)、便利性(防污性、易洗涤等)、耐久性(保持外观及功能性)四方面。

表1-1 服装面料的需求及开发目标

用途	需求	目标性能
外衣面料	1. 夏装薄、透气、吸湿、透湿 2. 冬装轻、保暖、隔热 3. 防污、抗皱	1. 舒适性 2. 便利性
内衣面料	1. 吸湿、透湿、透气、抗菌 2. 柔软、保暖、隔热 3. 防污、抗皱	1. 舒适性(健康性) 2. 便利性(易洗涤性)
运动服面料	1. 吸湿、透湿、透气 2. 轻便,弹性佳 3. 冬季保暖,防水透湿	1. 舒适性(运动功能性) 2. 便利性(洗可穿性)
工作服面料	1. 特殊作业环境防护 (隔热、耐热、防火、防腐蚀等) 2. 重量轻,作业容易 3. 结实	1. 安全性(阻燃、防霉功能) 2. 舒适性(运动功能性) 3. 耐久性
老人、婴儿服装面料	1. 吸湿、透湿、透气 2. 柔软、轻便、保暖 3. 易动作、无束缚感 4. 防污,易洗涤	1. 舒适性(健康性、运动功能性) 2. 便利性(易洗涤性) 3. 安全性(难燃性)

该调查认为,在今后若干年中,随着人们生活水平的不断提高,考虑到生活方式、生活环境、社会环境的重大变化,新型服装面料开发的主要方向是舒适性、健康性和安全性。具体内容见表1-2。

表1-2 新型服装面料的开发方向

目标	面料开发方向
舒适性	1. 夏季舒适清凉面料 2. 冬季舒适保温面料 3. 不妨碍运动功能的舒适面料 4. 智能调温舒适面料,适应一切气象条件 5. 光、热、湿、伸缩可逆性纤维及形状记忆纤维面料 6. 海洋、宇宙及特殊环境下的舒适性面料
健康性	1. 促进血液循环、缓和神经痛面料 2. 运动功能辅助效果面料 3. 赋予安静的香味面料 4. 有利于健康的负离子面料 5. 易动作、易穿脱的老人面料
安全性	1. 特殊环境(放射线、电磁波等)防护面料 2. 带电压100V以下的作业服 3. 阻燃、隔热、防污、防水、防腐蚀面料

可见,服装面料将随时代的发展出现新的格局。对面料的研究、开发和设计也需要在新的条件下、新的水准上,采用新的思路。未来新型服装面料产品开发的思路应包括以下几方面。

一、技术与艺术的结合

今后任何一种高档面料不仅需要采用新原料与新的加工技术,而且将十分重视其艺术表现力,尤其是流行色的运用和与时尚元素的结合创造出新的产品风格。如一套高档服装或高级时装,消费者往往不仅重视其质地和品位,还特别注重其色彩、款式与穿着风度。为此,设计时必须采用立体思维的方式,两者兼顾。对一般服装而言,应兼顾其功能性与艺术性,对特殊服装可以有所偏重。例如,运动服、工作服、职业服可以强调某些功能,但这些服装在美学方面也应颇有讲究,也应讲究技术美学、造型美学。而艺术服装、舞台服装往往把艺术放在第一位。针织服装由于可以运用流行色纱线直接编织成型服装,其服装设计更强调技术与艺术的结合。

二、物质与精神的结合

过去主要从色彩、内在质量等有关物质内容对面料提出要求,当然价格也在考虑之中。现代人对面料的选择，又有了新的追求和标准。对于人体包装，人们不仅讲究外在美，还讲究内在美、整体美、个性美。认为衣着不仅是人体的外包装，也是人的内心表露，个性的展示。因此，对于服装追求意境，讲究形神兼备，心物交融。事实上，面料的色、形、花、质、风格等都带有意境。例如，有人认为服装面料看似无声，实际上是有节奏、有韵律、有韵味、有诗意的。有人说，喜欢什么样的面料可以看出有什么样的性格；一些人追求名牌效应，一些人喜欢通过服装来显示地位、优越感等，这都是一种精神反映。不同地区、不同民族、不同国度在服装方面都有自己喜爱的材料、色彩和款式，也有一套自己的着装方式，这就是物质与精神相结合的道理。

三、传统与现代的结合

服装面料与现代科技、当代文化紧紧相依，更要体现时代特征。所谓时代特征包括两个含义，一是科学技术进步与社会经济发展给人们服饰观念与生活带来新的变化；二是人与特定社会环境相互交流所产生的一种时尚。第一个含义是说，什么样的社会经济基础产生什么样的生活观念，在服装上表现出来的就是一种时代风格。比如，现代社会生活使自行车、汽车成为人们日常的交通工具，而穿长袍马褂显然就不适宜。第二个含义是说，每个人都生活在一个特定的国度里，而每个国家的社会发展又都具有自己独特的民族历史性。在这种情况下，如果去追求与自己相距遥远的那个地方的时尚，自己生活的这个社会就难于接受，这种时代感也不会有生命力。服装面料是现实生活中的一件实用品，它与人类的生活密切相连；它不能割断历史、民族、传统，甚至习俗；它不能脱离自然与社会。如今返璞归真、回归自然的潮流就足以证明这一点。许多流行色都带有这方面的影响，如宣称灵感来自埃及古装、路易十四时代、古老宫殿、东土神界（故宫、天坛）、东方神韵、高原生活文化、原始印记、敦煌壁画，服装的主题来自乡村气息、清静的自然、热带丛林、沙漠草原、海岛夏日、田园风情等。

所以，现代化与传统、现代化与民族、现代化与自然有着不可分割的联系。

四、个性和共性的结合

当代服装面料强调个性化，这是服装文化的一种发展和进步，是服装面料多样化、需求多样化折射出来的一个侧影。然而不能忽视它共性的一面，如服装面料的基本性能，服装面料所需的舒适性、美观性、时代感等（只有在人们与自己生活的社会交流中产生的具有民族性、符合社会经济发展水平的时尚，才称得上时代感，或者叫民族时代感）。服装面料的流行色、流行风格也是必须遵循的共同内容。所以重要的是如何使个性与共性相结合，如何既重视产品的共性，又发挥其个性。两者兼备，才是有水平、有特色的产品。

五、宏观和微观相结合

对于服装面料开发来讲,宏观是指时代的大背景(大趋势),环境保护、生态化等现代的政治、经济、文化、思想方面的大动向;所谓微观,指服装面料的具体设计、原料的选择、生产工艺的制订等因素。目前许多产品设计人员往往重视微观,忽视宏观。实际上,宏观方面的内容带有方向性、指导性,它是服装面料开发的主旋律,它对服装面料开发的影响面广、时效长而深刻,它与微观方面的内容是主从关系。以男装为例,多少年来一向以传统文化为基础的西服,强调立体造型、结构合理、整体挺括,要求正统性、标准化。当代由于休闲意识的普及,着装观念的更新,服装面料也大踏步地向自由化方向发展。美国的李维·史特劳斯公司的调查表明,休闲潮流使正规服装失去市场,美国人开始越来越多地对待随意,而且许多人已经开始习惯随意。他们尝试着使随意化的穿着看起来更有趣、更引人注目的同时更时髦,所以休闲装潮流已使许多正规服装失去了吸引力,而使服装领域产生了一个全新的服装分类,有时称为"公司休闲装"或"职业休闲装",以区别在家里的那种随随便便的服装。这说明,休闲装现今已经有了全新的概念,即休闲装不单在闲暇时间穿用,有些休闲装能使上班族在工作中不失身份,在娱乐中又不显拘束。

以上都说明在现代服装面料的开发中,有许多要认真思考的问题,如模仿与创新、实用技术与高新技术的运用、前卫派与大众化、流行与反流行等。

第二章　纤维材料与新型服装面料的开发

服装面料要经过许多加工工序,以纺织面料为主的服装面料,需要由纤维经过纺纱到织布,再进行染色和后整理而形成,经过这些工序使纤维的形状、结构、性质发生了显著变化。也就是说,作为原料的纤维不仅对服装面料的外观和性能起到重要作用,而且是服装面料设计和开发的重要因素。

第一节　纤维材料与织物的关系

自然界中纤维的种类很多,有棉纤维(普棉、生态棉、彩棉)、麻纤维(苎麻、亚麻、罗布麻、大麻、黄麻等)、毛纤维(羊毛、兔毛、牦牛毛、骆驼毛等)、再生纤维(黏纤、醋纤等)、合成纤维(涤纶、锦纶、腈纶、维纶、丙纶、氯纶、氨纶等)等,各种纤维的外观和性能不同,直接影响到织物的外观特征和服用性能。

一、纤维材料与织物服用性能的关系

纤维对织物服用性能,包括机械的、物理的、化学的和生物的,有的起决定作用,有的起主要作用,有的起重要作用。

(一)外观性

外观性包括外观表现性和外观保持性。外观表现性是指织物的审美效果,其影响因素有悬垂性、挺括性、色泽、光泽、质感和抗起球等性能。外观保持性是指织物良好的外观能够在加工过程和日后的使用过程中得以保持,其影响因素有抗皱性、尺寸稳定性等性能。

纤维的线密度、断面形状和表面反射效应等因素都与织物外观性能有密切的关系。每种纤维的织物都有自己(明显不同于其他)的风格特征,如棉织物给人自然朴实的感觉,麻织物给人硬挺粗犷的感觉,丝织物给人高雅华丽的感觉,毛织物给人庄重含蓄的感觉,化纤织物则依其模仿对象的不同和纤维生产中采用的不同技术而具有多种外观和触感,或具有毛感、麻感、丝感、棉感以及优于各种天然纤维的高级优美的外观特征;而裘皮、皮革等又有其独特的外表感觉。因此服装面料在美观方面的设计开发,纤维这一因素是不能不考虑的。如用细度细、长度长的纤维可以纺成细特纱线,用其织制的面料就柔软、轻薄、悬垂性好;用弹性好的纤维制成的面料不易起皱,穿着舒适,保型性好。

（二）舒适性

舒适性是多种性能的综合反映，包括心理上的因素和生理上的因素。但从纤维性能影响织物舒适性的角度，其主要影响因素包括纤维的吸湿性、透气性、透水性、导热性、伸缩性、刚柔性、体积重量、电性能和化学特性等性能。

开发舒适安全的面料必须考虑纤维的这些性质。例如，选择吸湿性好的材料或改善吸湿性差的纤维以满足舒适性的需要。人们不仅越来越重视舒适，也重视安全和保健。所以出现了高效保暖、卫生保健（促进血液循环、抗菌防臭、防蚊虫）、防火阻燃（特别是儿童服装）、抗静电、抗紫外线、抗高温和凉感等面料。

夏季凉爽的面料除了棉、麻、丝外，还开发出 Coomax 纤维（杜邦公司的凉爽涤纶）、细特丙纶、Modal 纤维（一种新型环保纤维）、高吸湿涤纶等纤维。有些新型凉感面料具有高效持久的凉爽感，它可以使体热迅速扩散，加快汗水排出，降低体温，保持织物凉爽和人体舒适。

抗菌防臭的罗布麻、加入耐高温 Ag^+ 高效抗菌母粒的 PET（涤纶）都是新型纤维面料。英国阿考迪斯公司还开发出两种新型抗菌腈纶，分别为 Amicor AB（抗细菌）和 Amicor AF（抗真菌），这两种纤维可以 20% 的混纺比例与其他纤维混纺。用其做成的布料能够抑制大多数常见细菌（AB）及真菌（AF）的生长。如果 AB 和 AF 的混纺比例达到 30%，可以同时抑制细菌和真菌的生长，这种纤维称作 Amicor Pure（Pure）。抗菌防臭面料具有高效耐久的抗菌性，它能防止细菌再生和繁殖，同时减少微生物繁殖产生的恶臭，清新持久，使人体健康舒适。

目前除了应用中空纤维制作保暖面料以外，还开发了蓄热面料，使其具有持久的保暖性，可减缓体温的流失，其柔软与舒适的触感，令人放松，心情愉悦。

（三）耐用性

耐用性是指纤维制品在加工、使用过程中保持功能稳定不变的特性。纤维的机械性能，如强伸性、耐磨性，还有耐热性、耐化学品性、耐气候性等都会影响织物的耐用性能。不同的纤维有不同的性能，如天然纤维中的纤维素纤维耐碱不耐酸，蛋白质纤维则耐酸不耐碱，这些都需在产品开发和生产过程中区别对待。

（四）保养性

保养性是指不同纤维制品在运输、保存和洗涤整烫时的性能，如熨烫棉、麻织物需要较高的温度，合成纤维就不宜温度过高，否则会产生热收缩、极光等问题。蛋白质纤维易虫蛀，纤维素纤维易霉变，化学纤维则不霉不蛀，所以织物的耐酸、耐碱、耐化学品性及防霉、防蛀等生物性能几乎完全取决于纤维。

织物的大部分物理机械性能，如强伸性、耐磨性、易干性、热性能、电性能等，纤维材料的影响是主要的。

二、纤维材料与织物经济性的关系

纤维与织物的经济性关系密切，一般织物原料成本占70%以上，如棉毛衫、羊毛衫和羊绒衫价格相差悬殊，主要是原料价格差距大。棉大约是16～20元/kg，桑蚕丝370元/kg，羊绒在1500～3000元/kg。新型甲壳素纤维的价格是1500元/kg，所以目前只能混纺，混纺后的价格可以达到200元/kg，这完全可以看到纤维材料在经济方面的地位。此外，纺、织、染整加工的费用也与原料密不可分，原料决定着加工系统、产品的质量以及销售的利润。

所以，从服装面料品种开发的角度应强调纤维的特点、结构和性能，纤维材料与织物有密切的关系，不同纤维的织物适于制作不同的服装。如设计轻盈舒展、飘逸动感的服装，丝织或优异的仿丝面料是首选；设计端庄正规的服装，纯毛或仿毛面料较为合适；要突出设计作品自然淳朴、原始回归的风格，棉型、麻型面料都有很强的表现力；要设计紧身合体的服装，针织面料、特别是含有氨纶的弹力针织面料最佳，针织面料柔和松软的质感和良好的伸缩性，能恰当地衬托人体的美感。

第二节　纤维材料在新型服装面料开发中的作用

一、纤维材料是新型服装面料开发的物质基础

俗话说巧妇难为无米之炊，纤维材料是服装面料开发的最根本的物质基础。从纤维材料与织物的关系可见，纤维材料在服装面料开发中的作用非常重要，是面料开发的必要条件，是面料开发的源头或种子。从服装面料的发展过程看，面料的发展有赖于原料的更新。20世纪初，纺织原料主要是棉、麻、丝、毛，品种很单调，随着科技的进步和化纤工业的发展，目前化学纤维已成为纺织的主要纤维，品种数以千计，许多大的化纤公司，一种纤维就有上百个品号，而且日新月异，还在不断开发，因而纤维原料的多样化带来服装面料产品的千变万化。这说明，巧妙运用原料可以开发出五彩缤纷的面料产品。

国际上许多著名的面料企业都十分重视纤维材料的开发与应用。例如，近代通过运用各种化学纤维，先后开发出形形色色的仿丝绸、仿麻、仿棉、仿毛、仿皮革等仿真产品、环保产品及保健产品等功能纺织品。

二、纤维材料决定新型服装面料的加工工艺

纤维材料性能影响着面料的性能，又影响着加工的过程，同时还受加工条件的限制，生产并不能随心所欲。如粗纺和精纺、短纤和长丝、天然纤维和化学纤维，其纺织染生产都有明显的区别。各种纤维加工的可能性和范围都有一定的规范，但原料并不是一成不变的，生产条件的相应变革往往可以打破常规，设计和开发出新的产品。目

前通过利用各类差别化纤维,不断提高了产品的仿真水平,生产出各种功能性面料,如抗静电面料、阻燃面料、防水透气面料、吸湿快干面料、防污面料、抗菌防臭面料等。通过各种纺丝加工技术,生产出变形丝织物、网络丝织物、弹力织物、复合织物、植绒织物等产品。

第三节　纤维材料与新型服装面料的开发

纤维材料在服装面料开发中占有举足轻重的作用,所以充分掌握纤维的特性,是服装面料产品开发的基本功。不同类型的纤维有不同的性质,同一种类纤维也有许多差异。

一、把握纤维的性能

(一)纤维的基本性能

纤维的基本性能包括几何的(如 SFP 分形涤纶)、物理的(如高吸湿涤纶)、机械的(自伸长纤维)、化学的和生物的(抗菌、防臭、阻燃、防蛀、防霉),必须充分了解和掌握这些特性。许多新颖纤维虽经过改性,但往往还保持有纤维原有的某些基本特性,应准确把握。

(二)纤维的优缺点

到目前为止,不论是天然纤维、再生纤维,还是合成纤维以及各种新型合成纤维,都各有所长,也各有其短。例如,天然纤维中的棉柔软、舒适,但弹性差、抗皱性差;麻吸湿、放湿性佳,夏季穿着凉爽透气,但仍然是抗皱性差,尤其麻硬挺,作内衣面料还需做柔软处理;合成纤维的弹性、耐磨性、抗腐蚀性等性能优良,但回潮率低,舒适性差,必须采取各种加工方法提高其舒适性能。因此,必须充分了解纤维的优缺点,只有了解各种纤维的优劣,才能扬长避短,优势互补,才能在设计、加工中防止可能出现的问题。例如可利用水溶性维纶纺制细特纱和无捻纱等制品。

(三)纤维与纤维之间的差异

纤维与纤维之间在规格、机械性能、染色性能、收缩性能等方面的差异会给加工和产品带来很大的影响,这些在设计及开发前必须充分估计到,否则可能会产生不良后果。人们也可利用如高收缩和自伸长纤维并捻的方式,开发凹凸、起皱产品等面料。

(四)纤维性能的变异特点

纤维性能本身存在一定的差异,最常见的性能(如纤维的长度和细度)差异过大将影响产品质量,也影响正常生产。但现代许多仿真产品需要纤维保持某种差异,才能出风格、出水平。所以纤维间差异的控制和设计,是近来新产品研发的一大课题。

(五)纤维的关键特性

每种纤维都有其特殊性,都有几种代表该纤维特点的关键特性,天然纤维如此,合成纤维也如此。许多新型化学纤维(如差别化纤维、功能性纤维)更有其特色。抓住纤维的关键特性,充分地利用它,是新型服装面料设计及开发获得成功的途径之一。

要恰到好处地运用不同纤维织制各种织物,必须进一步了解不同纤维与织物服用性能的关系、织物特性与纤维的关系,以及各种纤维的适应范围等性能。如不同纤维决定织物的耐磨、耐穿性的顺序为:锦纶—涤纶—腈纶—羊毛、棉、蚕丝—黏胶纤维、醋酯纤维、玻璃纤维等纤维;耐日光性的顺序为:腈纶、玻璃纤维—涤纶—棉、羊毛、醋酯纤维—黏胶纤维、蚕丝、锦纶等纤维。由此可见,各种纤维都有优缺点,不能以某一性能确定其优劣。另外,某一性能对整个织物的重要性也不相同,所以产品开发中应注意:第一,应按产品要求选择原料,要取其长,避其短,或以一纤维性能之长补另一纤维性能之短;第二,抓住关键因素,以求突出产品的主要风格;第三,针对某纤维的弱点,在纺织整理加工和纱布结构上设法弥补;第四,应全面综合考虑各项特性,力求优化组合;第五,采用高性能纤维和特种技术突破常规。例如,纤维截面形状的改变,初看变化并不复杂,但实际上,纤维截面形状的改变使纤维的比表面积、容积发生了很大变化,纤维的密度、光泽等性能也随之改变,纤维的许多物理机械性能和染色性能也会受影响。这对织物性能的影响很大,如果对其间的关系不清楚,设计出来的产品不但不能发挥纤维异型的优势,而且还会适得其反。如果同样使用细特和超细特纤维,表面上只是纤维细度的一般变化,事实上,超细特纤维不仅本身的许多特性发生了显著变化,织成的织物,其特性的改变可以达到意想不到的效果。因此在应用纤维时,不但要了解纤维的一般变化,还要了解其深层次的变化以及这些变化的后果及对织物的影响。

(六)纤维的可纺性、可织性和可染性

纤维的变化对纺、织、染加工有很大影响,当代各种纤维虽有创新之处,却都在不同程度上影响到后加工工艺,有时甚至要改变工艺、改变设备、改变工序。目前开发出来的一代新合成纤维更加光辉耀目。但它们在设计、织造和染整工程中的难度也水涨船高,出现了许多常规加工所没有遇到的问题。为此人们针对新合纤研究出一套相应的后加工工艺,就是说新合纤的应用,还必须十分重视其后加工工艺的改进。

二、纤维材料在新型服装面料开发中的应用

(一)差别化纤维的利用

差别化纤维是有别于普通常规性能的化学纤维,即采用化学改性或物理变形等手段(即在聚合及纺丝工序中进行改性及在纺丝、拉伸及变形工序中进行变形的加工方法)使纤维的结构、形态等特性发生改变,从而具有某种或多种特殊功能的化学纤维。

主要包括阳离子高收缩纤维、异型纤维、双组分低熔点纤维、复合超细纤维、高吸湿透湿纤维、抗起毛起球、有色纤维、光导纤维、活性碳纤维、离子交换纤维、超细纤维片材、纳米纤维以及高阻燃、抗熔滴、高导湿、抗静电、导电、抗菌防臭、防辐射等多功能的复合纤维。

差别化纤维以改进织物服用性能为主,利用纤维的这种差异、特色,使织物获得新的外观或特性,开发出新型服装面料的同时提高了生产效率、缩短了生产工序,且可节约能源,减少污染。

例如,异型纤维具有特殊的横截面形状,具有特殊的光泽、蓬松性、耐污性、抗起球性,可以改善纤维的弹性和覆盖性。其中三角形截面纤维具有闪光性,五角形截面纤维有显著的毛型感和良好的抗起球性,五叶形截面纤维复丝酷似蚕丝,中空纤维相对密度小、保暖、手感好等。开发闪光面料时,可以在普通纤维中适量加入三角形截面的闪光纤维,面料的外观马上焕然一新;开发抗起毛起球毛型面料时,可以选择五角形截面纤维;利用五叶形截面纤维纺纱织布也是仿丝绸面料的方法之一。

超细纤维是指纤维直径在5μm或线密度在0.44dtex以下的纤维。超细纤维具有质地柔软、光滑、抱合性好、光泽柔和等特点,用它织造的织物非常精细,保暖性好,有独特的色泽。要使开发的面料细腻柔软,且防水透湿,可以用细特或超细特纤维,而且它还可制成具有山羊绒风格的织物。目前市场上的仿丝绸、仿桃皮绒、仿麂皮、防羽绒渗出等面料就是采用超细丝织制的。

复合纤维是由两种或两种以上高聚物,或具有不同相对分子质量的同一高聚物经复合纺丝法制成的化学纤维,它大致可分为并列型、皮芯型、散布型。并列型复合纤维由两种聚合物在纤维截面上沿径向并列分布。皮芯型复合纤维的皮层和芯层各为一种聚合物,它分同芯圆形和偏芯圆形。散布型复合纤维是由一种组分分散在另一种组分的基体中的纤维。并列型和偏芯皮芯型复合纤维具有三维空间的立体卷曲,有高度的体积蓬松性、延伸性和覆盖能力。同芯圆皮芯结构的复合纤维可利用皮芯的不同成分,使纤维具有特殊的性质。散布型复合纤维可纺制超细纤维、中空纤维。复合纤维也可用于开发毛型面料、丝绸型面料、人造麂皮、防水透湿面料等制品。

差别化纤维是当前面料开发中使用最多、效果最明显的纤维原料,目前已有数百种可以运用于各类新织物品种中。如美国杜邦公司近年推出的 Coolmax 纤维(一种具有四凹槽截面的聚酯纤维)就是一种导汗、快干、凉爽、舒适的功能性纤维。国内超细特丙纶的研制与开发,也为热湿舒适性产品的开发作出了有益贡献,解放军总后勤部近年开发出"军港绸",即凉爽涤纶,其纤维截面是五角形,并且有五条沟槽,有利于毛细效应来疏导汗液;"军港呢"是提高保暖、舒适性的仿毛涤纶。中国科学院化学纤维研究所相继推出的"丝普纶"和"蒙太丝"丙纶长丝,采用这种细特丙纶丝编织成的针织面料,手感细腻、柔软,悬垂性好,轻盈飘逸,滑爽、挺括性胜于真丝,虽然吸湿性差些,但其导湿滑爽性能特别好,人体出汗后,它可以自动把汗水导送到衣服的外表,贴身穿着时能经常保持皮肤干爽。其后开发出的细特丙纶短纤维(0.89dtex×40mm),有人称之为"超棉纶",其面料可制作 T 恤衫和针织内衣。丙纶的耐光和耐氧化性可以通过加入抗氧化剂和光稳定剂而得到改善。此外,天然纤维的差别化品种,也在不断增加。

(二)功能纤维的利用

功能纤维是指除具有一般纤维所具有的物理机械性能以外,还具有某种特殊功能的新型纤维。例如,可以利用纤维具有卫生保健功能(抗菌、杀螨、理疗、除异味等)开发抗菌内衣面料;利用纤维具有防辐射、抗静电、抗紫外线等功能可开发防护功能服装面料;利用纤维具有吸热、放热、吸湿、放湿等功能开发热湿舒适功能、运动功能新面料;还可以利用纤维具有生物相容性和生物降解性等性能开发医疗和环保功能面料。远红外医疗保健面料和防紫外线保健面料以及抗菌、消臭等面料均采用的是各种不同类型的陶瓷纤维;中国科学院化学纤维研究所开发的"凉爽布"也是在纺丝液中加入纳米级陶瓷粉,使纺制的纤维具有对可见光、红外线和紫外线的阻挡作用而使该面料在夏季穿着感觉凉爽的。

功能纤维中的导电纤维大都带有各种深颜色,若选用白色的金属化合物,则可制得白色纤维,可用作白制服和医用服的面料。应利用功能纤维中具有的抗静电性、导电性、电磁波屏蔽性、光电性以及信息记忆性等功能,利用热学功能中的耐高温性、绝热性、阻燃性、热敏性、蓄热性以及耐低温性等及光学功能中的光导性、光折射性、光干涉性、耐光耐候性、偏光性以及光吸收性等开发相应的功能面料。

(三)高性能纤维的利用

高性能纤维是具有特殊的物理化学结构、性能和用途,或具有特殊功能的化学纤维,一般指强度大于 17.6cN/dtex、弹性模量在 440cN/dtex 以上的纤维。如具有耐强腐蚀、低磨损、耐高温、耐辐射、抗燃、耐高电压、高强度高模量、高弹性、反渗透、高效过滤、吸附、离子交换、导光、导电以及多种医学功能。大多数高性能特种纤维采用湿法纺丝制成,有些纤维制备工艺难度较大,如先用传统的纺丝技术纺出线型或相对分子质量较低的纤维,然后再分别进行环化、交联、金属螯合、高温热处理、表面物理化学处理或等离子体处理等工序方能制得成品纤维,还有的需要采用乳液纺丝、反应纺丝、液晶纺丝、干喷湿纺、相分离纺丝、高压静电纺丝、高速气流熔融喷射和特殊的复合纺丝技术等新型纺丝工艺,也有的利用现有的合成纤维,通过功能团反应获得各种离子交换基团或转化为纤维。

高性能纤维拥有特殊的功能,大多应用于工业、国防、医疗、环境保护和尖端科学等方面,运用于服装中效果更为明显。如混入少量耐高温纤维,织物的阻燃性能便大大提高;掺入少量导电纤维,织物的抗静电性能便能满足要求;过去防弹衣是"以刚克刚",利用刚性材料,如钢板、陶瓷板或金属网等硬质材料对子弹的反弹来保护人体。现代应用高性能纤维中的多层高强度、高模量合成纤维织物制作,质地柔韧,重量轻,其防弹机理是"以柔克刚"。当子弹击中织物后,织物的高强度、高模量能将冲击的能量吸收,抵消枪弹的穿透作用,有效终止枪弹的前进,起保护作用。高性能纤维在服装面料中的运用有广阔的前景。

(四)下脚纤维的利用

下脚纤维很多,如纺织生产中的落毛、落棉、落麻、废丝、回丝、再生毛、粗次毛、各种边角料等,数量相当可观。恰当地利用这些材料变废为宝开发新面料,不但可以降低成本,还可以获得某些特色。如粗纺毛织物中的火姆司本中就含有粗次毛、化纤边角料等,在粗纺呢绒中,加点儿有色的边角料,既能降低成本,还使织物别具一格。用丝的下脚料织成的花呢已成为颇有特色的流行面料。

(五)新型纤维的利用

新型纤维不仅指最新开发出来的纤维,还包括过去不使用或使用很少、现在却开发利用的纤维。如近年开始在服装上应用的彩色棉花、彩色羊毛、彩色兔毛、彩色蚕丝、甲壳素纤维、牛奶蛋白纤维、玉米纤维、大豆蛋白纤维,还有罗布麻纤维、某些无机纤维、芳香族聚酰胺纤维、复合纤维、新功能纤维等。这些新型纤维都有特长,对它们的开发利用将使产品获得新的风格或功能。

1. 彩色棉纤维

传统的棉花是白色的,经纺织加工后,衣料才有五彩缤纷的色彩。但印染、整理材料绝大部分是化学物质,使服装面料加工成本增加,还产生了大量污染废液,不但造成环境污染,还可能影响人体健康,造成皮肤障碍等。

多年来,农业育种专家和遗传学专家研究攻克天然彩色棉花,给棉花植株插入不同颜色的基因,从而使棉桃生长过程中具有不同的颜色。目前美国、英国、澳大利亚、秘鲁、乌兹别克、中国等国家,已栽培出浅黄、紫粉、粉红、奶油白、咖啡、绿、灰、橙、黄、浅绿和铁锈红等颜色的彩棉。我国引进了三种颜色彩棉,但目前用得比较多的是咖啡色,少量是浅绿色。

彩棉织物不再需要染色,使用机械方法预缩,不再用化学整理剂,并配用再造玻璃扣,或木质、椰壳、贝壳等天然材料的纽扣,缝纫中也采用天然纤维缝纫线,成为环保型服装,具有很高的经济效益和社会效益,因而也得到国际服装市场的青睐。但彩色棉纤维在强度、色牢度等方面还需进一步改进,这成为开发彩棉服装的科研课题。一些厂家已生产出彩棉与白棉、远红外纤维、抗静电纤维、罗布麻等的混纺纱,用于开发新型服装面料。彩色棉的推广必将引起新型服装浪潮。

2. 甲壳素纤维

甲壳素(甲壳质、己丁质、壳蛋白)是1811年法国学者 Braconcont 首次从虾皮、蟹壳中提取的一种物质,当时被称为 Fungine(真菌),1823 年,Odier 等人从甲壳中也得到同样的物质,命名为 CHITIN(不溶性甲壳质或甲壳素),这种物质经浓碱加热处理即脱去乙酰基生成 CHITOSAN(脱乙酰甲壳质或壳聚糖)。实际上利用虾皮、蟹壳就可以加工成天然生物高分子——甲壳质。甲壳质和它的衍生物壳聚糖具有一定的流延性及成丝性,经纺丝加工得到具有较高强度的甲壳素纤维。它的分子结构与纤维素的结构非常相似。甲壳质是白色或灰白色的半透明片状固体,具有动物骨胶原组织和植物纤维组织的双重性质。对动物、植物细胞均有良好的适应性。甲壳素具有优越的吸水性、吸湿性和与活体组织的融合性,并具有抗菌性。由于制造甲壳质纤维的原料一般采用虾、蟹类水产品的废弃物,一方面可减少这类废弃物对环境的污染,另一方面甲壳素纤维的废弃物又可以生物降解,不会污染环境。

甲壳素纤维吸湿、保湿性好,染色性好,可用直接染料、还原染料等染料染色,染色性接近棉纤维。其纤维线密度在 2.2 ~ 5dtex,经预处理后主体长度在 28mm,强力相对较低,在 2.9cN/dtex(棉在 4cN/dtex),断裂伸长 13%,回潮率 12% ~ 15%。由于甲壳素纤维强力相对较低,纤维间抱合性能差,一般应进行混纺,混纺比例在 11% 左右。

医学上用它制造人造皮肤、止血材料以及外科手术缝合线等制品。也可视为绿色面料、保健面料而用于服装中。

在自然界中,除了甲壳类动物以外,在昆虫类动物体和霉菌类细胞内也含有大量的甲壳素,它是一种取之不尽,用之不竭的再生资源。

3. 大豆蛋白纤维

蛋白纤维按其来源可分为天然蛋白纤维和人造蛋白纤维。常见的天然蛋白纤维有动物的毛发和蚕丝。人造蛋白纤维是以天然蛋白为主要原料,经特殊加工处理制成的具有纺织用途的纤维。常见的有牛奶蛋白纤维和大豆蛋白纤维。

大豆蛋白纤维的主要原料是豆渣(豆粕)、羟基和氰基高聚物,其原理是将豆粕水浸分离提纯出蛋白质,改变蛋白质的空间结构(大豆蛋白相对分子质量大,形状为球状,要获得纤维必须分解球状,再加上其他工艺措施)并在适当的条件下与羟基和氰基高聚物共聚接枝,通过湿法纺丝生成大豆蛋白纤维。这时候的大豆蛋白纤维中,蛋白质与羟基和氰基高聚物并没有完全发生共聚,它具有相当的水溶性,还需要经过缩醛化处理才能成为性能稳定的纤维。在纺丝过程中,牵伸使纤维大分子达到一定的取向度,这样在缩醛过程中就可以避免纤维的过分收缩而解除取向。醛化后的丝束经过卷曲、热定型、切断、加油就成为纺织用的大豆蛋白纤维。

在大豆蛋白纤维的分子结构里,由于蛋白质与羟基和氰基高聚物没有完全发生共聚,应适当控制蛋白质与羟基和氰基高聚物的相对分子质量,在纺丝过程中可以制成蛋白质分布在纤维外层的皮芯结构纤维,并且在纺丝牵伸过程中,由于纤维表面脱水,取向较快导致纤维表面具有沟槽,从而使纤维具有良好的导湿性。因为蛋白质分子中含有大量的氨基、羧基、羟基等亲水基团,从而使大豆蛋白纤维具有良好的吸湿性(保湿性略差些),在高温高湿环境中,该纤维具有良好的内部吸湿效果而使纤维表面保持干燥,从而使服装在潮湿的环境中穿着非常舒适。大豆蛋白纤维表面光滑,与蚕丝光泽非常接近,手感轻柔,可用酸性染料、活性染料染色。

大豆蛋白纤维在加工性能方面可与棉、毛、丝、麻及合成纤维混纺、交织,制成各种机织面料或针织面料。特别是大豆蛋白纤维细度细,纤维外层都是蛋白质,而且大豆蛋白的氨基酸种类及含量均较真丝对人类更为有利,适合制作手感柔软、表面光滑、穿着舒适的内衣制品。现在已经开发的大豆蛋白纤维面料包括外防紫外线内大豆蛋白纤维的涤盖豆针织物、外大豆蛋白纤维内远红外线的豆盖丙针织物、外羊毛内大豆蛋白纤维的羊毛盖豆针织物、外真丝内大豆蛋白纤维的丝盖豆针织物、外豆股线内大豆蛋白纤维单纱的豆股盖豆纱针织物、外涤纶或丙纶内大豆蛋白纤维的涤或丙盖豆针织物、外普通丙纶内大豆蛋白纤维的丙盖豆针织物、导湿快干针织物、导湿干爽负氧离子保健针织物等。大豆蛋白纤维与蚕丝、羊毛物理机械性能的对比见下表。

大豆蛋白纤维与蚕丝、羊毛物理机械性能的对比

纤维性能	蚕丝	羊毛	大豆蛋白纤维
线密度(dtex)	1.2	4.74	1.27
干断裂强度(cN/dtex)	3.1 ~ 3.7	0.9 ~ 1.6	5.4
湿断裂强度(cN/dtex)	1.9 ~ 2.1	0.7 ~ 1.5	4.3
干断裂伸长率(%)	15 ~ 25	25 ~ 35	15
湿断裂伸长率(%)	27 ~ 33	25 ~ 50	17
体积质量(g/cm³)	1.33 ~ 1.45	1.32	1.28
回潮率(%,标准状态)	9	16	6.8
比电阻(Ω·cm)	9.8	8.4	9.5

4. 牛奶蛋白纤维

牛奶丝是高科技生态环保纤维,它由牛奶蛋白和丙烯腈接枝共聚,再进行纺丝加工而成,被誉为"绿色环保产品"。该纤维形成的面料具有天然丝般的光泽和柔软的手感,而且看似真丝,胜似真丝,比真丝厚实、丰满、抗皱性好,且透气,导湿爽身,比棉、丝牢固,比羊毛防蛀,故耐穿,耐洗,易于储藏。由于其主要原料是牛奶蛋白质,故具有独特的润肌、养肤的生物保健功效及抑菌消炎作用。

5. 新型再生纤维素纤维

Tencel 纤维是由英国 Courtaulds 公司研制的一种学名为 Lyocell 的新型纤维素纤维,是在全球注册的英语商品名,华语注册为"天丝",它是由木浆通过溶剂纺丝方法萃取出的介于再生丝与天然纤维间的环保新纤维,溶剂不含毒,对人体及生态环境不构

成污染,被誉为"绿色纤维"。该纤维具有纤维素纤维的舒适性、耐洗性,其湿模量、强度和刚度也很高。用该纤维加工成的织物具有天然纤维制品的柔软、舒适,还拥有Tencel 纤维独有的悬垂性、吸湿性和较好的染色性及光泽。Tencel 纤维有两种,一种强调微纤化,如桃皮绒效果;另一种可以避免微纤化,达到光面效果,形成凉爽风格面料,主要供针织行业使用。

Tactel 纤维是美国杜邦公司开发的新一代锦纶 66 长丝,它具有许多优于常规锦纶的特性,如手感柔软、光滑,光泽优雅,悬垂性、覆盖性、染色性好,易洗免烫,并已用此种纤维开发出一系列有特殊性能的服装面料。对新纤维资源的开发、应用,已成为服装面料花色品种竞争的重要手段之一。

纤维材料与服装面料的关系实际上就是米与炊的关系。在市场经济条件下,市场的需求是导向,是动力。没有市场需求,就没有新产品的开发。而产品是龙头,原料是条件。

第三章　纱线与新型服装面料的开发

第一节　纱线与织物的关系

以各种天然纤维和化学纤维为原料,运用各种方法制成柔软的片状制品就叫织物,即服装面料的最主要形式。虽说天然纤维和化学纤维各有利弊,是决定服装面料性能的主要因素,但并不是唯一的因素。服装面料和辅料的最终性能和风格除了先天因素——原料的影响以外,还受纱线结构和性能、织物结构和性能、后整理等因素的影响。

一、纱线是纤维和织物之间的桥梁

散乱的短纤维是不能直接形成织物的(非织造布例外),即纱线是纤维到织物的中间环节,是纤维通往织物的桥梁。同纤维相比较,纱和线的结构对纺织品的内在和外观质量有更直接的影响。在织物中,纱和线的概念是不同的。由一种或数种短纤维(长度在几十毫米)经过纺纱过程的开松、除杂、混和、梳理、并合、牵伸,使纤维沿轴向排列并经加捻纺制而成的具有一定强度、细度和其他性能的产品称"纱"。一根的称单纱,由两根或两根以上单纱合股加捻成为股线,简称线。可以根据合股纱的根数,有双股线、三股线、四股线等。纱和线可作为机织面料和针织面料的原料。线也可作缝纫线、绣花线、工艺装饰线等。

按纺纱所用原料的不同有棉纱、毛纱、绢丝纱、麻纱、化纤纱及混纺纱等种类。按所用纤维长度的不同,有短纤维纱和长丝,及由短纤维和长丝组合成的纱(包芯纱)。线密度的高低可以影响面料的质感、风格。细柔风格的面料要选用细特精梳纱;要求轻薄、若隐若透风格的面料就要选细特真丝、再生丝或合纤丝等。相反,粗特纱、加工丝多用于表现粗犷厚重的面料。

二、纱线直接影响织物的性能

纱线的性能和特点也直接影响织物的外观和特性,最终影响服装的外观及服用性。只用纱织成的织物称为"纱织物";只用股线织成的织物称为"线织物",若同时用纱和线织成的织物称为"半线织物"。纱织物的特点是柔软、轻薄,但其强力和耐磨性能较差;半线织物和线织物都比纱织物强力大、弹性好、耐磨性强、手感硬挺。纱织物还是半线织物或线织物在斜纹织物里还涉及识别织物的正反面的问题。

（一）长丝与短纤维纱线

通常所谓的"纱线"，是指纱和线的统称，是由短纤维或长丝线型集合体组成的具有纺织品特性的连续纤维束。

纤维的长度可用 mm、cm、m 表示。而直径以 μm 表示。（1μm = 10^{-3} mm）。若长度达到几十米或几百米，称为长丝，如蚕丝（一个茧所缫丝的平均长度在 800 ~ 1000m）、再生丝、涤纶长丝等。长度较短的称短纤维，如棉的长度在 40mm 以下，毛的长度在 300mm 以下。化学纤维可根据需要纺成长丝、短纤维或中长纤维，如将化学纤维切成棉型长度适宜与棉纤维混纺，切成毛型长度可与毛纤维混纺，也可纯纺，织制混纺或仿毛织物，切成中长型也可织制仿毛织物。除了长度不同，细度也有差别，见表 3 - 1 和表 3 - 2。

表 3 - 1　天然纤维的细度和长度

纤维名称	长度（mm）	细度（μm）
棉	20 ~ 60	15 ~ 24
亚麻（细而短）	20 ~ 50（20 ~ 30）	20 ~ 30（15 ~ 24）
苎麻（粗而长）	70 ~ 280（20 ~ 60）	30 ~ 70（20 ~ 80）
毛	50 ~ 300	15 ~ 40
丝	1000 ~ 15000m	10

表 3 - 2　化学纤维中短纤维的细度和长度

分类	毛型		棉型	中长型
	粗梳	精梳		
长度（mm）	64 ~ 76	76 ~ 114	33 ~ 38	51 ~ 76
细度（tex）	0.33 ~ 0.56	0.33 ~ 0.56	0.13 ~ 0.17	0.22 ~ 0.33
直径（μm）	20 ~ 370		10 ~ 47	

注　化纤长丝的长度可以任意的长，细度也可以在纺丝过程中进行控制。

短纤纱一般结构比较疏松，含有较多的空气，毛绒多，光泽较差，故具有良好的手感及覆盖能力。用它织成的面料有较好的舒适感及外观特征（如柔和的光泽，手感丰满等），有适当的强度和均匀度。

长丝表面光滑，光泽好，摩擦力小，覆盖能力较差。但具有良好的强度和均匀度，可制成较细的纱线。用它织成的面料手感光滑、凉爽，光泽明亮，均匀平整，其强力和耐磨性优于短纤纱织物。纱线的类型及用途见表 3 - 3。

除了长丝和短纤纱线以外，为了丰富面料的外观，改善面料的服用性能，还生产一类花式纱线。花式纱线是指通过各种加工方法而获得的具有特殊外观、手感、结构和质地的纱线。可根据花式纱线的不同结构和外观，开发不同的花式纱新面料。

表 3-3　纱线的类型及用途

分类		品种及用途
按组成纱线的纤维成分	纯纺纱	由一种纤维材料纺成的纱,如棉纱、毛纱、麻纱、绢纺纱、纯化纤纱等。此类纱适宜制作纯纺织物
	混纺纱	由两种或两种以上纤维纺成的纱,如涤/棉混纺纱、羊毛/黏胶纤维混纺纱等。此类纱用于突出两种纤维优点的混纺织物
按纺纱工艺分	环锭纱线	在环锭细纱机上,用传统纺纱方法加捻制成的传统纱线和一些新型纱线。其中新型纱又可再细分为紧密纺纱线、喷气纺纱线、赛络纺纱线、赛络菲尔纺纱线、缆型纺纱线等
	自由端纱线	在高速回转的纺杯流场内或在静电场内使纤维凝聚并加捻成纱,其纱的加捻与卷绕作用分别由不同的部件完成,因而效率高,成本较低,如转杯纺和静电纺等
	非自由端纱线	由一种与自由端纱不同的新型纺纱方法仿制的纱,即在对纤维进行加捻过程中,纤维条两端是受握持状态,不是自由端。这种新型纱线包括自捻纱、摩擦纺纱和平行纺等
短纤维纱线	棉纺纱线	包括精梳棉纱、粗梳棉纱(粗梳棉纱也称普梳棉纱)和废纺纱。精梳棉纱是通过精梳工序纺成的纱。纱中纤维平行伸直度高,条干均匀、光洁,但纺纱成本较高,线密度较低。主要用于高档面料细纺及针织品的原料。粗梳棉纱是指按一般的纺纱系统进行梳理,不经过精梳工序纺成的纱。粗梳纱中短纤维含量较多,纤维平行伸直度差,结构松散,毛茸多、线密度较高、品质较差。此类纱多用于一般面料和针织品的原料,如中特以上棉织物。废纺纱是用棉纺纱下脚料(废棉)或混入低级原料纺成的纱。纱线品质差、松软、条干不匀、含杂多、色泽差,一般只用于织造粗棉毯、厚绒布和包装布等低级产品
短纤维纱线 (按纺纱系统分)	麻纺纱线	分为干纺和湿纺。亚麻先采用化学脱胶方法除去大部分非纤维素杂质,然后进行高分子基团接枝,再用机械梳理,提高亚麻的工艺纤维支数,同时保持工艺纤维最佳的可纺长度,一般采用湿纺法或干纺法纺制亚麻纯纺纱或各种混纺纱;苎麻采用干纺法进行纺纱
	毛纺纱线	包括精纺毛纱和粗纺毛纱,精纺毛纱是通过精纺工序纺成的纱。纱中纤维平行伸直度高,条干均匀、光洁,但纺纱成本较高,线密度较低。精纺毛纱主要用于精纺毛织物及高档针织品的原料,如华达呢、薄花呢、高档羊毛衫等;粗纺毛纱是按一般的纺纱系统纺纱,不经过精纺工序纺成的纱。粗纺纱中短纤维含量较多,纤维平行伸直度差,结构松散,毛茸多,线密度较高,品质较差。此类纱多用于粗纺毛织物、长毛绒、毛毯和一般针织品的原料,如粗花呢等粗纺毛织物。还有一种称为半精纺毛纱,与精纺毛纱的区别在于可使用较短的纤维,纺纱工序中省掉精梳工序
	丝纺纱线	包括绢丝和䌷丝。绢丝是一些不能用于正常缫丝的废茧,经打茧开松,再用梳绵机梳理制成,是各种绢纺面料的原料;䌷丝是缫丝及丝织过程中所产生的屑丝、废丝及茧渣再加工处理成的绢丝。䌷丝粗细不匀,丝条杂质较多,常用于织锦绸
按纱线结构分	单纱	只有一股纤维束捻合的纱,主要用做织物的原料
	股线	由两根或两根以上的单纱捻合而成的线。其强力、耐磨性好于单纱。有双股线、三股线和多股线。如缝纫线、绣花线和编织线
	复捻多股线	把几根股线按一定方式捻合在一起的纱线。如花式线、装饰线、绳索等

分类			品种及用途
长丝纱线	普通长丝	单丝	由一根长丝构成,直径大小决定于纤维长丝的粗细。一般只用于加工细薄织物或针织物,如尼龙袜、纱巾等
		复丝	由多根单丝合并而成的长丝。很多丝绸是由复丝织造而成的,如素软缎、电力纺等
		复合捻丝	复丝加捻而成的长丝,如丝绸中的绉类织物用的是复合捻丝
	变形长丝	高弹丝	具有很高的伸缩性,而蓬松性一般,主要用于弹力织物,以锦纶高弹丝为主
		低弹丝	具有适度的伸缩性和蓬松性,多用于针织物,以涤纶低弹丝为多
		膨体纱	具有较低的伸缩性和很高的蓬松性。主要用来做绒线、内衣或外衣等要求蓬松性好的织物,其典型代表是腈纶膨体纱,也叫开司米
		网络丝(交络丝)	单股复丝在交络喷嘴中被压缩空气按垂直方向或呈一定角度喷吹,使复丝中的单根丝强烈振动,形成错位、弯曲和缠绕,产生周期性局部缠络的交络点,增加了抱合力,可以代替加捻。此丝手感柔软、膨松、仿毛效果好,多用于女士呢。近年来流行的高尔夫呢也是用此丝织制的
花式纱线	花色线	彩点线	主要用于传统的粗纺花呢火姆司本(或称钢花呢)。其特征为纱上有单色或多色彩点,这些彩点长度短,体积小。通常的加工方法是先把彩色纤维(细羊毛或棉花)搓成用来点缀的结子,再按一定的比例混到基纱的原料中,结子和基纱具有鲜明的对比色泽,从而形成有醒目彩色点的纱线。这种纱线多用于织制女装和男夹克的织物
		彩虹线	染色时的一大绞纱上至少染三种以上色泽,织成织物呈现不规则的自由花型,如云纹、斑纹等不规则的奇异图案
		印花线	采用间隔染色方法制得的色段长度不同的印花纱,其织物颜色随机无规律性,具有独特别致的外观效果
		夹花线	也称多股线或花股线,是由两根或多根不同颜色的单纱并捻而成的双色或多色股线
	花式线	环圈线	是花式线中最松软的一种,有连续或间断出现的环状或半环状纱圈的股线。根据环圈形状可分为毛巾线(饰纱在芯纱周围形成连续丰满且均匀分散的纱圈)、花圈线(饰纱在芯纱周围形成连续饱满稀疏匀散的大环圈)、波浪线(饰纱在芯纱周围形成连续匀散分布的波浪形曲波,不是圈圈状,而仅仅起伏于纱线表面)、辫子线(起伏的纱圈因强捻而产生扭绞,在纱线表面形成均匀分布的辫子形状)和混合环圈线(几种环圈线的混合)等品种
		螺旋线	由不同色彩、不同纤维、不同粗细或不同光泽的纱线捻合而成。一般饰纱的捻度较小,纱较粗,它绕在较细且捻度较大的纱线上,加捻后,纱的松弛能加强螺旋效果,使纱线外观好似旋塞。这种纱弹性较好,织成的织物比较蓬松
		结子线	也称疙瘩线或毛虫线。其特征是饰纱围绕芯纱,在短距离上形成一个结子,结子可有不同长度、不同色泽和不同间距。长结子称为毛虫线,短结子可有单色或多色

续表

分类			品种及用途
花式纱线	花式线	竹节纱	其特征是具有粗细分布不匀的外观。有粗细节状竹节纱、疙瘩状竹节纱、蕾状竹节纱和热收缩竹节纱等。根据使用原料,又有短纤维竹节纱和长丝竹节纱之分。竹节纱可用于织制轻薄的夏令织物和厚重的冬季织物,花型醒目,风格别致,立体感强
		大肚线	也称断丝线。其主要特征是两根交捻的纱线中夹入一小段断续的纱线或粗纱。输送粗纱的中罗拉由电磁离合器控制其间歇运动,从而把粗纱拉断而形成粗节段,该粗节段呈毛绒状,易被磨损。但是由它织成的织物花型凸出,立体感强,像远处的山峰和蓝天上的白云
	特殊花式线	雪尼尔线	是一种特制的花式纱线,其特征是纤维被握持在合股的芯纱上,手感柔软,广泛用于植绒织物、穗饰织物和手工毛衣中,具有丝绒感,可以用作家具装饰织物、针织物等
		断丝线	是在两根交捻的纱线中夹入断续的饰纱,即再生丝(或粗纱),根据断续饰纱的外观形成不同装饰效果
		包芯纱线	由芯纱和外包纱组成。芯纱在纱的中心,通常为强力和弹性都较好的合成纤维长丝(涤纶或锦纶丝),外包棉、毛等短纤纱,这样,就使包芯纱既具有天然纤维的良好外观、手感、吸湿性能和染色性能,又兼有长丝的强力、弹性和尺寸稳定性。通常把短纤维作为芯纱,而以长丝作为外包纱时称为包缠纱
		金银线	把铝片夹在透明的涤纶薄膜片之间,如果要银色,将薄膜片和铝片黏合在一起的黏着剂应是很透明的;如果要金色或其他色彩,则需要在黏着剂中加入涂料或在薄金属片和薄膜黏在一起之前,在薄膜上印上颜色。另一种加工方法是采用真空技术或称为"三明治"技术,它与上一种方法的主要区别是采用真空技术,把铝蒸着在涤纶薄片上,这种金属丝既可用于织物,也可用于装饰用缝纫线

不同类型纱线对织物性能的影响见表3-4,从表中可以看出,纱线与织物的许多性能有关。短纤纱、长丝、变形纱的结构与织物性能的比较见表3-5。

表3-4 不同类型纱线对织物性能的影响

纱线类型	织物性能			
	耐用性	舒适性	外观	抽丝与损污性
短纤纱	比长丝强度低,双股线比单纱强,在织物中不易散开或移动	较暖,吸湿较强	织物有棉感或毛感,比较容易起毛起球	纱线不易抽出,易沾污
变形长丝	比短纤维强度大,在织物中松散或移动程度居中	较长丝有暖感,比长丝吸湿强,较其他纱延伸大	织物光泽较弱,接近于短纤纱,表面无毛羽,但可能起球	可能抽丝,较长丝易沾污

续表

纱线类型	织物性能			
	耐用性	舒适性	外观	抽丝与损污性
光滑长丝	比短纤维强度大,在织物中容易散开或松动	有冷感,吸湿性最差	织物表面光滑,并有光泽,不易起毛起球	易抽丝,不易沾污
新型纱	较长丝强力低,不易在织物中松散或移动	有暖感,吸湿性较强	有特殊的结构效应	易抽丝,易沾污

表3-5 短纤纱、长丝、变形纱的结构与织物性能的比较

短纤维	光滑长丝	变形长丝
织物有棉感或毛感	织物有丝感	兼有长丝纱和短纤纱织物的外观
纤维强力没有充分利用	纤维强力充分利用	强力尚可,但没有充分利用
由短纤维加捻而形成纱,纱线外有毛羽 ·有绒毛外观 ·会引起小球 ·很快沾污 ·暖感 ·蓬松性决定于纱线的细度和捻度 ·不易很快引起抽丝 ·延伸性取决于捻度的大小 ·覆盖率大,透明度小	由连续长丝组成光滑而紧密的丝缕 ·光滑而有光泽的外观 ·不会很快引起小球 ·不易沾污 ·冷感、滑溜感 ·抽丝决定于织物结构 ·延伸性取决于捻度的大小 ·覆盖率小,透明度大	由连续长丝组成不规则的多孔柔软丝缕 ·外观蓬松 ·起球程度居中(决定于织物结构) ·较长丝易沾污 ·较长丝有暖感 ·有蓬松性 ·易抽丝 ·延伸性取决于加工方法 ·覆盖率大,透明度大
有吸湿能力	吸湿能力决定于纤维成分	同样纤维吸湿能力大于长丝
可以具有不同的捻度	常用很低或很高的捻度	常用低捻
加工系统最复杂	加工流程最简单	加工比长丝复杂

由此可见,纱线对织物的物理机械性能、外观、手感、风格和质量都有明显的影响。同样的纤维(如化学纤维)分别以短纤纱、长丝或变形纱的形式织成织物,可以得到特性完全不同的织物,即棉型织物、丝型织物和毛型织物。不仅如此,通过纱线的变化还可以织成绉织物、弹力织物、花色织物和其他特殊织物。

掌握了纱线的变化及对织物各种性能的影响,设计服装时,就可以根据服装穿着使用的要求,选择或者设计合适的织物纱线,织制出符合要求的服装面料。如冬季服装需要柔软蓬松、质轻保暖的服装面料,可以选择或设计卷曲、蓬松性好的变形纱线织制的面料;夏季服装,需要柔滑、冷感、光泽好、吸湿透气、易洗快干的服装面料,可以采用或设计排列整齐、表面光洁的长丝纱,最好是天然或再生的长丝纱线织物。总之,开

发新型服装面料,纱线的选择是重要的、不可忽视的一环。

(二)S捻与Z捻

纱的强度也随捻度(单位长度内捻回数的多少)增大而增大,但如果超出临界值,强度反而降低。捻度大的纱线,缩水率大,染色性不好,所以不同风格和性能的织物对纱线捻度的要求不同。滑爽感强的织物,捻度要大,如双绉、乔其纱;柔软的织物,捻度要小;绒类织物,捻度更要小,以便于起绒。当然纱线捻度过小,强度较差,织物容易起毛起球,特别是合成纤维。纱线捻度在面料开发中的运用见表3-6。

表3-6 纱线捻度在面料开发中的应用

纱的名称	捻度(r/m)	应用
弱捻纱	300 以下	绒布、针织面料等
中捻纱	300～1000	比较柔软的面料
强捻纱	1000～3000	比较挺爽的面料、褶皱面料
极强捻纱	3000 以上	褶皱面料

Z捻纱　　　S捻纱

图3-1 纱线捻向示意图

加捻时捻的方向不同,纱中纤维的倾斜方向——加捻的捻向也不同。捻向分为S捻与Z捻。如加捻后,竖着看,纱中纤维自右下向左上倾斜为S捻,或称顺手捻、右捻;纱中纤维自左下向右上倾斜为Z捻,或称反手捻、左捻,如图3-1所示。

纱线的捻向与面料的外观、手感有很大关系。织造过程中可以利用经纬纱捻向和组织相配合,织出组织点突出、纹路清晰(或者隐条、隐格纹路)、光泽好、手感适中的织物,见表3-7。

表3-7 纱线捻向与斜纹织物条纹清晰度的关系

斜纹的斜向	经纱捻向	纬纱捻向	斜纹织物条纹清晰度		
右斜纹	S	Z	经突出	纬突出	斜纹不清晰
左斜纹	S	Z	经不突出	纬不突出	斜纹不清晰
右斜纹	Z	S	经不突出	纬不突出	斜纹不清晰
左斜纹	Z	S	经突出	纬突出	斜纹不清晰
右斜纹	S	S	经突出	纬不突出	经面斜纹清晰
左斜纹	S	S	经不突出	纬突出	纬面斜纹清晰
右斜纹	Z	Z	经不突出	纬突出	纬面斜纹清晰
左斜纹	Z	Z	经突出	纬不突出	经面斜纹清晰

（三）纱线细度与面料开发

面料用的纱线有粗有细,这种粗细程度通常用线密度表示,过去曾用公制支数、英制支数表示,也有用号和旦表示的。纱线细度不仅影响服装面料的厚薄、重量,而且对其外观风格和服用性能也有一定影响。显然纱线越细,织出的织物越轻薄,其外观紧密细致、光洁、柔软、色泽均匀,加工的服装越轻便,档次较高。而纱线越粗,织出的织物越厚重,其成品外观纹理较粗,织物强力较好。纺细特纱,织轻薄面料是近年来服装行业的一个发展趋势,如细特精梳棉衬衫、高档轻薄羊毛面料等已逐渐成为服装之精品。纱线细度的表示方法见表3-8,常用纱线的规格见表3-9。

表3-8 纱线细度的表示方法

纱线细度指标		定义及应用
定长制	线密度（Tt）	在公定回潮率下,1000m纱线重量的克数。"特克斯"是国家法定计量单位,简称为特。目前常用于表示棉纱的细度。其数值越大,纱线越粗
	旦尼尔（D）	在公定回潮率下,9000m长纤维（或纱线）重量的克数。过去常用于表示化纤长丝和蚕丝的细度。不是国家法定计量单位。其数值越大,纱线越粗
定重制	公制支数（Nm）	在公定回潮率下,1g重纱线有多少米。过去常用于表示毛纱的细度。虽不是国家法定计量单位,现仍有使用（过去也表示麻纱细度）。其数值越大,纱线越细
	英制支数（Ne）	在公定回潮率下,1磅重的纤维纱线长度有多少个840码,称多少英支。过去常用于表示棉纱的细度。不是国家法定计量单位。其数值越大,纱线越细

表3-9 常用纱线的规格

纱线类型	常用规格
棉纱	12tex、14.5tex、18.5tex、21tex、28tex、33tex 等
毛纱	10tex、11.8tex、12.3tex、15.5tex 等
绢丝	4.76tex、5.9tex、7.14tex 等
桑蚕丝	14.3/16.5dtex、22/24.2dtex、30.8/33dtex、38.5dtex、77dtex 等
化纤长丝	56dtex、66dtex、82.5dtex、110dtex、167dtex 等

第二节 纱线在服装面料开发中的作用

纱线与织物的关系密切,所以纱线在服装面料开发中的作用非常重要。

一、纱线结构可以在一定程度上改变材料特性

纱线能使纤维材料的特性发生显著的变化,包括几何性能、物理性能、机械性能和外观特征等。

(一)几何性能

几何性能包括长度、细度和截面形状,捻度、捻向和合股等参数。同一种纤维可以设计成多种不同的长度(化学纤维)、细度、截面形状,捻度、捻向和合股等参数。如纤维长度,涤纶可以设计成长丝纱、短纤纱、毛型纱、中长纱、棉型纱等;棉纱的纱线细度可以从几特到几百特,毛纱可从几特到几十特;不同的纱线截面形状不同,变形纱、花式纱线的截面形状更是变化多端;纱线可根据织物的需要设计成各种不同的捻度,大到极强捻纱,小到无捻纱;捻向也可以是左捻、右捻或左、右交替的变形纱;股线可以是单股、双股、多股。

(二)物理性能

物理性能包括密度、蓬松度、吸湿性、吸水性、静电性等。如密度,长丝纱比短纤纱高,短纤维又比膨体纱高。密度低,蓬松度高。纱线内空气多、间隙大,吸湿性就好,抗静电性能就强。如表面起绒的涤纶空气变形纱,手感柔软,蓬松温暖,其吸湿、吸水、抗静电性能就比一般的涤纶长丝纱好得多。

(三)机械性能

机械性能包括强伸度、弹性、刚度、摩擦性等指标。某些变形丝纱线的伸长和弹性可以达到普通长丝的若干倍,强捻纱要比弱捻纱的刚度大,膨体纱要比一般短纤维耐磨性强。

(四)外观特征

外观特征包括毛羽、光泽、花式、花色。纱线的外观特征多种多样,不同原料纱线的外观特征不一样,长丝纱和短纤纱外观不一样,不同粗细的纱外观不一样,各种变形纱外观也不一样,花色纱线和花式纱线的色、花、形、光更是变化莫测。

各种特性可以在很大幅度内变化。纱线特性的变化为织物的变化提供了充足的素材,纤维如不经过纱线,不仅无法获得如此丰富多彩的织物,甚至连起码的织物也难以形成。

二、纱线内纤维的组合可以改善产品性能

可以通过改变纱线的结构、性能、花色,还可以通过混合、复合以及各种不同的加工方法生产新式纱线来直接影响并决定织物的性能、质量和风格,从而获得无穷的花色品种。

混纺纱、交捻纱以及各种混纤纱都属于纤维的组合,组合形式有天然短纤维与天

然长丝,或与化纤短纤、化纤长丝的组合;天然长丝与天然短纤维,或与化纤短纤、化纤长丝的组合;化纤短纤与天然短纤,或与天然长丝、化纤长丝的组合;化纤长丝与天然短纤,或与天然长丝、化纤短纤的组合。其中,天然短纤与化纤短纤的组合最多,天然长丝与化纤短纤的组合比较少。纤维不同的组合有别于常规,可以取长补短,各具特色,使织物性能发生显著的变化。

纤维组合的方法有混纺、交捻、融接、包芯、变形、黏合等,各有千秋,可形成织物不同的、新颖的风格和特征。如由棉和长丝复合成的包缠纱作为毛巾布用纱,效果非常好,不仅吸水、柔软、丰满、蓬松、易染,还不易抽丝,使产品的性能有很大改善。日本东洋公司一种涤棉三层复合纱,以极细的聚酯纤维为纱芯,以涤/棉混纺纱为中间层,以纯棉纱为外包纱,形成三层结构。这种纱具有优越的排汗性能,而且轻薄、舒适,是极好的休闲装和针织运动装面料。应用各种花式纱线编织的针织服装更是五彩缤纷,例如日本时装界采用织带方式,用低品级的茧丝或柞蚕丝织成带芯线的管状纱线,再织成面料做成时装,既降低了成本,又提高了档次。可见从纱线着手在艺术创作的基础上融入科技意识,将形象思维与逻辑思维结合,将艺术与科技结合对服装面料进行设计开发是一条十分重要的途径。

第三节　变形纱、无捻纱、新型花式纱线的应用

一、变形纱及其新产品

变形纱又称变形丝。利用合成纤维的热塑变形性质,在热和机械的作用下,或在喷射空气的机械作用下,使合成纤维长丝由原伸直状态各自分离的纤维束加工成具有卷曲形态、蓬松、有弹性的纱线,即称为变形纱。

未经变形的长丝有许多长处(挺直、光滑、表面无毛羽),但从纺织品的服用性能角度看,却存在许多不足。例如,表面光滑,产生平行性强光;纤维平直,纤维之间间隙小,比较密实,不透气;长丝连续,没有毛羽,手感黏涩。因此,长丝织物的品种受到很大限制。尤其是近代,人们崇尚天然纤维化、自然化,于是长丝仿短纤、长丝短纤化便成为纺丝加工中的重大课题。

人们通过分析和实践认识到,长丝要获得短纤效果,要在结构上解决蓬松性、纤维散乱性、毛羽效果、捻纱效果及混色、粗细节效应等问题。

长丝变形是一项专门技术,有各种不同的设备和工艺。如假捻变形、刀口变形(也称擦过变形)、填塞箱变形、齿轮变形、编织解编变形、蒸喷变形、空气变形、网络变形、热流变形、假捻刀口联合变形等。各种变形技术各有特色,但有的变形技术也存在许多不足,发展受到限制。目前应用比较多的是假捻变形纱、空气变形纱和网络纱。

（一）假捻变形纱

假捻变形纱(即长丝)通过假捻加工,获得卷曲形态,形成变形纱。

1. 假捻变形纱及织物的特点

假捻变形随假捻装置、加热器和加捻工艺等有许多变化,可得到高弹丝或低弹丝。假捻变形纱内单丝变化有一定的规律,单丝主要形成正反向螺旋形立体卷曲,在正反向螺旋反转的交界部位发生曲折。其中折曲点的高度为变形纱的蓬松直径和伸缩性的基础,另外还有少量丝圈和丝辫。其特点是蓬松性和伸长性大。加捻变形的直径可比原丝高出许多倍,视所加捻度大小而定。伸缩性也可大大增加,高弹丝伸缩性可达2~4倍及以上,低弹丝可按需要减少。使用假捻变形,一般要求纤维卷曲细、密、均匀,卷曲稳定,沸水收缩率低,同时具有所需的蓬松度和弹性。

假捻变形织物有下列特点:

(1)织物蓬松,多孔眼,体积重量小,透气性好;

(2)织物内存有大量的空气,保暖性好,有较高的绝热能力;

(3)因变形纱有较高的覆盖能力,织物外观丰满;

(4)织物有较柔和的光泽;

(5)织物手感柔软,有较好的抗皱性、保形性和尺寸稳定性;

(6)织物可以明显地提高吸湿能力;

(7)易洗快干;

(8)可以获得短纤纱、天然纤维和自然的外观;

(9)织物的穿着舒适性良好;

(10)容易钩丝与起毛起球。

2. 假捻变形纱的应用

锦纶假捻变形纱,由于纤维加上高弹性,主要用于男、女袜品,其次是运动衣。

涤纶假捻变形纱,有高弹丝和低弹丝。高弹丝主要用于各种类型的针织品,如男、女、儿童的针织物,各种袜子;男、女游泳衣;胸衣;手套;运动衣;弹力罗纹制品;还可以作花边、家具布、褶裥裙、手编毛线等。低弹丝伸度小,蓬松度大,织成的织物松软、丰满,弹性适度,尺寸稳定,所以既可用于针织,又可用于机织,制作轻薄型织物,可作内衣、裤子类,也可作中厚型织物,如仿毛产品。低弹丝可与各种短纤纱交织,作出各种风格的产品,尤其是仿毛织物。

锦纶低弹丝与涤纶低弹丝交织,用于纬编针织,可以获得结构复杂多样的花型。如利用两种原料吸色性差异,可获得新的染色效果。还可以织成花色图案,达到色织的效果,且成本低廉,工艺简单,质量好。

锦纶低弹丝也可以与腈纶、丙纶交织,做贴身内衣,这样不仅成本低,且具有保暖、舒适、轻快、花色鲜艳等特点。

3. 假捻变形纱的发展及新产品

由于假捻变形纱在阳光或人工光源下仍有闪光,仿短纤效果不理想,所以多年来一直在不断改进。

假捻变形纱通过原料的变化、加工技术的变化,可以克服化纤长丝的缺点,还可以获得差别化、特殊化、多变化的效果,进而获得新外观、新质感、新风格的产品,因而是提高产品水平,开发新面料的重要途径。

(二)空气变形纱(ATY)

20 世纪 50 年代,美国杜邦公司首先研制成功空气变形纱。首创产品称为"塔斯纶"(Taslan)。它利用急速流动的紊流空气冲击丝束,使丝条产生环圈、扭结、结头、螺旋等不规则卷曲,获得高度蓬松特性的一种变形技术。这种丝可以取得极好的仿短纤效果。

空气变形纱可以通过改变空气流的力度、角度、流体的速度、压力、喷嘴的形状和位置以及起流的温度、形态等形成不同的空气变形纱。目前它已成为长丝的主要品种,也是服装面料的主要原料之一。

1. 空气变形纱及其织物的特点

(1)空气变形纱的特点。空气变形纱的特点与其纱的结构有关。空气变形纱的形态结构主要由两部分组成,即纱芯部分和纱的表层部分。纱芯部分由紧密的丝圈组成,表层部分由疏松的丝圈组成。

纱中的纤维有的呈平直状态、平行状态,有的呈网状,有的呈圈状和辫状,有的互相缠绕、交络、勾结。大部分呈各种各样的圈状、弧状,其大小和形状、变化的频率、规律性和随机性、重叠和密集程度以及转移的特点,可以说是形形色色。这些结构特点决定了空气变形纱的特点。

①空气变形纱的纱芯比较坚实,起骨架作用;表面的弧圈有大有小,有高有低,随机分布,相当于短纤纱的毛羽。空气变形纱的结构关系到光泽的强弱、蓬松度、丰满度、手感的柔软、舒适性以及织物的外观和风格,也关系到纱线和织物的其他物理机械性能。

②空气变形纱与短纤纱的拉伸特性接近。由于单丝之间有较大的缠绕力和摩擦力,所以结构和性能均比较稳定。但随着捻度、超喂和气压的增加,强度有所下降。

③空气变形纱的最大特点之一是蓬松度大,其表观直径比短纤纱大 50% ~ 100%。比容是原丝的 2 ~ 3 倍,故纱线覆盖能力增大,并优于低弹丝。

④由于空气变形纱的芯部呈集束状态,比较坚实,所以有较好的抗压缩性,单丝的能动性不大,结构比较稳定。

⑤由于表面丝圈形状大小不一,光线呈散射状态,因此空气变形纱少极光,有近似天然纤维的光泽效果和外观特点。其摩擦因数与短纤维接近,空气变形纱可改善织物

的蜡状感。

（2）空气变形纱织物的特点。

①具有短纤纱织物的外观风格；

②可以完全消除长丝织物的闪光、金属光；

③可显著减少钩丝现象；

④织物蓬松性、柔软性、弹性良好；

⑤折皱回复性与同类织物相近；

⑥与短纤织物相比，有较高的耐磨性；

⑦织物的形态稳定；

⑧保暖性好，穿着舒适；

⑨弹性比短纤织物好，但不及低弹丝。

2. 空气变形纱的应用

空气变形纱的应用十分广泛。它可以用于针织和机织；可以作经纱，也可以作纬纱；可以单织，也可以与其他长丝或短纤纱交织。在织物中，经纱一般起支配手感的作用，纬纱起表达外观的作用。在空气变形纱的应用中，主要利用它的蓬松性和仿短纤纱风格，其次是利用它的花色效应。但是，空气变形纱不但在线密度方面有不同规格，在性能上也有许多差异，还有仿毛型、仿丝型、仿麻型等不同风格，所以应视不同的织物进行选择。

空气变形纱可有多种组成，如：

（1）由两根相同原料、相同线密度、相同颜色的复丝组成；

（2）由两根相同原料、相同线密度、不同颜色的复丝组成；

（3）由两根相同原料、不同线密度、相同颜色的复丝组成；

（4）由两根相同原料、不同线密度、不同颜色的复丝组成；

（5）由两根不同原料、相同线密度、相同颜色的复丝组成；

（6）由两根不同原料、相同线密度、不同颜色的复丝组成；

（7）由两根不同原料、不同线密度、相同颜色的复丝组成；

（8）由两根不同原料、不同线密度、不同颜色的复丝组成。

空气变形纱还可以与长丝和各类型的短纤纱交织，制作不同风格的织物。一般空气变形纱作经，低弹丝、涤/黏或涤/腈中长丝作纬，或用空气变形纱与其他纱线交并作经，用其他纱线作纬，也有用空气变形纱作纬织制提花织物的。

3. 空气变形纱的发展及新产品

空气变形纱除了可以形成短纤维效果以外，还可以通过改变空气紊流，使长丝在紊流的作用下发生种种变形，或吹断部分长丝、或是长丝弯曲收缩、或形成许多小圈圈等。从而在长丝上出现羽毛、线圈、缠结及竹节纱等花式效应。使织出的织物更加丰富多彩。

（三）交络纱

交络纱也称交络丝、网络丝、免浆丝、交络变形丝、交络混纤丝等，也是目前变形纱中的一个大类产品，应用广泛。

1. 交络纱的种类

交络纱分为平行结构和皮芯结构。普通皮芯结构的交络纱，其长丝的交络是通过压缩空气的气流对丝束作间隔式喷射而形成的。压缩空气的气流与丝道以一定的角度（通常为90°的气道）喷射到丝束上，使若干单丝或全部单丝开松、相互交络在一起，随着丝束的不断运动，沿其轴向形成周期性的交络结。

通过不同原料（如不同的纤维、不同的纤维线密度、不同丝束的单丝数、丝的不同截面形状）以及采用不同的丝（预取向丝、全拉伸丝、拉伸变形丝、膨体变形丝等），加上不同的交络器（闭式、开式、开关式）的结构和截面形状等，还有不同的交络工艺（如丝束的张力、速度、压缩空气的压力等）可以获得各种不同特点的交络纱。而交络度的大小、交络结的分布和交络结的牢度，则根据织造工艺的需要和产品的要求而定。

皮芯结构的交络纱是将丝条 A、B 分别经拉伸变形，其中 A 丝条的速度大于 B 丝条，因丝条 A 长度大于丝条 B，即丝条 A 超喂于丝条 B，由于两丝条在长度上的差异，合股后丝条 A 均匀被覆在丝条 B 上，产生包芯效果，且有很高的蓬松性。同时利用气流使单丝产生周期缠绕，形成交络点，从而得到皮芯结构的膨体交络纱。

皮芯型膨体交络纱 A 与 B 的组分不同，一般芯丝的线密度略大于皮丝，可使织物获得既柔软又挺括的手感。通过芯丝与皮丝的不同搭配，如不同组分、不同颜色及不同工艺（如不同超喂量、不同复合点的选择），可获得各种各样的交络纱。用这种纱制成的织物的外观、手感俱佳，有很好的仿毛效果，是理想的西装、夹克面料。

2. 交络纱的特点

从外观上看，交络纱具有开松段和紧密段，以规律间隔性的结构形式变换。开松段内单丝是分离的、蓬松的、相互并不纠缠。紧密段内单丝相互纠缠在一起，即网络部分。网络部分的丝被分为两股和三股，编结在一起。

网络丝的主要参数有交络度和网络牢度。

交络度即单位长度内的交络数。不同的织物应选择不同的交络度。如丝绸和薄型花呢每米的交络数为 50~80 个，厚型毛织物为 100~200 个，麻织物要大于 200 个，针织纬编织物则少于 50 个。

网络牢度即在一定张力下的解脱能力。因网络牢度主要是要满足织造加工的需要，不是最终产品的要求。因此，网络牢度只要能满足织造加工即可，而在形成织物后，网络能够消除（因为网络加工的主要目的是使丝束获得一定的抱合力）。原则上讲，网络度越高，丝束的抱合也越好，有利于后加工。但因网络结影响织物的手感和外观，因此网络度的大小,应视织物的风格及后加工中各种受力的需要综合考虑)。

与长丝相比,交络纱具有如下优点。

(1)丝间获得较好的抱合,有利于提高丝束的强力和耐磨性。

(2)能减少长丝引起的钩丝。

(3)能改善起毛现象和长丝的表面结构。

(4)能减少静电的产生,降低长丝对张力的敏感度。

(5)有利于织造和整理,织造时不需要上浆,因而可以免去上浆和加捻工序,节省浆料,降低成本;印染时不需退浆,减少三废污染。

(6)与羊毛交并交织时,缩呢时与羊毛一起收缩,可对织物的紧度、身骨、呢面风格起较好的作用。

(7)与羊毛或毛混纺纱交织的毛型织物,具有蓬松、丰满、有弹性、挺爽、滑糯、抗起球、光泽柔和、吸湿力强、透气性好等特点,仿毛风格好。

3. 交络纱的应用

交络纱的应用日趋广泛。最早主要限于加工涤弹长丝,现在范围越来越大,除加工低弹拉伸丝外,还能加工预取向丝、全拉伸丝、膨体变形丝(BCF)、混纤丝、花式线等。

交络纱可以应用于纺织业的各个领域,机织、针织、地毯、缝纫线等。

交络纱可以适应仿毛、仿丝绸、仿棉、仿麻等各种风格的产品。各种花式纱,还可以用于织物的装饰。

交络纱还可以与假捻变形纱、空气变形纱、各种短纤纱和长丝交织,取长补短,发挥复合优势,开发新产品。

4. 新型交络纱及应用

利用不同的纤维,尤其是特殊的纤维、高性能纤维,运用交络技术是开发新复合交络纱的有效途径。

(1)混合网络。将两种和两种以上的不同长丝网络在一起,可以有多样的混合。

(2)多元混纤交络。将不同线密度和不同收缩率的丝以不同的比例交络,可形成皮芯结构,粗而缩率大的丝形成芯丝,细而缩率小的丝包覆在外。这种交络纱如果线密度和收缩率选择得当,可以形成蓬松性、悬垂性俱佳的织物,可以制成丝绸风格、羊绒风格的织物。

(3)复合混捻丝。这是利用两种初始取向不同的丝,在拉伸加捻机上进行拉伸和气流交络而形成的新型复丝。

(4)涤纶变形混捻线。采用收缩值和捻向都不同的两种涤纶丝,进行气流交络制成。

(5)氨纶网络丝。是氨纶与涤纶低弹丝通过网络加工制成的一种弹力网络丝。

(6)微纤维交络纱。微纤维交络纱有两种不同的制作方法,即微纤维熔融直接纺丝法和纤维分裂的双组分复丝纺丝法。这两种方法都应用了交络技术,获得了微纤维交络纱,这是微纤维在交络纱领域内的应用。

由于微纤维的加捻、上浆都比较麻烦,所以交络加工是微纤维应用的一条重要途径。

二、无捻纱及其新产品

环锭纺纱的加捻过程和卷绕过程是一起完成的。锭子和钢丝圈既要在加捻中起作用,也要在卷绕中起作用。要想提高环锭纺纱机的产量,就必须提高锭子的转数,但当锭子速度提高到一定程度后,振动加剧,钢领和钢丝圈的摩擦发热严重,纱条受到的张力过大,容易产生断头,这就限制了产量的进一步提高。新型纺纱方法的共同特点是将加捻与卷绕分开进行,加捻速度与卷绕速度互不影响,因而产量可成倍地增加。新型纺纱的种类很多。按纺纱原理可分为自由端纺纱和非自由端纺纱两大类。无捻纱属于非自由端纺纱。

自由端纺纱和非自由端纺纱的主要区别为由纤维组成的须条从喂入端到输出端是否连续。自由端纺纱的条子从喂入端喂入后,经分梳机构,将条子分解为单纤维,再将单纤维凝聚成为连续的须条,然后加捻,由输出端输出,卷绕成筒子。分梳后重新凝聚的须条头端成为自由端,可随加捻器回转,加捻器至输出端的一段纱条即可获得捻度。非自由端纺纱由纤维组成的须条从喂入端到输出端呈连续状态,中间没有断裂过程。加捻器置于输入端与输出端之间,对须条施加假捻。

无捻纱是区别于传统纺纱方法而形成纱线的一种成纱方法。无捻纱成纱是利用一种黏合剂,借假捻作用,将纤维紧密黏合在一起而获得强力。纤维的黏附混合,可以直接混合,也可以在并条时混合。在并条机上进行黏附纤维混合后的条子,可直接供给无捻精纺机。

这种无捻成纱生产纱线的产量可以比环锭纺增加10倍,它克服了环锭纺和转杯纺纱高产量的障碍,可用条子直接纺纱,产量很高,有的可达400m/min。

无捻纱织物手感好,重量轻,织物更有光泽(传统纺纱因纱的捻度使光分散,从而织物光泽减少),而且织物染色性能得到提高,(因为构成纱线的纤维是平行的,染料与纤维易于亲和,所以丝光加工和染色性能都可以得到提高)。此外,无捻纱织物比普通环锭纱织物缩水率小。

与传统的环锭纺纱和转杯纺纱相比,无捻纱有很多优越性,除纺纱产量高外,无捻纱的断面呈带状,因此织物丰满度好,重量轻,如果开发出合适的面料,其应用前景广阔。

无捻纱在国内正在研究阶段。最困难的是控制纱的伸长,影响无捻纱伸长的主要因素是黏合剂,在有张力的情况下,防止纤维互相移位断裂,理想的黏合剂应该比较容易控制纺纱过程中的纤维,易于进行纺纱,在黏附状态下,总伸长不少于7%。无捻纱应改善纱的强力和伸长,让纺纱锭子进一步高速化,并对织物编织和整理做进一步研究。

此外,还有用包缠纱方法生产无捻纱的。因为包缠纱是用空芯锭子纺制的,其纱芯纤维无捻,呈平行状,外缠单股或多股长丝线而成。如果以毛、棉或其他纤维为芯,由可溶性聚乙烯醇(水溶性维纶)作缠绕纱,形成的纱线编织后经整理将外包长丝溶解,就可以得到用无捻纱芯形成的织物。此织物格外柔软,透气性好,舒适性强。一般用其制作灯芯绒、天鹅绒、针织内衣或全棉毛巾等产品。

三、新型花式(色)纱线及其应用

(一)花式纱线

花式纱线及其织物是纺织行业的后起之秀,对纤维原料、纺纱、织造、染整、纺织品设计、服装、家用纺织品和产业用纺织品的发展起着重要作用。花式纱线的质量,不仅关系到生产效率,而且决定着产品的质量、功能性、档次、外观等性能。

1. 花式纱的结构

选择良好的原料和设计合理的工艺是生产质量优良的花式线的关键所在。花式纱线的原料一般由芯纱、饰纱和固纱三者组成,如何使三者以一定的比例组合,并达到强力适中,外形美观,花形均匀稳定,这与原料的选择有着重要的关系。

(1)芯纱。芯纱又称基纱,是构成花式线的主干部分,被包覆在花式线的中间,是饰纱的依附件,它与固纱一起形成花式线的主干。在捻制和织造过程中,芯纱承受着较大的张力,因此一般应选择强力较好的纤维材料。芯纱可以用1根,也可以用2根,使用单根芯纱时,一般选用较粗的涤/棉单纱或中长纤维纱。

(2)饰纱。饰纱又称效应纱或花纱,是构成花式线外形的主要部分,一般占花式线重量的1/2以上。花色线的色彩、花型、手感、弹性、舒适性等性能特征主要由饰纱决定。包缠饰纱的方法一般有两种。一种是常用的方法,即利用加工好的纱、线或长丝,在花式捻线机上与芯纱并捻,产生花式效应,形成纱线型花式线;另一种是利用条子或粗纱在带有牵伸机构的花式捻线机上或在经过改造的环锭细纱机上,与芯纱并捻产生花式效应,形成纤维型花式线。有些花式线在捻制过程中,芯纱和饰纱是相互交替的,即在此区间内是芯纱,在临近的另一区间内又变成饰纱,双色结子线和交替类花式线就是采用这种方法制造的。在纱线型花式线中,要求饰纱条干均匀,捻度偏小,手感柔软而富有弹性,最好选用马海毛纱作为饰纱;生产波形纱时要求饰纱柔软,如选用精纺毛纱作饰纱,一定要经过蒸纱,使捻度稳定,以防在生产花式线的过程中扭结而产生小瓣纱;如使用普通的腈纶纱或棉纱作饰纱,要求纺纱后在啥苦中存放一段时间,使其产生自然回潮定形,达到稳定捻度的目的。饰纱一般用单纱,很少使用股线,单有时为了增加圈圈的密度,可用多跟单纱喂入,也可用两根不同染色性能的单纱同时喂入作饰纱。饰纱一般选用短纤纱而不用中长纤维纱。

（3）固纱。固纱又称缠绕纱或包纱、压线，它包缠在饰纱的外面，主要用来固定饰纱的花型，以防止花型变形或移位。固纱一般选用强力较好的低线密度的涤纶、锦纶、腈纶纱或长丝作固线，由于它紧固在花式线的轴芯上，仅与饰纱表面产生摩擦，与芯纱基本上不接触，但受到张力时由芯纱和固纱共同构成花式线的强力。因此，固纱一般要求选用细而强力高的锦纶或涤纶长丝为原料，当然也可根据产品的要求选用毛纱或绢丝为原料。

2. 花式纱线的品种

花式纱线的品种很多，可分为短纤花式纱和长丝花式纱两大类。典型产品如图3－2～图3－16所示。

（1）短纤花式纱。短纤花式纱有结子纱、竹节纱、雪花纱、彩点纱、包芯纱、螺旋纱、粉点纱、粗节纱、圈圈纱、珠圈纱、大肚纱、复合纱、包缠纱、花点纱、结丝纱、双向包缠纱、毛绒纱、波波纱、金银丝花色线、多彩交并花式线、粗细纱合股线、波形线、毛巾线、辫子线、双色结子线、鸳鸯结子线、长结子线、间断圈圈线、结子与圈圈复合花式线、绳绒与结子复合花式线、粗节与带子复合花式线、断丝与结子复合线、大肚与辫子复合花式线、纤维型断丝花式线、纱线型断丝花式线、圈圈拉毛花式线、波形拉毛花式线、平线拉毛花式线、单色绳绒线、双色绳绒线、珠珠绳绒线、羽毛线、牙刷线、松树线、毛虫线、蜈蚣线、带子线、加捻带子线、包芯带子线等。

（2）长丝花式纱。长丝花式纱有再生丝粗节花式纱、再生丝矩形节花式纱、疙瘩花式纱、珠状粗节花式纱、变旦花式纱、鳞片状花式纱、长丝羽毛花式纱、羽毛状竹芦花式纱、丛状线圈花式纱、双宫式花式纱、不规则粗度的竹节纱、混色花式线、圈状竹节花式线、特殊竹节花式线、线圈竹节花式纱、膨化竹节纱、变化捻度花式线、仿短纤羽毛花式纱、混色雪花纱、热收缩竹节纱、波浪捻杂色纱、卷缩膨体纱、仿竹节膨胀包芯纱、藕节状包芯纱、线圈包芯纱、变形花式纱、螺旋包覆纱、蕾状竹节纱等。

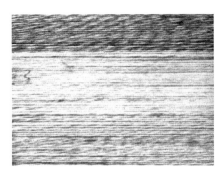

图3－2　彩点线

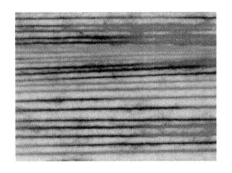

图3－3　彩虹线

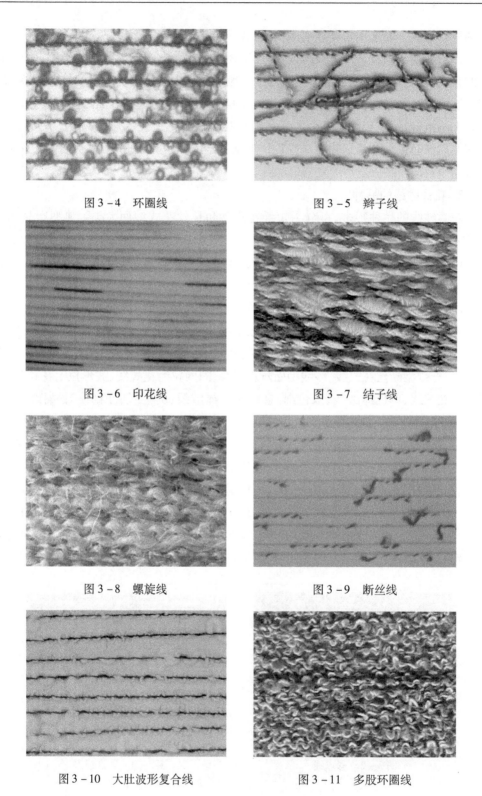

图 3-4 环圈线

图 3-5 辫子线

图 3-6 印花线

图 3-7 结子线

图 3-8 螺旋线

图 3-9 断丝线

图 3-10 大肚波形复合线

图 3-11 多股环圈线

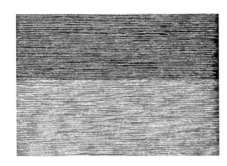

图 3 - 12 金属装饰线

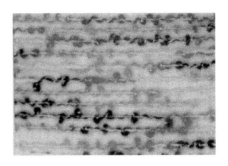

图 3 - 13 段染环圈线

图 3 - 14 雪尼尔线(绳绒线)

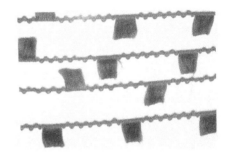

图 3 - 15 雪尼尔线(牙刷线)

图 3 - 16 带子型花式线

(二)花色纱

花色纱是 20 世纪下半叶开发出来的纱线新品种。可分为两类,一是色纺纱,即由散纤维(或毛条)染色后仿制的纱线,二是间隔染色法生产的纱线。

1. 色纺纱

色纺纱线的生产横跨染、纺两个专业,其生产特点是先染后纺,因而加工工序多,技术难度较大,管理复杂,生产效率低,成本高,但附加值也高。色纺纱采用不同原料、不同色彩进行多种组合,在纱线上可形成千姿百态、风格各异及不同服用效果的新产品、新花色,属于中、高档产品,市场需要量大,具有较强的市场竞争力。

色纺纱的主要品种有纯棉精梳色纺彩色纱、毛色纺纱、纯棉精梳色纺灰色纱,特种纤维精梳色纺纱、涤/棉色纺纱、纯化纤色纺纱、多组分化纤彩色纱、双组分色纺纱等品种。

2. 间隔染色法生产的色纺纱

目前,在国内外一些新染纱方法中,是一种被普遍采用的、比较新颖的方法,间隔染色的方法很多,有拆编法、印色法、飞溅法、喷射法、注射法、填塞法等。为了追求达到广泛适用的目的,所使用的工艺和设备不尽相同,但基本原理是把纱线间断地染上不同颜色。用色的多少、颜色的深浅、染色面积的大小以及分布的规则,都可以根据具体条件和需要而定。

(1)间隔染色法生产的花色纱。这是采用一种特殊的装置,使纱在前进的过程中,对纱分段染上颜色。如果使用数对染色罗拉或染色垫,并使它们所储存的染料颜色不相同,就可获得一根纱上具有不同颜色的花色效果。采用该法生产花色纱的主要品种有罗拉式间隔染色法生产的花色纱、染色垫间隔染色法生产的花色纱、间隔刷色法生产的花色纱(印节纱)等产品。

(2)染色拆编法生产的花色纱。染色拆编花色纱是将纱线织成针织物,然后对织物进行染色。露在织物表面的纱能够着色,不露在外面的纱就不能着色。这样把织物拆开后,在成纱上就具有很多不均匀的色段。采用此法生产的花色纱主要品种有多色染色拆编法生产的花色纱和正反捻染色拆编法生产的花色纱。

(3)喷溅染色法生产的花色纱。这是一种较先进的生产花色纱的方法,在纱线上可获得随机的染色效应。采用此法生产的花色纱主要品种有飞溅染色法生产的花色纱和喷射染色法生产的花色纱等。

(4)压注染色法生产的花色纱。这是一种新型的生产花色纱方法,不仅经济简便,而且可以使用多种颜色,以不均匀的方式对纱进行连续染色,因而得到了广泛的应用。采用此法生产的花色纱主要品种有注射染色生产的花色纱和填塞染色法生产的花色纱。

(三) 花式(色)纱线在服装面料开发中的应用

花式(色)纱线在服装面料中的应用越来越广泛,据资料介绍,法国女装中花式纱线织物占40%。意大利的花式线织物占19%以上,美国花式纱线产量占纱线总产量的40%。这些花式纱线产品的终端用途有服装、装饰品、家用纺织品3类;其后加工手段有针织(包括手工纺织、横机制造、原机织造、经编衬纬)、机织(包括剑杆织机、有梭织机、多臂机等)两类。

服装市场对纺织产品的质量和花色品种提出了新的更高要求,产品的新、奇、特的个性化要求已成为选择纺织品的主流趋势。而花式(色)纱线以其纱线织物和色彩的变化不断推陈出新,使纱线的外观效果更加丰富多彩。近年来,随着新型、功能化、环保型纤维的不断问世与应用,以及新设备和新工艺的开发与应用,促进了花式(色)纱线的快速发展,初步改变了纱线生产落后的局面,在一定程度上满足了机织和针织产品的需要,提高了产品的附加值和市场竞争力。

1. 花式(色)纱线在针织产品中的应用

在针织产品中使用花式(色)纱线的历史较早,也较为广泛,几乎所有的花式(色)纱线都能应用。不仅可做外衣,也可做内衣,更可做装饰用品,还可与皮料等拼接制成各种高档时装。线密度从36~2000tex都可用于针织加工。过去大多用于生产针织外衣,现在已延伸到窗帘、装饰布等家用纺织品。针织行业投资小,建设快,生产流程短,对纱线的工艺性能要求低,产品的附加值高,翻改品种快,生产流程短,对纱线的工艺性能要求低,产品的附加值高,翻改品种快,生产周期短,针织行业的迅速发展又推动了花式(色)纱线行业的发展,这种相互依存、共同发展的模式,推动了整个纺织行业的发展。

(1)在手工纺织产品中的应用。通过巧妙的组合设计和不同加工工艺纺制的各种花式(色)纱线,为手工编织提供了丰富的原材料。近年来,各种绳绒线、波形大肚纱、间隔印色花色纱、各类复合花式纱线均在手工编织中得到普遍应用。手工纺织的帽子、围巾、毛衣、手提包等不仅走俏国内市场,而且在日本、美国市场已占领一席之地。因为手工编织不但适应小批量、多品种、工艺复杂的产品,而且艺术性高,产值大,利润高,变化多,生产周期短,市场竞争力大,所以对花式(色)纱线的结构、色彩、花型提出了更高的要求,与此同时,也促进了花式(色)纱线的发展。

(2)在横机织造产品中的应用。横机上应用花式(色)纱线的范围非常广泛,几乎所有花式(色)纱线都可用于横机织造,如彩点纱、结子纱、竹节纱、圈圈纱、波浪线以及各种复合花式线等,钩编机生产的小羽毛线、大羽毛线、牙刷线、松树线等,小针筒机生产的带子线、毛虫线、色纺纱、各种间隔印色的花色纱线及由不同的花式线合股线等,都在横机织造中得到应用,由这些花式(色)线加工制作的产品绚丽多彩,风格独特,别具风韵,在国内市场经久不变,也成为国际市场上颇具竞争力的产品。

(3)在圆机产品中的应用。圆机的针距较密,所织产品属于纬编织物,所使用的线密度大多在67tex左右,因此,圆机适合使用较细的花式(色)线、混色纺纱、间隔印色花色纱、小圈花式纱、波形线等。一般用于制作内衣,其织物不仅手感柔软,色泽柔和,而且外观别致,生气蓬勃,活泼大方。

(4)在经编衬纬产品中的应用。花式(色)线在经编机生产中的应用受到一定限制,因为经编机的针距很密,有些结构特殊的花式线不适用于经编,但花式线可在经编衬纬机上作衬纬,也可在钩编机织造花边产品,还可用于织制宽幅薄型窗帘。如用经编衬纬机衬入结子纱做成的窗帘。

2. 花式(色)纱线在机织产品中的应用

花式(色)纱线在机织产品中的应用要早于针织产品,最早使用的是粗纺呢绒和色织。现在使用得越来越普遍,在精纺呢绒、丝绸产品中也得到了广泛的应用。

（1）在丝绸产品中的应用。花式（色）纱线在丝织产品中常有应用,但不普遍,这与丝绸产品的特性有关。目前在丝绸产品中使用的花式纱线主要有结子纱、圈圈线、长结子线、断丝纱等。如用蚕丝做粒子后加入绢纺中生产的粒子纱,织物不但立体感强,而且穿着舒适;在大提花织机上用圈圈线生产的装饰织物,富丽而高雅,别具韵味;以不同组织起花的条型织物,在小花纹的部位间隔选用天蓝色的断丝,打破了规律简单的外观,采用这种丝织物做成的白衬衫,使天蓝断丝点跳跃而呈现不规则的点缀。又如采用多色（红绿与黑白）纱做成长结子线为纬向的两种嵌条织成的丝绸面料。使等距的横条在不同部位呈现不同的色彩,打破了绸面呆板乏味的简单横条感,用它制作的衬衫或外衣极富时尚韵味。

（2）在色织产品中的应用。色织产品不仅使用花式（色）纱最早最多,而且应用面较广,主要分为两大类。一类是中厚型产品,用于仿精纺花呢产品,如男女线呢、西服呢及女式时装面料等。这类产品虽然是仿毛精纺产品,但要比毛精纺产品花哨很多,毛纺传统产品要求有高贵感,常以黑、灰、蓝、驼、咖啡等色调为主体,产品比较单一。而色织产品则在设计和用色等方面要比毛纺产品活跃得多,例如,采用黑色为地色,以白色断丝和艳红结子线为嵌条,使面料外观呈现出既简练又复杂的效果。又如地色采用咖啡色,经向嵌条用红色金银丝合股线,纬向嵌条采用黑色和白色的毛巾线,使面料显得有动感,最适于制作春秋季外衣,而且价格便宜,深受消费者喜爱。

色织另一类产品为仿丝绸产品,统称为色织府绸、色织麻纱类产品,目前市场上销售的各种衬衫料及夏季衣料大都为色织产品。在这些产品中,常用的纱线大都是花式纱中的结子线、断丝线等,如夏季色织面料,在经向采用绿色结子纱和金银丝合股,且呈现不规则的花纹,使产品美观大方,该产品也可用作装饰布。又如色织内衣料,其经向用红色结子线,纬向黑色结子线织为白底色的嵌条,虽然在布面上形成等距离的小方格,但由于经纬向的结子色泽不同,从而打破了格子呆板的外观。

（3）在精纺呢绒中的应用。精仿呢绒一般用作西服、大衣和裤子等高档面料,所用色彩比较庄重且有高雅感。由于休闲服的兴起与普及,要求款式简约、穿着自如,花型和颜色都趋于时尚和潇洒,这为使用花式（色）纱线提供了广阔的空间。在精纺呢绒面料中适当选用一些花式（色）纱线,可使产品增添异彩,如在常规的花呢中使用波形线或小结子线作嵌条,可以起到画龙点睛的作用。例如,将小圈线或波形线运用在8页综以内的小花纹组织中浮线较长的部分,可以改变常规的呢面平整、条子均匀、身骨挺括的平面产品的外观效果。又如,仅在嵌条线中的部分采用竹节纱,使格型除了颜色之外,在外观上使嵌条部分更加突出,不仅突出了颜色,而且更显示出织物的凹凸感。再如,以精纺纱作平纹底,以绳绒线作经向嵌条,利用绳绒线的一层绒毛,可提高织物的耐磨性。该产品既可作装饰面料,又可作箱包及隔音板面料。既可选择合适的色彩,也可改变嵌条间的距离,以适应各种不同用途的需要。

（4）在粗纺呢绒中的应用。花式（色）纱线在粗纺呢绒中的应用已成为传统产品，特别是利用彩点纱加工的钢花呢（即火姆司本）已成为经久不衰的产品，用于制作男式春装、夹大衣及西装上衣的面料，多以咖啡色配白色或米黄色的粒子彩点纱线，而女式大衣则配以鲜艳的彩色粒子纱线。采用圈圈线加工成的各式圈圈呢，有纹面产品，也有半缩呢产品，近年来发展更快。现在，花式（色）纱线在粗纺呢绒中的应用越来越多，由于花式（色）纱线的大量应用，可使织物风格多姿，通过对织物组织、纱线的合理搭配以及后整理工艺的不同选配，可使粗纺呢绒的外观千变万化。

图 3 - 17 ~ 图 3 - 33 为利用各种花式纱线开发的新型针织、机织服装面料。

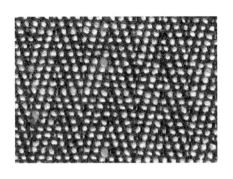

图 3 - 17 彩点线机织面料（钢花呢）

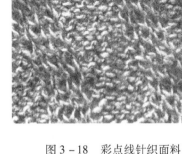

图 3 - 18 彩点线针织面料

图 3 - 19 带子线针织面料

图 3 - 20 大肚线针织面料

图 3 - 21 环圈线精纺花呢

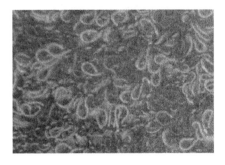

图 3 - 22 环圈线针织面料

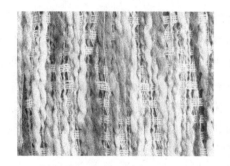

图 3-23　螺旋线机织面料

图 3-24　结子线针织面料

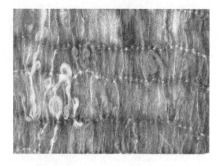

图 3-25　段染环圈线针织面料

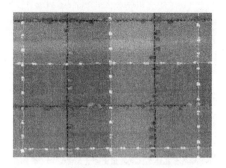

图 3-26　雪尼尔线装饰面料

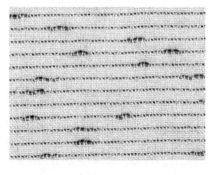

图 3-27　大肚纱机织面料

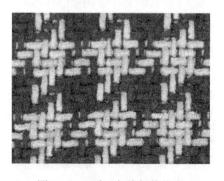

图 3-28　雪尼尔线粗纺格呢

图 3-29　金属线装饰面料

图 3-30　多股花式线面料

图 3 - 31　螺旋线装饰面料

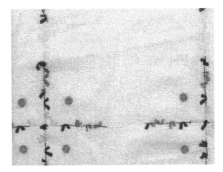

图 3 - 32　花式线装饰面料

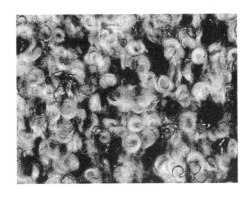

图 3 - 33　环圈加金属线面料

第四章 编织、染整技术与服装面料的开发

第一节 织物设计中原料与组织的合理配置

一、针织、机织物组织在面料设计中的应用

(一)常用机织物组织

机织物是由经、纬纱按照一定的规律浮沉交织而成的,这种沉浮交织的规律称织物组织。

1. 平纹组织的结构、特征及应用

(1)平纹组织及其结构参数。平纹组织是最简单的机织物组织。平纹组织的结构如图4-1所示,其意匠图如图4-2所示。

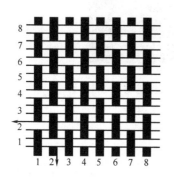

图4-1 平纹组织结构图

图4-2 平纹组织意匠图

组织参数:

$$R_j = R_w = 2$$
$$S_j = S_w = 1$$

式中:R——完全组织中的纱线根数;

R_j——完全组织中的经纱根数;

R_w——完全组织中的纬纱根数;

S_j——经纱相同组织点的位移;

S_w——纬纱相同组织点的位移。

机织物中三原组织(平纹组织、斜纹组织、缎纹组织)中完全经纱数与完全纬纱数相等($R_j = R_w$),一个系统上的每根纱线(经或纬)只有一个单独的组织点。

平纹组织常用分式 $\frac{1}{1}$ 表示,习惯上称为一上一下。其分子表示经组织点,分母表示纬组织点。

(2)平纹组织面料外观特征。面料表面平坦,外观呈现小颗粒状,且面料正反面外观相同,属同面组织,如图4-3所示。

(3)平纹组织面料结构特性。平纹组织面料在编织过程中其经纬纱交织点多,浮线短,故布面平整、硬挺、坚牢耐磨。由于经纬纱交织点多,使纱线弯曲大,面料表面光泽一般,而且纱线不容易相互靠紧,故密度不能过大,弹性较小。

(4)平纹组织在面料中的应用。典型应用的产品有平布、府绸、凡立丁、派力司、薄花呢、双绉、塔夫绸以及各种纤维织制的纺、绢类面料。虽说平纹组织是机织物中最简单而使用最多的组织结构,但可以在面料开发中改变编织过程中的参数,包括变化组织

图4-3 平纹组织织物正、反面效果

点的配置;采用不同粗细的经纬纱线;采用不同大小的经纬密度;采用经纱或纬纱的不同捻度、不同捻向、不同张力、不同颜色等方式而改变平纹组织织物的平坦外观,使之形成具有横向或纵向不同粗细的条纹、方格、长条格花纹、隐条格花纹或是面料表面产生起绉的外观效果;更可以应用各种花式纱线编织新颖外观风格的面料。

2. 斜纹组织的结构、特征及应用

(1)斜纹组织及其结构参数。斜纹组织的结构如图4-4所示,其意匠图如图4-5所示。

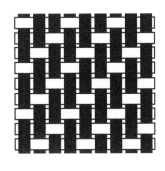

图4-4 斜纹组织结构图

图4-5 斜纹组织意匠图

斜纹组织参数为：
$$R_j = R_w \geq 3$$
$$S_j = S_w = 1$$

斜纹组织用分式$\frac{1}{2}$或$\frac{2}{1}$的形式表示。不同的分子、分母组合形成不同斜向和不同粗细的斜向纹路，习惯上把分式的数字称为几上几下，其分子数字表示经组织点数目，分母数字表示纬组织点数目。

（2）斜纹组织的正反面。根据斜纹组织表面形成的织（条）纹方向分为右斜纹和左斜纹。服装加工人员经常视面料表面的右斜纹或左斜纹加上观察编织面料有用的是单纱还是股线来区分面料的正反面。如果面料中经纬纱都采用单纱，应该是左斜纹为正面。如果面料中经纬纱都采用股线或有一个方向是用股线编织，面料应该是右斜纹为正面。右斜纹面料表面的条纹斜向是从左下到右上的倾斜，如图4-6所示。左斜纹面料表面的条纹斜向是从右下到左上的倾斜，如图4-7所示。条纹倾斜的角度与面料的经纬密度，经、纬纱浮点的组合情况和飞数（相应点的位移）等因素有关。

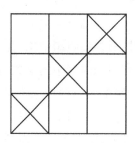 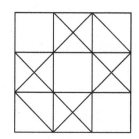

图4-6　$\frac{1}{2}$右斜纹　　　　图4-7　$\frac{2}{1}$左斜纹

（3）斜纹组织的分类。根据斜纹组织织物在面料正、反面上出现的不同外观，斜纹组织还分为单面斜纹和双面斜纹。单面斜纹面料面料的正反面经纬纱浮长不等，正面有斜向纹路，反面没有斜向纹路。双面斜纹面料的正反面经纬纱浮长相等，即正反面都有斜向纹路，但面料正反面出现的斜向条纹方向相反。一般视服装类型选择用单面斜纹面料还是双面斜纹面料。

斜纹组织面料中，由经浮长线构成的斜向纹路称经面斜纹，由纬浮长线构成的斜向纹路称纬面斜纹。

（4）斜纹组织面料的外观特征。面料表面呈现较清晰的由经（纬）浮长线构成的斜向织纹，其织物正反面外观不同。

（5）斜纹组织面料的结构特性。与平纹组织面料相比，斜纹组织的交织次数减少，浮线较长，组织中不交错的经（纬）纱容易靠拢，使斜纹面料比较柔软、厚实，光泽也较好。但在纱线线密度和密度相同的条件下，斜纹面料的强力和耐磨性比平纹组织的面料稍差。

（6）斜纹组织在面料中的应用。典型产品的应用有斜纹绸、美丽绸、羽纱、哔叽、卡其、牛仔布、华达呢等。面料开发中若变化斜纹组织的组织点，可以形成粗细不同的斜纹、波浪纹等。

3. 缎纹组织的结构、特征及应用

（1）缎纹组织及其结构参数。缎纹组织的结构如图4－8所示，其意匠图如图4－9所示。

图4－8　缎纹组织的结构图　　　　图4－9　缎纹组织的意匠图

缎纹组织的参数：$R \geqslant 5$（6除外）。

$1 < S < R - 1$，并在整个组织循环中始终保持不变。

R 与 S 必须互为质数。

缎纹组织用分式表示时不同于平纹组织和斜纹组织，图4－10中分子表示组织循环纱线数，简称"枚数"，分母表示组织点的飞数（相应点的位移）。

（2）缎纹组织的分类。缎纹组织分为经面缎纹和纬面缎纹，如图4－10所示，经面缎纹是以经浮长线构成的缎纹，手感是纵向平滑，如图4－11所示，纬面缎纹是以纬浮长线构成的缎纹，手感是横向平滑，如图4－12所示。缎纹组织在意匠图上，经面缎纹以经向飞数绘制，纬面缎纹以纬向飞数绘制。

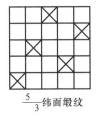

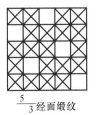

$\dfrac{5}{3}$纬面缎纹　　　　$\dfrac{5}{3}$经面缎纹

图4－10　$\dfrac{5}{3}$经、纬面缎纹组织意匠图

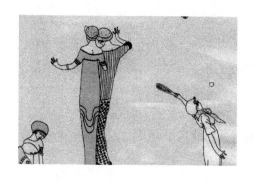

图 4 - 11　经面缎纹面料的效果　　　　图 4 - 12　纬面缎纹面料的效果

（3）缎纹组织面料外观特征。面料柔软平滑,富有光泽。

（4）缎纹组织面料的结构特性。缎纹组织在三原组织中交织次数最少,面料表面的单独组织点被两旁浮长线"遮盖",浮长线长且多,因此面料平滑光亮、质地柔软、细腻、悬垂性好,但强度差,易起毛,易折皱且不易去除,不易水洗。

（5）缎纹组织在面料中的应用。典型产品的应用包括棉织物中的直贡缎、横贡缎,毛织物中的直贡呢,丝织物中的软缎、绉缎、桑波缎、织锦缎等。面料开发中若变化缎纹组织的组织点或飞数,可以在一定程度上使缎纹组织抗起毛起球、抗钩丝和折皱、耐磨等方面得以改善。

机织物三原组织的结构不同,其形成织物的外观效应和性能也不同,主要表现在以下几方面。

①光泽:平纹组织织物较灰暗,斜纹组织织物较光亮,缎纹组织织物最亮。

②密度:采用相同细度经纬纱编织时,缎纹组织织物密度最大;平纹组织织物密度最小。

③手感:平纹组织织物坚挺,斜纹组织织物次之,缎纹组织织物最柔软,最光滑。

④强度及耐磨性:在密度相同的情况下,平纹组织织物最坚牢,斜纹组织织物次之,缎纹组织织物最差。

4. 机织平纹变化组织的结构、特征及应用

机织平纹变化组织包括重平组织、变化重平组织和方平组织。

（1）重平组织。重平组织是以平纹组织为基础,用沿着一个方向延长组织点（即连续同一种组织点）的方法而形成。分经重平组织和纬重平组织,如图 4 - 13 所示。重平组织的应用可以改变平纹织物平坦的外观,利用不同粗细的纱线开发新型面料。

①经重平组织。当采用较大经密、较细经纱和较粗纬纱时,织物表面呈现明显的横凸条纹,并可借经纬纱的粗细搭配而使凸纹更为明显。

②纬重平组织。当采用较大纬密、较细纬纱和较粗经纱时,纬重平织物呈现纵凸条纹,并可借经纬纱的粗细搭配而使凸纹更为明显（如文尚葛）。

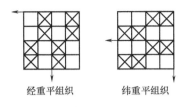

经重平组织　　纬重平组织　　　　　变化重平组织　　　方平组织

图4-13　重平组织　　　　　　　图4-14　变化重平和方平组织

（2）变化重平组织。重平组织中的浮长线长短不同,常用的麻纱织物即采用这种组织形式。

（3）方平组织。方平组织是以平纹组织为基础,沿着经纬方向同时延长其组织点,并把组织点填成小方块而形成,其织物外观呈现板块状纹,如图4-14所示。方平组织的织物外观平整,质地松软。如配以不同色纱和纱线原料,织物表面则可呈现色彩斑斓、式样新颖的小方块花纹。中厚花呢中的板司呢采用的即是方平组织。

5. 机织斜纹变化组织的结构、特征及应用

机织斜纹变化组织是在原组织斜纹的基础上,采用延长组织点浮长、改变组织点飞数的数值或方向（改变斜纹线方向）,或兼用几种变化方法,可得出多种多样的变化斜纹组织。这种组织应用很广泛。

（1）加强斜纹组织。加强斜纹也叫重斜纹,是在斜纹组织的组织点旁沿经向或纬向增加组织点而成,如图4-15所示。有经面、纬面和双面斜纹三种。其中双面斜纹正、反面都有斜向纹路,但正反面出现的斜向条纹方向相反,角度一致,$\frac{2}{2}$双面斜纹,广泛用于棉、毛以及合成纤维等各种织物中,如哔叽、啥味呢、华达呢、卡其、麦尔登、花呢、法兰绒、大众呢、制服呢、海军呢、女式呢等。

（2）复合斜纹组织。复合斜纹组织是在一个组织循环中具有两条或两条以上不同宽度的斜纹线,如图4-16所示。传统的巧克丁即采用复合斜纹组织,其表面有两根相同粗细的斜纹线一组一组地配置,一组内两根斜纹线距离小,而组与组之间的斜纹线距离大,形成巧克丁独特的外观风格。复合斜纹组织有经面、纬面和双面三种。一般多用于花呢。

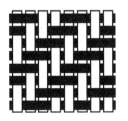

图4-15　$\frac{2}{2}\nearrow$加强斜纹组织　　　　　图4-16　复合斜纹组织

63

（3）角度斜纹组织。在斜纹组织中,当经纬密度相同时,若斜纹线与纬纱的夹角约呈45°,该斜纹组织为正则斜纹;若斜纹线与纬纱的夹角不等于45°,便称为角度斜纹。当斜纹角度大于45°时为急斜纹,小于45°时为缓斜纹。应用中以急斜纹形式较多,如毛织物中的马裤呢,棉织物中的卡其等。

（4）山形斜纹、破斜纹组织。山形斜纹是在斜纹组织中,改变斜纹线的方向,使其一半向右倾斜,一半向左倾斜,在面料的表面形成对称的连续山形纹样,其组织即为山形斜纹组织,如图4-17所示。在面料应用中的典型品种即粗纺毛织物中的人字呢。

破斜纹是在山形斜纹的转向处组织点不连续,打破原来对称的经、纬组织点,恰好使其经、纬组织点相反,呈现"断界"效应,这种组织即称为破斜纹,如图4-18所示。在面料中的应用典型品种即精纺毛织物中的"海力蒙",也可用于粗纺呢、女士呢和大衣呢等产品中。

面料开发中还可以用山形斜纹或破斜纹的组合形成曲线斜纹、菱形斜纹、锯齿斜纹、芦席斜纹等新型外观风格的产品。

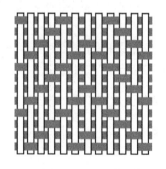

图4-17　山形斜纹

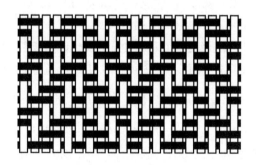

图4-18　破斜纹

6. 缎纹变化组织的结构、特征及应用

在缎纹原组织的基础上,改变组织点数、飞数可获得缎纹变化组织。

（1）加点缎纹。以原组织的缎纹组织为基础,在其单个经（或纬）组织点四周添加单个或多个经（或纬）组织点形成加点缎纹,其意匠图如图4-19所示。织物若配以较大经密,可得到正面呈斜纹而反面呈经面缎纹的外观,即"缎背",如缎背华达呢、驼丝锦等。

（2）变则缎纹。原组织中飞数不变的缎纹组织称为正则缎纹组织,飞数为变数（即有两个以上的飞数）,但仍保持缎纹外观的缎纹组织称为变则缎纹组织,如图4-20所示。

变则缎纹一般应用于顺毛大衣呢或女式呢、花呢等产品中,但不如加点缎纹应用广泛。

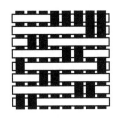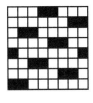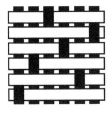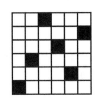

图4-19　加点缎纹　　　　　　　　　　　　　图4-20　变则缎纹

7. 联合组织与复杂组织的结构、特征及应用

（1）联合组织。联合组织是由两种或两种以上组织（原组织或变化组织）用不同的方法联合而成的一种新组织。联合组织表面都有特殊的外观效应，常见的有条格组织、透孔组织、网目组织、凸条组织、蜂巢组织、绉组织，这些组织都在服装、装饰面料上得到广泛应用。

①绉组织。在织物组织中由不同长度的经纬浮长线构成纵横方向上的交错排列，使织物表面形成分散且规律不明显的细小颗粒外观，而呈现微微凹凸皱纹状的织物组织，如图4-21、图4-22所示。绉组织面料的特点是结构比较疏松，手感柔软，光泽柔和，面料厚实且有弹性，多应用于女衣呢和各类花呢中。

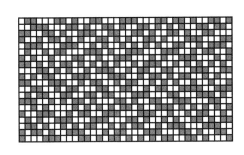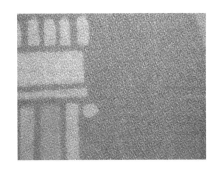

图4-21　绉组织意匠图　　　　　　　　　　图4-22　绉组织面料效果

②透孔组织。透孔组织织物表面具有均匀分布的小孔，如图4-23所示，其与复杂组织中的纱罗组织类似，故又称"假纱罗组织"或"模纱组织"。透孔组织的孔眼可以按一定的规律排列花型，如图4-24所示，它既可以装饰，又使面料具有轻薄、透气、凉爽的特点，多应用于夏季服装面料的开发，如有涤纶长丝的安源绸、似纱绸、薄花呢等服装面料和窗帘、桌布等装饰织物。

③条格组织。条格组织以两种或两种以上的组织沿织物的纵向（构成纵条纹）或横向（构成横条纹）并列配置而成，从而在使织物表面呈现清晰的条、格外观。一般应用于色织面料，在平纹组织基础上进行面料外观的装饰或织制手帕、围巾、床单等制品。条格组织面料效果如图4-25所示。

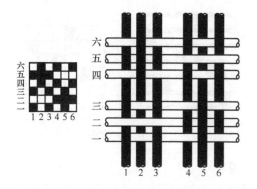

图4－23　透孔组织意匠图及结构图　　　　　图4－24　透孔组织面料效果

图4－25　条格组织面料效果

④凸条组织。凸条组织以一定的方式把平纹或斜纹与平纹变化组织组合,使织物表面具有纵向或斜向的凸条效果,凸条之间有细的沟槽。该组织中既有交织频繁的短浮线区域,也有长浮线区域,这样长浮线区域收缩,使得紧密交织的部位凸起形成空气层。这种组织常用于棉灯芯布、色织女线呢、凸条毛花呢、中长仿毛织物等产品中,该组织面料蓬松、保暖、凹凸立体感强,如图4－26所示。

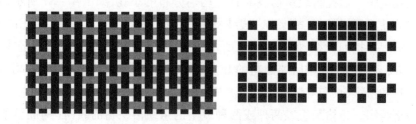

图4－26　凸条组织的意匠图及结构图

⑤蜂巢组织。它以菱形斜纹为基础组织变化而成,织物表面形成四边凸出中间凹

进的方格花纹,其形似蜂巢而得名,图4-27所示为蜂巢组织的意匠图及结构图。该组织面料立体感强,外形美观,质地松软,保暖,富有弹性,缩水率大,穿着中要防止钩丝。开发面料应用棉纱编织该组织,其吸湿吸水性好,可用于夏季吸汗服装、毛巾、浴衣、吸水抹布等制品中。蜂巢组织的面料效果如图4-28所示。

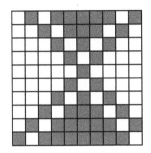 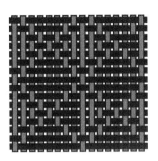

图4-27　蜂巢组织的意匠图及结构图

图4-28　蜂巢组织的面料效果

(2)复杂组织。复杂组织经纬纱中,至少有一种是由两组或两组以上系统的纱线组成。这种组织结构能增加织物的厚度而表面密致,提高织物的耐磨性而质地柔软,或得到一些特殊的性能。复杂组织种类很多,根据其组织结构不同,分为二重组织、双层组织、起毛组织、毛巾组织、纱罗组织等品类。它们广泛应用在秋冬季服装、装饰面料(床毯、椅垫)及工业用布中。

①纱罗组织。通常在各类组织中经纱与纬纱是各自相互平行排列的,唯有纱罗组织的经纱以一定的规律发生扭绞,如图4-29所示,凡扭绞处纬纱不易靠拢而形成较大的纱孔(用绞经的方法形成孔眼)。经纱扭绞一次织入一根纬纱为纱组织,经纱扭绞一次入三根以上的奇数纬纱为罗组织。纱罗组织质地轻薄,纱孔透气,穿着舒适凉快。纱罗组织面料的表面具有清晰而匀布的孔眼,使之透气、凉爽、质地轻薄,广泛用于夏季服装面料和窗帘、蚊帐等室内装饰中。图4-30所示为纱罗组织的面料效果,

因其产于杭州故名为"杭罗"。它以平纹组织并间隔几根纬纱绞经一次,因而在平整绸面上具有纱罗状的孔眼,如果孔眼在绸面纵向排列称直罗,横向排列的称横罗。杭罗质地紧密、结实,挺括、爽滑,纱孔透气,穿着舒适凉快,耐洗涤,耐穿着,服用性能良好,适于做男女夏季衬衫及便服。

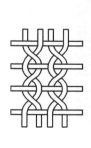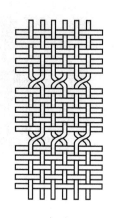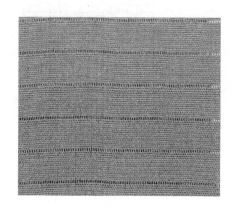

图4-29　纱罗组织的结构图　　　　　图4-30　纱罗组织的面料效果

②双层组织。由两组各自独立的经纱分别与两组各自独立的纬纱交织,同时构成相互重叠的两层织物,这两层织物可以相互分离,也可以连接在一起。适用于织制管状织物、厚重毛织物或构成各种配色花纹的花呢。在丝织物中用于香岛绉、冠乐绉,如图4-31所示,在毛织物中用于双面花呢等织物中,如图4-32所示。双层组织面料可以获得丰富的色彩和纹样效果,可用于两面穿的服装,也可应用于正反面原料不同而降低成本,更可以提高织物厚度,增加保暖性。

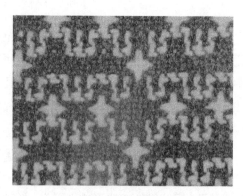

图4-31　双层组织面料(冠乐绉)　　　　图4-32　双层组织面料(花呢)

③起毛组织。利用一组起毛的纱线与普通的经纬纱交织,经整理加工,使成品织物的表面呈现毛圈或毛绒的外观。形成毛绒的是纬纱,称纬起毛组织,图4-33所示

是纬起毛组织面料(灯芯绒);形成毛绒的是经纱,称经起毛组织,图4-34所示是经起毛组织面料(立亚绒)。纬起毛组织适用于灯芯绒、拷花大衣呢等织物,经起毛组织适用于长毛绒和天鹅绒等产品。起毛组织表面蓬松,手感柔软,质地厚实,保暖性强,广泛应用于绒类面料的开发,包括各种花式绒类的生产。

图4-33　纬起毛组织面料(灯芯绒)　　　　图4-34　经起毛组织面料(立亚绒)

(二)常用针织物组织

针织是利用织针将纱线弯曲成圈并相互串套而成织物的一种方法。根据编织的方式不同,针织分为纬编和经编。纬编是将一根或数根纱线分别由纬向喂入针织机的工作针上,使纱线顺序地弯曲成圈并相互串套而成织物,如图4-35所示。经编是将一组或几组(甚至几十组)平行排列的纱线由经向绕垫在针织机所有的工作针上同时成圈,线圈互相串套而成织物,如图4-36所示。

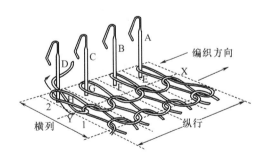

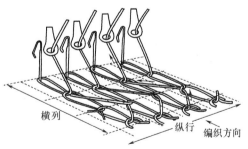

图4-35　纬编的编织方式　　　　　　图4-36　经编的编织方式

针织面料和机织面料的最大区别是纱线在织物中的形态不同。针织以线圈的形式相互连接,不像机织物中近似平行或垂直的纱线,当然针织组织中也有衬经衬纬组织带有平行或垂直的纱线,但它们都穿插在线圈中。构成针织物的基本结构单元为线圈,分析一织物是否为针织物,只要看布的结构中是否有线圈。有些织物从外观上看像针织物,但没有线圈;相反,有些织物从外观上看似机织物,而往往是由连续的线圈形成的针织物。大多数针织物仅凭外观就可以判断,可有些不仔细观察也难以分清。针织物中,线圈由近似直线部分(称为圈柱)和近似圆弧部分(称为圈弧)组成,在静力平衡状态下,线圈呈稳定状态,当有外力作用于针织物时,这两部分可以相互转移,这种线圈各部分的转移恰好提供给针织物良好的弹性和延伸性,这也是与机织物的主要区别之一。针织物组织要按纬编和经编分类。

1. 纬编组织

(1)纬平针组织的结构、特征及应用。

①纬平针组织的结构。纬平针组织是由一根或数根纱线沿着线圈横列方向顺序形成线圈并由连续的单元线圈以一个方向依次串套而成。在静力平衡条件下,线圈每一区段的纱线因弹性力的作用,在纱线接触点产生一定的压力,使线圈几何形态和尺寸稳定。纬平针组织还可简称平针组织,是针织面料中最简单的组织,属于针织单面原组织。

②纬平针组织面料的外观特征。纬平针组织结构如图4-37、图4-38所示,由于正面的每一线圈具有两根呈纵向配置的圈柱,形成纵条纹,反面的每一线圈具有与线圈横列同向配置的圈弧,形成横条纹,所以两面具有不同的外观。而且反面圈弧比圈柱对光线有较大的漫射作用,织物反面光泽较暗,又由于在成圈过程中新线圈是从旧线圈反面穿向正面,当针织物密度适当时,纱线的结头、杂质就被旧线圈阻塞在反面,因而纬平针组织纹路清晰,正面比反面平滑、光洁、明亮。面料外观效果如图4-39所示。

图4-37　纬平针组织结构正面

图4-38　纬平针组织结构反面

③纬平针组织面料的结构特性。

(a)良好的延伸性。纬平针组织面料具有横向比纵向更易延伸的特性,而且横向延伸度几乎是纵向延伸度的两倍。双向拉伸时,其线圈的最大面积较原有的面积增加57%左右。

(b)线圈的脱散。纬平针组织脱散有两种情况,如图4-40所示。一种情况是纱未断,线圈从整个横列中脱离出来,这种脱散发生在针织物的边缘,纱线沿线圈横列从线圈中逐个而连续地脱散出来。对有布边的针织物,由于有布边的阻碍,脱散只能逆

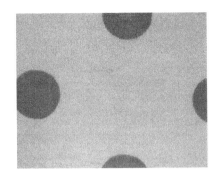

图 4 - 39　纬平针组织面料的外观效果

编织方向进行。无布边的织物在顺、逆编织方向均可脱散。针织生产上有时可以利用这种脱散使纱线重复使用,节约原料。另一种情况是纱线断裂,线圈沿纵行从断裂处脱离,这种脱散可以发生在纬平针织物的任何部位。脱散性的大小与线圈长度及抗弯刚度成正比,与纱线的摩擦力大小成反比。

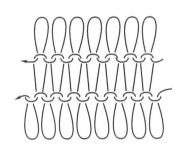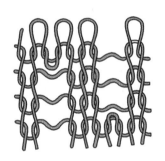

(a)纱未断线圈横列的脱散　　　　　　(b)线圈在任何部位的脱散

图 4 - 40　纬平针组织织物的脱散

(c)面料的卷边。纬平针组织面料的边缘具有显著的卷边现象,它是由弯曲纱线弹性变形的消失而形成的。纬平针织物卷边是一种不良现象,可以造成裁剪和缝纫的困难。生产中应经整理和定型等加工消除卷边现象。缝纫加工中不加罗纹边的纬平针组织织物大多以双层折边防止发生卷边。卷边力可以造成织物的纵行边缘线圈向织物的反面卷曲,横列边缘线圈向正面卷曲。

④纬平针组织在面料中的应用。在不同的单面针织机上使用不同原料的纱线可以编织各种内外衣面料。比较典型的有利用棉纱织制的纬平针组织面料,用于制作汗衫、背心的汗布,还有以真丝为原料织制的汗布,因其滑爽轻柔,薄如蝉翼,成为内衣面料中的上品。利用舌针大圆机编织该组织的面料可制作 T 恤、童装、睡衣等制品。纬平针组织还大量应用在成型服装的编织和袜品、手套的编织中,也可作包装用布。

在面料开发方面,由于纬平针的正反面外观和光泽不同,可以用其编织成正反针组合的桂花针,通过表面外观上正针凹进、反针突出的特点,依据意匠图编织具有凹凸外观的具象图案,如方块、菱形块、十字花纹、枫叶、小动物等局部装饰等。

(2)罗纹组织的结构、特征及应用。

①罗纹组织的结构。罗纹组织是双面纬编组织的原组织。它由正面线圈纵行和反面线圈纵行以一定的组合相间配置而形成。图4-41(a)所示为由一个正面线圈纵行和一个反面线圈纵行相间配置所组成的1+1罗纹组织的结构,左图是静力平衡的自由状态,布面上只能看见正面线圈纵行的圈柱,基本上看不见反面的圈弧,也就是说反面线圈纵行隐藏在正面线圈纵行的背后。右图为横拉时的外观,正反面线圈纵行都清晰可见。1+1罗纹组织面料的外观与静力平衡状态的外观相同,如图4-41(b)所示。2+2罗纹组织结构如图4-41(c)所示,其也是横拉时的外观。2+2罗纹组织面料的外观如图4-41(d)所示,基本上只能看到正面线圈。罗纹组织的组合可以依此类推。

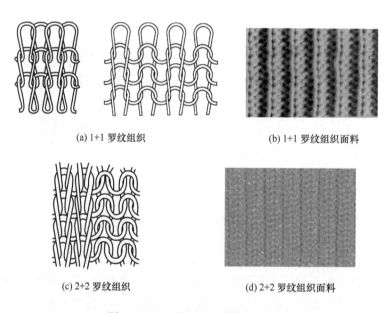

(a) 1+1 罗纹组织   (b) 1+1 罗纹组织面料

(c) 2+2 罗纹组织   (d) 2+2 罗纹组织面料

图4-41 罗纹组织的结构及面料

②罗纹组织面料的外观特征。罗纹组织是由纱线依次在正面和反面形成线圈纵行的针织物,其外观特征是正反面都呈现正面线圈(正、反面相同),属于纬编双正面组织。

③罗纹组织面料的结构特性。罗纹组织面料坯布平整,横拉时具有较大的延伸性和回弹性,而且只逆编织方向脱散,其脱散性较小(与织物的密度、纱线的摩擦力等因素有关),正反面线圈相同的罗纹,卷边力彼此平衡,织物边缘不卷边。正反面线圈不

同的罗纹,相同纵行可产生包卷现象。

④罗纹组织在面料中的应用。罗纹织物广泛用于需要具有较大弹性和延伸性的内外衣制品中,如制作弹力背心、弹力衫裤、游泳衣裤或用于服装的领口、袖口、裤口、袜口、下摆等部位。

根据正反面线圈纵行数目的不同,罗纹组织的组合可以各种各样(一般用 a + b 表示),不同的组合使外观呈多变的纵条效应。在设计上应用罗纹的变化非常之多。可以应用不同的正反面线圈纵行组合,产生不同的凹凸条纹或利用不同的组合形成渐变效果,既由明显宽大的凹凸纵条纹,逐渐变化到凹凸细密条纹再过渡到平坦外观。还可以利用相同纵行上正反面线圈的变化形成方格、长条外观或者在面料的不同部位配置罗纹和平针组织,使罗纹的条纹纵横方向变化,从而使面料表面光泽变化强烈,出现丰富的外观。除了利用针织线圈构成的丰富表现力生产新型面料,还可以利用这些变化罗纹面料与机织面料结合制作时尚内衣和外衣产品。

(3)双反面组织的结构、特征及应用。

①双反面组织的结构。双反面组织由正面线圈横列和反面线圈横列相互交替配制而成,也是双面组织中的一种原组织,如图 4 - 42 所示。

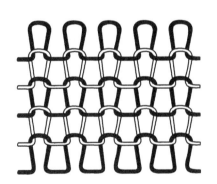

图 4 - 42 双反面组织结构及面料

②双反面组织面料外观特征。双反面组织与罗纹组织一样根据组合形式的不同可以有各种各样的变化,也用 a + b 表示。不同的组合,可以形成风格多样的横向凸凹条纹。由于双反面组织织物线圈圈柱力图伸直而产生力偶矩作用,使线圈倾斜,这样织物的两面都是线圈的圈弧突出在表面,而圈柱凹陷在里面,因而织物正、反两面都如同纬平针组织的反面,即正反面外观相同。

③双反面组织面料的结构特性。双反面组织面料由于横列线圈的倾斜,织物纵向缩短,厚度及纵向密度增加,纵向拉伸有很大的弹性和延伸度,使双反面组织具有纵横向延伸度相近的特点。双反面组织的卷边性随正面线圈横列和反面线圈组合不同而不同,如 1 + 1、2 + 2 的组合,因卷边力互相抵消而不卷边,但 2 + 2 双反面组织由线圈

横列所形成的凹陷条纹更为突出。双反面组织的脱散性与纬平针组织相同。

④双反面组织在面料中的应用。双反面组织主要用于婴儿衣物及手套、袜子、羊毛衫等成形服装的编织。

（4）双罗纹组织的结构、特征及应用。

①双罗纹组织的结构。双罗纹组织由两个罗纹组织彼此复合而成，是双面纬编组织的变化组织，俗称棉毛组织。

②双罗纹组织面料外观特征。由图4-43可见，双罗纹组织是在一个罗纹组织的线圈纵行之间配置了另一个罗纹组织的线圈纵行。也就是说每个正面线圈纵行背后都有一个反面线圈纵行，所以在针织物的正、反面都看不见反面线圈，只能看见正面线圈，它同纬平针组织的正面外观相同，所以也称双正面组织。

图4-43　双罗纹组织的结构及面料

③双罗纹组织面料的结构特性。由于双罗纹组织是两个拉伸的罗纹组织复合而成，在未充满系数和线圈纵行的配置与罗纹相同的条件下，缺少线圈各部段的相互转移的可能以及罗纹反面纵行藏于正面线圈纵行背后被拉出的可能。所以双罗纹组织面料的延伸性和弹性都比罗纹组织小，而尺寸稳定性较好，表面平整，柔软保暖。此外，如果双罗纹组织面料的个别线圈断裂，因受另一组罗纹组织线圈摩擦的阻碍，使脱散不容易进行，所以其脱散性小，只逆编织方向脱散。双罗纹组织面料不卷边。

④双罗纹组织在面料中的应用。双罗纹组织在面料中的应用广泛，最主要的是加工成棉毛衫裤、T恤、儿童套装、休闲装和运动装等的面料。近年来由内衣向外衣发展，即通过一定的变化生产腈/棉混纺灯芯绒、黏/棉混纺派力司以及涤盖棉等面料用于外衣制作。特别是由于该面料不卷边、不易脱散的性质，在现代服装加工中，选择双罗纹组织面料制作服装时裁片边缘不作任何处理，成为最新的时尚服装。此外，还可以在双罗纹组织结构基础上利用色纱的变化、不同性质原料纱形成彩色纵条纹，适当配置进线系统上的色纱还可以编织小方格花纹；利用抽针的方式，形成各种凹凸纵条纹；利用抽针和上下针使用不同线密度纱线，可以编织粗细针织物等产品。

（5）集圈组织的结构、特征及应用。

①集圈组织的结构。在针织物的某些线圈上，除套有一个封闭的旧线圈外，还有一个或几个未封闭的悬弧，这种组织称为集圈组织。

②集圈组织面料外观特征。集圈组织根据形成集圈针数的多少分为单针、双针或三针集圈。根据线圈不脱圈的次数又分为单列、双列或三列等。一般在一枚针上最多可连续集圈四五次。因为集圈越多，旧线圈被拉长得越厉害，张力过大会造成纱线断裂或针钩损坏。根据编织集圈组织的地组织不同，分为单面集圈和双面集圈两种。单面集圈是在单面组织基础上编织的，如图4－44所示。双面集圈一般是在罗纹组织或双罗纹组织的基础之上集圈编织，如图4－45所示。根据编织集圈形式的不同，其面料可以有比较平坦的、凹凸的和带有孔眼的外观。

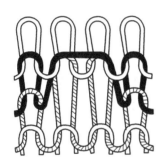

图4－44　单面集圈组织

图4－45　双面集圈组织

③集圈组织面料的结构特性。集圈组织面料由于悬弧的存在使织物纵密变大，横密变小，长度缩短，宽度增加，并且较纬平针和罗纹组织面料厚；横向延伸性较纬平针和罗纹组织面料小；集圈组织中与线圈串套的除了集圈线圈外，还有悬弧，即使断了一个纱圈，也会因其他纱圈的支持而不致向四周漫延；在逆编织方向脱散线圈时，会受到悬弧的挤压阻挡，不易脱掉。所以集圈组织面料脱散性较纬平针组织小，但当线圈大小差异太大时，集圈组织的面料表面会高低不平，故其强力较纬平针和罗纹组织面料小，易起毛勾丝。

④集圈组织在面料中的应用。把集圈线圈按一定的规律组合，可形成许多花纹效应。如用一种色纱可以编织成单色或素色花纹、多列集圈可以形成网孔花纹，用两种或两种以上色纱可以形成色彩花纹，图4－46（a）所示为利用六针四列集圈形成的彩色格子花纹。利用单面集圈织成的六角网眼，俗称单面双珠地，利用单面集圈织成的四角网眼俗称单面单珠地，图4－46（b）所示为该类面料是夏季T恤的常用面料。图4－46（c）所示为利用单针多列集圈形成的菱形花纹面料。仿机织乔其纱也是采用这种单面集圈组织编织的。若用纯棉或涤/棉混纺纱线编织单面集圈的各种变化组织，则手感柔软，吸湿性好，适于作夏季衬衫或裙料。

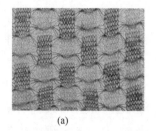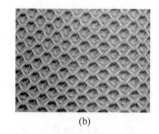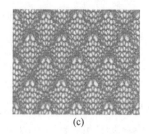

(a)   (b)   (c)

图4-46 单面集圈在面料开发中的应用举例

在面料开发中,可以在罗纹组织或双罗纹组织基础之上进行双面集圈编织,二者形成面料的效果也不同,图4-47所示为罗纹集圈中的半畦编组织,俗称单元宝针,其正面纵行因悬弧纱线的转移使原本直线的圈柱变成弧形,形如元宝而得名。反面纵行圈柱的直线形状不变,所以半畦编组织面料正、反两面有不同的外观,图4-47(a)所示为单元宝面料正面,图4-47(b)所示为单元宝面料反面,半畦编组织多用于成形服装的编织。罗纹集圈中的畦编组织,俗称双元宝针,由于正反两面线圈纵行圈柱的变形趋势相同,不形成弧形,其面料的正反面均与单元宝面料的反面效果类似,如图4-47(c)所示。畦编组织常用于成形服装和披肩等配件的编织。在罗纹集圈的编织中,通过适当的变化,可以使针织物表面产生了网眼与小方格的外观效应。如果适当增加编织集圈的弯纱深度和集圈的列数,则线圈结构变化就更为突出,网眼和小方格的花色效应就更加明显,可以增加织物的透气性,适于制作夏季服装面料。在双罗纹组织基础上进行集圈编织,可以得到织物表面具有横楞效应的面料,该组织用粗特纱编织可作外衣面料,用细特纱编织可作衬衫面料。还可以得到涤盖棉针织面料,即面料的正面是涤纶纱编织的线圈,而反面是棉纱编织的线圈,正反两面的连接靠集圈的悬弧。该面料广泛用于运动服装和休闲装中。

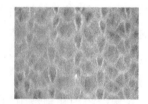

(a)单元宝面料正面   (b)单元宝面料反面   (c)双元宝针正反面

图4-47 罗纹集圈中的元宝针正反面效果

(6)提花组织的结构、特征及应用。

①提花组织的结构及分类。提花组织是将纱线垫放在按花纹要求所选择的某些织针上进行成圈而形成的一种组织。根据在单面机上编织提花组织还是在双面机上编织提花组织分为单面提花和双面提花,如图4-48、图4-49所示。

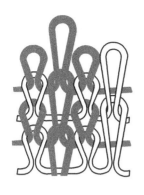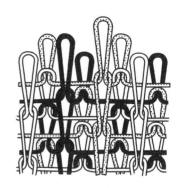

图 4 - 48　单面提花组织　　　　　图 4 - 49　双面提花组织

　　②提花组织面料的外观特征。提花组织编织是按花纹要求进行的,其外观主要取决于编织前的设计,可以得到色彩效应、闪色效应和凹凸效应等花纹,但总体来说单面提花是在单面组织基础上提花编织而成的织物,织物较薄但其反面会出现浮长线,如图 4 - 50 所示。因有浮线存在,限制了花型的随意,而双面提花面料由于花纹的浮线位于正反面线圈之间,如图 4 - 51 所示,在面料的反面不出现浮线,所以花纹可以比单面提花大。

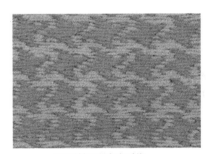

(a) 面料正面色彩效应花纹　　　　　(b) 面料反面存在浮线

图 4 - 50　单面提花组织面料的正反面外观

(a) 面料正面色彩效应花纹　　　　　(b) 面料反面呈芝麻点效应无浮线

图 4 - 51　双面提花组织面料的正反面外观

③提花组织面料的结构特性。提花组织面料由于提花编织时会出现不参加编织的浮线,这些浮线相当于机织面料中的纬纱,致使提花组织面料的横向延伸性和弹性都减小,而面料尺寸的稳定性增加,又因为提花线圈纵行或横列是由几根纱线形成的,纱线与纱线之间的接触面增加,具有较大的摩擦力,当某个线圈断裂时,有相邻纱线形成的线圈承受外加负荷,可以阻止线圈的脱散,所以提花组织面料的脱散性小,单位面积重量大,厚度大。单面提花面料的卷边性同纬平针织面料相同,而双面提花面料不卷边。

④提花组织在面料中应用。提花组织面料的开发空间很大,利用不同颜色的纱线编织单面提花组织可以得到色彩效应;适当配置提花线圈可以产生假罗纹效应、闪色效应和凹凸效应。根据提花组织面料的薄厚、弹性的大小以及花纹效应等情况,提花组织面料可以用于不同季节、不同用途的服装。利用纤维素纤维纱线或吸湿排汗纤维纱线编织的单面提花面料多用于夏季的 T 恤衫或女式休闲装。双面提花组织面料大多用于色彩设计,使之产生各色图案花纹或用于得到凹凸效应的立体花纹,它们均可用于外衣面料或装饰用布。提花组织用于成形服装编织时还有更多的变化。如在电脑横机上编织提花组织时,反面设计除了可以选择完全提花和不完全提花以外,还可以选择空气层提花(包括抽针空气层),即形成的提花面料正反面之间形成空气层。选用其提花的成形服装外观上成为两面穿的效果。图 4 - 52 所示为二色空气层提花,其正面花纹处为白色(第一种颜色),反面相同部位,有相同花纹且是灰色(第二种颜色),即在花纹的边缘两种颜色纱线进行了交换,外观上类似交换添纱,而面料本身存在空气层。在双面机上可以编织空气层提花,在该面料的正反面,花纹颜色和底色互换,当需要装饰性强的大花形、薄面料的时候,选择双面提花组织太厚,单面提花组织又浮线太长,此时就可以选择单面嵌花组织。单面嵌花组织相当于单面提花组织,但反面没有浮长线,又称无虚线提花。嵌花组织必须利用特殊的导纱器编织,新型电脑横机可以方便地实现上述编织,如图 4 - 53 所示。嵌花组织两种不同纱线图案的连接靠集圈的悬弧,除了可以消除单面提花反面的长浮线,使织物不宜被刮起毛破损,织物的横向延伸性和弹性也不会受到影响,而且由于其图案是纯色区的色块拼接而成,没有色纱的重叠,花纹清晰,特别在编织珍稀原料的成形服装时,还可以节约原料。另外嵌花组织除了采用纬平针、1 + 1 罗纹、双反面等基本组织外,还可以采用集圈、移圈等花色组织编织,多用于成形服装的生产。设计时将两色连接部分的集圈动作取消,则取消集圈的区域。相邻两色不连接,而是分别编织,即可形成如图 4 - 54 所示的镂空效果,镂空孔眼的大小可随意调节,不受限制,针织坯布和成形类针织服装均可运用。将其运用于袜子的设计中可得到时尚另类的网眼效果。而且,运用嵌花的方式还可以在纵向形成多彩的条纹,使织物色彩变化丰富。

针织横机还可以编织一种提花组织面料,被称为"翻针提花",其地组织为反面线

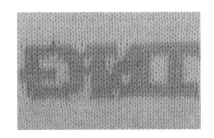

图4-52　空气层提花的正反面效果

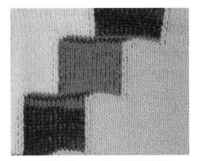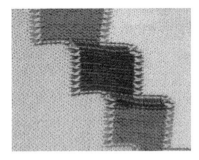

(a)嵌花面料的正面与单面提花相同　　　　(b)嵌花面料的反面没有浮线

图4-53　嵌花面料的正反面效果

图4-54　嵌花形成的镂空效果面料

圈,花纹部分为正面线圈织物。这种织物必须在具有针床摇动机构的针织机上编织,可以形成有明显凹凸感的立体花纹,如图4-55所示。翻针提花主要用于成形服装的编织。

(7)添纱组织的结构、特征及应用。

①添纱组织的结构。凡针织物的一部分线圈或全部线圈是由两根或两根以上纱线形成的,这种组织为添纱组织。添纱组织可以在单面组织基础上编织,也可以在双面组织基础上编织。可以编织成素色面料,也可以由多种色纱编织成彩色面料。

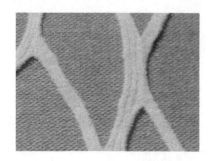

图 4-55　翻针提花效果

②添纱组织面料外观特征。添纱组织中的两根纱线,其中一根始终处于织物的正面,称为面纱,另一根始终处于织物的反面,称为地纱,如图 4-56 所示。当面纱与地纱交换位置,即称为"交换添纱",这样编织的花纹其反面的外观与正面在花纹和地部色彩互换,如图 4-57 所示,形成两面穿效果。此外,由图 4-57 可见,在添纱组织织物的反面,线圈的圈弧部分不能完全被地纱遮盖,因此有杂色效应。这种杂色效应会随着密度的增加而减少。

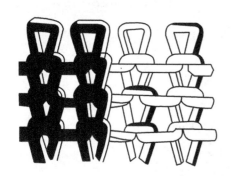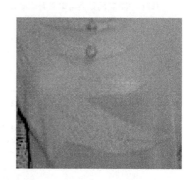

图 4-56　添纱组织　　　　　　　　　　图 4-57　交换添纱效果

③添纱组织面料的结构特性。单面添纱组织面料的性质和纬平针组织面料相同,双面添纱组织面料的性质和罗纹组织面料类似。

④添纱组织在面料中的应用。采用添纱组织编织面料的目的,第一,使针织物的正、反面有不同的色泽或性质(称为普通添纱),在单面机上编织涤盖棉织物就用此组织;第二,局部编织添纱组织使针织物的正面具有花纹(称为绣花添纱),如图 4-58(a)所示;第三,使针织物出现局部镂空花纹(称为架空添纱),如图 4-58(b)所示,透明花瓣由一根地纱纱线编织,其他部分为面纱和地纱同时编织,花蕊部分应用绣花添纱;第四,使针织物的正反面有相同形状、不同颜色的花纹(称为交换添纱),如图 4-57 所示;第五,可以消除针织物线圈的歪斜(应用不同捻向的两根纱线交替编织)。目前生产夏季干爽面料,就利用细特丙纶纱和棉纱或黏胶短纤纱线交织,采用的就是单

面添纱组织,用细特丙纶纱作为地纱,回潮率大的棉纱或黏胶短纤纱线做面纱,编织成针织面料再加工成夏季服装,利用细特丙纶的"芯吸效应"起导湿作用,把人体的汗液传导到外层,扩散到空气中,使服装里侧与皮肤之间保持干爽,提高服装的舒适性。

(a) 绣花添纱

(b) 架空添纱面料

图4-58　利用添纱组织编织的面料外观

(8)衬垫组织的结构、特征及应用。

①衬垫组织的结构。衬垫组织是以一根或几根衬垫纱线按一定比例在织物的某些线圈上形成不封闭的圈弧,在其余的线圈上呈浮线停留在织物反面。衬垫组织的地组织可以是纬平针组织、添纱组织、单面集圈组织和变化平针等组织,图4-59所示是以添纱组织为地组织的衬垫组织。黑色纱线为衬垫纱,在地组织上按一定的比例编织成不封闭的圈弧,从而形成衬垫组织。

②衬垫组织面料的外观特征。衬垫组织面料正反面明显不同,其正面类似纬平针组织正面的外观,反面为由浮线组成毛圈,通常衬垫组织的坯布经过拉毛处理以后,织物反面形成毛绒状外观(称起绒针织面料)。

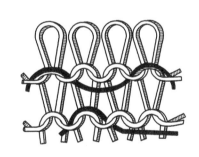
图4-59　衬垫组织

③衬垫组织面料的结构特性。衬垫组织的性质与其地组织相似,只是由于衬垫纱的存在厚度增加,横向延伸性有所减小。拉毛处理以后面料不脱散,柔软度、保暖性提高。

④衬垫组织在面料中的应用。衬垫组织织物主要用于绒布的生产。在后整理时进行拉毛处理,使衬垫纱成为短绒状,增加它的柔软性和保暖性。有的不把衬垫纱拉毛,这样的织物称作珠花绒,其适宜作外衣面料。拉毛的衬垫组织称作绒布,根据衬垫纱使用的原料分为棉绒、腈纶绒,根据衬垫纱的粗细分为厚绒、中绒和薄绒。棉薄绒可以制作婴、幼儿服装和春秋季的保暖内衣;厚绒和两面拉绒的面料可做外穿的保暖服装。

(9)夹层绗缝织物的结构、特征及应用。

①夹层绗缝织物的结构。夹层绗缝织物是近年来国际上较流行的保暖织物。它

在双面机上编织,采用单面编织和双面编织相结合,在上、下针分别进行单面编织,在形成的夹层中衬入不参加编织的纬纱,然后由双面编织成绗缝。

②夹层绗缝织物的外观特征。夹层绗缝织物的外观如图4-60所示,由于其采用单面、双面编织结合,双面编织的绗缝可以根据设计的花纹图案进行编织,在单面编织形成的空气层内衬入不参加编织的纬纱而使这部分隆起,织物表面形成明显的立体效应,正反面外观相似。

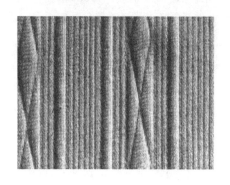

图4-60　夹层绗缝面料

③夹层绗缝织物的结构特性及在面料中的应用。由于夹层绗缝织物中间有较大的空气层,手感柔软,织物较厚实、蓬松、保暖性好,尺寸也较稳定。夹层绗缝面料大量用于保暖内衣,俗称"三层保暖",也有用该面料制作夏凉被,既方便,又柔软、舒适。近年有生产厂家在三层保暖结构的基础之上进行变化,增加具有微孔结构的防风透湿膜,可以进一步提高其保暖性能。

(10)衬经衬纬组织的结构、特征及应用。

①衬经衬纬组织的结构。衬经衬纬组织是在纬编基本组织上衬入不参加编织的纬纱和经纱形成的。衬经衬纬组织由于增加了不参加编织的纬纱和经纱,限制了织物横向、纵向的延伸,使织物具有针织物和机织物相结合的性质。图4-61(a)所示是以单面纬平针为地组织的衬经衬纬组织。该组织是在纬平针组织基础上衬入经纱和纬纱。从织物正面可以看出,经纱是衬在沉降弧的上面和纬纱的下面,纬纱是衬在圈柱的下面和经纱的上面。图4-61(b)所示是经纱绕在线圈上的单面纬平针衬经衬纬组织。从图中可见,经纱是一隔一绕在线圈上,也可以满绕在线圈上。经纱绕在线圈上,不易抽出,较前一种紧密,纵向延伸大,一般采用较粗的纱线织制。

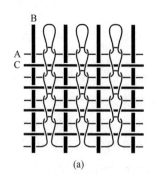
(a)

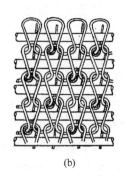
(b)

图4-61　衬经衬纬组织结构

②衬经衬纬组织的外观特征。衬经衬纬组织由于既有针织的线圈结构,又有机织的经纬纱线,从外观看是针织与机织联合的一种外观。织物的正反面外观不同,其正面是圈柱与经纬纱的交叉,反面是圈弧与经纬纱的交叉。

③衬经衬纬组织的结构特性及在面料中的应用。衬经衬纬组织面料的特点是结构类似机织物,纵向、横向延伸度较小,经向、纬向尺寸稳定性好,手感好,透气性比机织物好。缺点是密度不足时,衬经或衬纬纱容易被抽出。衬经衬纬组织面料适合作外衣、装饰织物以及工农业的特种用布。

(11)毛圈组织的结构、特征及应用。

①毛圈组织的结构。毛圈组织是由平针线圈和带有拉长沉降弧的毛圈线圈组合而成的。图4-62所示的毛圈组织由两根纱线编织单面毛圈,一根称为地纱,编织地组织线圈,另一根称为毛圈纱,编织带有毛圈(拉长沉降弧)的线圈。

(a)毛圈组织结构   (b)利用毛圈提花形成的面料

图4-62 毛圈组织及面料

②毛圈组织的外观特征。毛圈组织正反面外观不同,正面与纬平针织物的正面相同,由圈柱形成V形外观,反面由毛圈纱的拉长沉降弧遮盖普通沉降弧。在使用过程中把工艺反面作为使用的正面,即带有毛圈的一面作为面料的正面。毛圈组织可分为普通毛圈和花色毛圈、单面毛圈和双面毛圈。在普通毛圈中,每一根毛圈纱不仅与地组织纱线一起成圈,同时拉长沉降弧形成毛圈。在花色毛圈组织中,毛圈是按照花纹图案,仅在一部分线圈中形成。双面毛圈组织的毛圈在织物的两面形成。

③毛圈组织的结构特性及在面料中的应用。毛圈组织因拉长沉降弧毛圈的存在,使织物具有良好的保暖性和吸湿性,产品柔软、厚实。面料开发中毛圈组织的原料选择可以有多种搭配,(例如,地纱一般用涤纶、锦纶或涤/棉,毛圈纱可以用涤纶、锦纶、腈纶、涤/棉、棉纱或精梳棉纱)使毛圈组织织物有多种风格和特性,适合作各种服装面料。如用作毛巾、毛巾被、睡衣、浴巾、婴幼儿套装,用细特纱加工成薄毛圈还可做夏季的毛巾衫、连衣裙等。

毛圈组织的织物,经剪毛等后整理处理后,可做成天鹅绒。天鹅绒织物可做晚礼服、西装、男女服装、节日服装及装饰用布等。

(12)长毛绒组织的结构、特征及应用。

①长毛绒组织的结构。凡在编织过程中将纤维同地纱一起喂入织针编织,纤维以绒毛状附在针织物表面的组织,称为长毛绒组织,如图4-63(a)所示。

②长毛绒组织的外观特征。长毛绒组织一般是在纬平针组织上形成的,其正反面有不同的外观,工艺正面与纬平针组织相同,工艺反面附着绒毛状纤维,有与天然毛皮相似的外观。可用以仿制各种动物毛皮,其外观逼真,因此被人们称为"人造毛皮"。

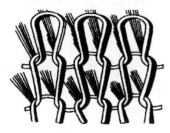

(a) 长毛绒组织结构　　　　　　　　　　(b) 长毛绒组织面料

图4-63　长毛绒组织及面料

③长毛绒组织的结构特性及在面料中的应用。长毛绒组织织物具有比天然毛皮单位面积质量轻、柔软、弹性和延伸性好以及保暖、耐磨、防蛀、易洗涤等优点。用途广泛,可用于仿裘皮外衣、防寒服、童装、帽子、夹克、卡通玩具等的面料。长毛绒组织编织过程中同地纱一起喂入的纤维可以利用各种不同性质的化学纤维,由于纤维留在织物表面长短不一,可以做成毛干与绒毛两层,毛干留在织物表面,绒毛处于毛干之下而紧贴针织物,以使毛层结构接进天然毛皮。一般可用长度较长、细度较粗以及染成深色的纤维作毛干(针毛),以长度较短、细度较细的染成浅色的纤维作绒毛。这两种纤维以一定的比例混和做成毛条,直接喂入毛皮机的喂毛梳理机构,以供编织用。所以可以仿照天然毛皮的毛色配色,增加花色品种。一般仿裘皮用腈纶较多,也有用黏胶纤维的。

(13)纱罗组织的结构、特征及应用。

①纱罗组织的结构。纱罗组织是按照花纹要求将某些线圈转移而形成的,简称移圈,还可以称为镂空编织或挑花编织。

②纱罗组织外观特征。纱罗组织可以是单面的,也可以是双面的,单面的是在纬平针组织之上移圈,双面的是在罗纹针组织之上移圈,如图4-64所示,以单一移圈组织可以形成镂空效果,但孔眼有局限性,因为针织物移圈的跨度是有限的,移圈形成的孔眼大小也非常有限,要加大孔眼效果,一般只能通过在同一位置上多枚线圈的转移方式达到。纱罗组织运用不同的移针方法可以产生孔眼,利用孔眼的排列形成各种镂空图案花纹;适当组合移圈,可以得到凹凸花纹、纵行扭曲效应以及绞花和阿兰花等。

③纱罗组织的结构特性及在面料中的应用。纱罗组织形成的织物布面光洁,孔眼

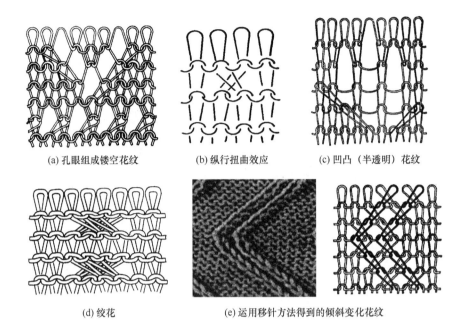

(a) 孔眼组成镂空花纹　　　(b) 纵行扭曲效应　　　(c) 凹凸（半透明）花纹

(d) 绞花　　　　　　　(e) 运用移针方法得到的倾斜变化花纹

图 4 - 64　纱罗组织的结构

清晰,织物的尺寸稳定性相对较好。移圈组织织物的设计可形成多种风格的镂空效果。传统的移圈织物一般在实地的组织上进行,利用孔眼排列出一定的镂空图案,形成虚实对比的织物风格,如图 4 - 65(a) ~ (c)所示。相反,在织物设计时,也可以将移圈组织作为地组织,而用实地的组织形成图案,如图 4 - 65(d)所示。纱罗组织除了用于针织装饰面料外,在成形服装设计中运用纱罗组织编织局部装饰性花纹是最常用和有效的设计手法之一。

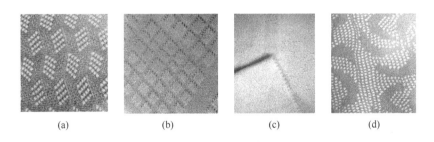

(a)　　　　　　(b)　　　　　　(c)　　　　　　(d)

图 4 - 65　通过移圈方法形成多种镂空效果的面料

（14）波纹组织的结构、特征及应用。凡由倾斜线圈形成波纹状的双面组织为波纹组织。

①波纹组织的外观特征。波纹组织的地组织为 1 + 1 罗纹组织或集圈组织。根据不同的设计,罗纹式波纹组织可分为曲折波纹组织、平折波纹组织、阶段曲折波纹组

织、抽条波纹组织以及区域式波纹组织,使织物表面出现各式花纹,如图4-66所示。

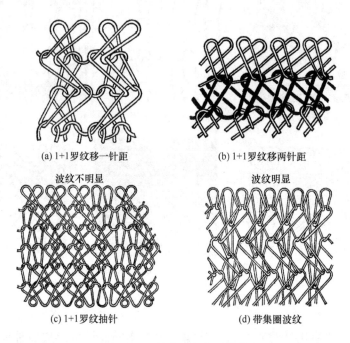

(a) 1+1罗纹移一针距　　　　(b) 1+1罗纹移两针距

波纹不明显　　　　　　　　波纹明显

(c) 1+1罗纹抽针　　　　　　(d) 带集圈波纹

图4-66　波纹组织各种变化

②波纹组织的结构特性及在面料中的应用。波纹组织织物具有与它所采用的地组织织物相同的性质,差别在于线圈的倾斜,其形成的针织物比其原来的基本组织宽,长度减小,弹性受到一定的影响。波纹组织面料的边缘有明显的波浪造型,可以成为自然的边缘装饰,别有韵味。此外波纹组织常用于成形服装,包括围巾、披肩等配件的编织,如图4-67所示。

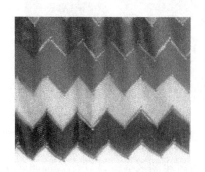

图4-67　波纹组织面料的外观

(15)空气层组织的结构、特征及应用。

①复合组织及其性能。凡由两种或两种以上的纬编组织复合而成的组织均称复

合组织。利用各种组织的复合,可以在织物表面产生横向、纵向、斜向、凹凸和孔眼等多种花色效应。采用复合组织的主要目的是改善织物的服用性能,如透气性、保暖性、弹性或尺寸稳定性等性能;另外也可美化面料外观,扩大花色品种。复合组织形成的面料相当多,典型的为空气层组织,如图4-68、图4-69所示的胖花组织、点纹组织、网眼组织、横楞组织等面料。

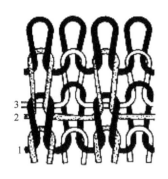

图4-68　罗纹空气层组织

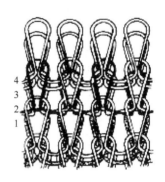

图4-69　双罗纹空气层组织

②空气层组织的外观特征。不同形式的空气层组织或者表面平坦,具有正、反面都类似纬平针组织正面的外观,或者具有明显的凹凸横楞效应的外观。

③空气层组织的结构特性及在面料中的应用。罗纹空气层组织又称四平空转组织,图4-68所示是由罗纹与纬平针组织复合编织而成的,该织物横向延伸性小,尺寸稳定性提高。与罗纹比较,具有厚实、挺括等优点,广泛用于外衣面料的生产和成形服装的编织。双罗纹空气层组织也称棉毛空转组织,该组织的织物外观具有明显的凹凸横楞效应,织物紧密、厚实,横向延伸性小,有良好的弹性,适于作外衣面料。

2. 经编组织

经编也分基本组织、变化组织和双梳及多梳等组织。基本组织包括编链组织、经平组织和经缎组织(也称经编的三原组织)。

(1)编链组织的结构、特征及应用。每根经纱始终在同一枚织针上垫纱成圈的组织称为编链组织。编链组织分为闭口编链和开口编链,如图4-70所示。它们的完全组织的横向宽度都是一个纵行,但完全组织的高度不同,前者为一个横列,后者为两个横列。

①编链组织的外观特征。由图4-70可见,编链组织组成线圈的延展线只和本纵行的上下线圈串套,不与左右纵行连接,所以编链本身不能形成织物,要与其他组织结合起来,方可形成片状织物,其正面显示类似纬编线圈的两根圈柱形

(a)闭口编链　　(b)开口编链

图4-70　编链组织

成的纵行,反面延展线呈倾斜状连接上下线圈。

②空气层组织的结构特性及在面料中的应用。编链组织必须和其他组织结合形成织物才能得到纵向延伸性小(主要取决于纱线的弹性,纱线弹性好,伸长相对大,纱线弹性差,伸长相对小)、横向收缩小、布面稳定性好的织物。如织物中的编链组织采用色纱配合,可获纵条效果。在单梳上编织时,用编链和其他组织结合(经平、经绒、经缎)可以生产缨穗,这种产品常作锦旗、台布、床罩和服装的缨穗。

编链组织的纵向延伸性小,揪住该组织的一根纱头,逆编织方向外拉伸即可脱散,人们常用这一特性来分离织物。

(2)经平组织的结构、特征及应用。

①经平组织的外观特征。每根经纱在相邻的两枚织针上轮流垫纱成圈的组织称为经平组织。如图4-71所示,该组织的一个完全组织是两个纵行,两个横列。当闭口线圈和开口线圈组合时,一个完全组织可以有四个横列。

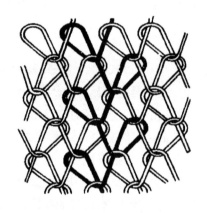

图4-71　经平组织

②经平组织的结构特性及在面料中的应用。由图4-71可见,经平组织线圈处于与延展线方向相反的倾斜状态。这是由于线圈主干与延展线连接处纱线呈弯曲状态,在纱线弹性力作用下,弯曲线段力图伸直而造成;经平组织在纵向或横向拉伸时,由于线圈倾斜角的改变及线圈中各部段的转移,使织物具有较大的延伸性。经平组织在受力情况下可以产生一定的卷边,如横向拉伸时织物的横列边缘向正面卷曲,纵向拉伸时纵行的边缘向反面卷曲。经平组织的一个线圈断裂后,横向受到拉伸时,线圈纵行有逆编织方向脱散的现象。这种脱散可以造成布面整个从纵向分开的现象,所以一般不能用单梳经平组织作服装面料,它应与其他组织结合而得到不同性能和效应的织物。通常使用不同的纱线与经绒组织共同做双梳织物,用于服装内外衣面料或装饰织物、家用织物。

(3)经缎组织的结构、特征及应用。

①经缎组织的外观特征。经缎组织是每根经纱顺序地在三根或三根以上的针上垫纱成圈，然后在顺序地返回原位过程中，逐针成圈而织成的组织，其外观呈波纹状倾斜，如图4-72所示。该组织一个完全组织的横列数：

$$B = 2(N-1)$$

N 为针数，经缎组织可以用针数命名，如三针经缎组织、四针经缎组织等。

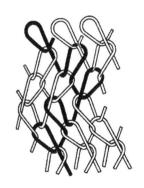

图4-72　经缎组织

②经缎组织的结构特性及在面料中的应用。经缎组织有些像经平组织，如弹性好，有卷边，在一根纱线断裂时也逆编织方向脱散，但不造成纵向分裂的情况。经缎组织中既有开口线圈，也有闭口线圈，而且开口线圈和闭口线圈各自在自己的横列上形成明显的条纹效应。经缎组织每一横列两纵行间有一根延展线，且只横过一个针距，线段较短，在同密度的织物中，用料较少，定重较小。虽然经缎组织自身可以形成面料，但一般经编面料不用单梳栉，而是用双梳或者多梳栉。

（4）变化经平组织的结构、特征及应用。

①变化经平组织的分类。变化经平组织是在基本组织基础上进行变化而得到的新组织。根据延展线跨过的针数被称作经绒组织和经斜组织。

②变化经平组织的外观特征。图4-73所示为经平组织的变化组织——经绒组织。经绒组织是经纱始终在中间相隔一针的左右两枚织针上轮流垫纱编织成圈的组织，也称三针经平或绒针组织。图4-74所示的经斜组织是经纱在中间相隔两针的左右两枚织针上轮流垫纱编织成圈的组织。如果经线在中间相隔三四针的左右两枚织针上轮流垫纱编织成圈的组织则称超经斜组织。

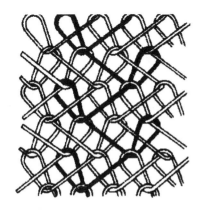

图4-73　经绒组织

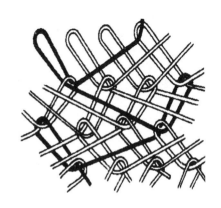

图4-74　经斜组织

③变化经平组织的结构特性及在面料中的应用。变化经平组织的线圈向延展线

的反向歪斜,延展线比经平长一针距,因而线圈长,用纱多,定重大;每一横列的两纵行间分部两根延展线,覆盖性能好;由于延展线与横向构成的倾斜角小,所以横向延伸性较经平小,纵向拉伸,线圈各部段互相转移,其延伸性大;从反面看,延展线一横列左斜,一横列右斜,并有所浮起,通过光线反射,呈横向条纹;卷边性同经平组织,脱散性小。变化经平组织与经平组织相比,延展线越长用纱量越大,每横列的两纵行间的延展线越多,覆盖性越好,定重越大,延伸性越小,横纹光泽好,纵向不卷边,不脱散。是做拉毛面料的理想组织。

(5)常用素色满穿双梳组织的结构、特征及应用。

①双梳组织的特点。前面介绍的经编组织都是用单梳编织的,其缺点是线圈不够稳定,个别组织容易松散,花色少,不能用于服装面料。利用两把梳栉进行编织的组织称为双梳组织,是编织经编服装面料和其他装饰或产业用纺织品的常用方法。双梳织物结构稳定,比单梳编织的织物挺括。应用原组织和变化组织对称垫纱,可克服各自的缺点,可以使织物的线圈稳定,不发生歪斜,且不易脱散。此外,还可以利用两梳,采用不同的组织获得某些特殊性能和外表花纹。一般从双梳经编面料的名称中,可以了解一些组织结构情况,因为两把梳栉分别配置不同的组织,其织物的正反面有明显的差异。一般后梳组织结构名称在前,前梳组织结构名称在后。

②经平绒组织面料及应用。经平绒组织是使用两把梳栉,后梳为经平,前梳为经绒。两梳栉对称垫纱,如图4-75所示。织物正面呈V形线圈纵行,反面经绒延展线盖住经平延展线并相互交叉,经绒延展线长,为两个针距,有横纹光泽。这种织物弹性好,脱散性小,用纱得当织物覆盖性能好,手感好,纹路清晰。

图4-75 经平绒组织面料结构

经绒平与经平绒同样是使用经平和经绒组合,经绒平是经平绒前后梳组织的对调,两梳对称垫纱,其特性同经平组织,只是反面前梳经平的延展线把后梳经绒的延展线捆住了,因而无横向条纹,织物较紧密且平整。经平绒和经绒平组织常应用不同的原料编织,可作为内外衣面料。

③经平斜组织面料及应用。经平斜组织如图4-76所示,后梳为经平,前梳为经斜。两梳栉对称垫纱。织物布面平整,正面呈"之"字形线圈纵行,反面延展线成横条光泽,织物不脱散,不卷边。选择不同原料的纱线编织织物可作内、外衣面料,反面可作拉毛整理,加工成理想的绒布,用于服装、汽车装饰等织物。

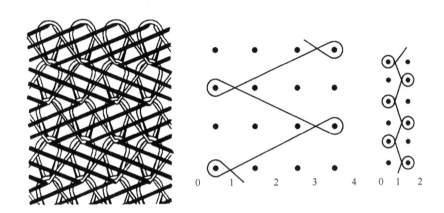

图4-76　经平斜组织面料结构

④经斜编链组织面料及应用。经斜编链组织后梳为经斜,前梳为编链。如图4-77所示,该织物编链线圈不倾斜,不能把经斜组织的倾斜线圈状态改变过来,因此正面线圈纵行也呈"之"字形。经斜横向延伸性小,编链纵向延伸性小,所以该织物纵横向延伸性均小,织物稳定,不卷边,不脱散,而且前梳编链把后梳经斜长延展线捆住,反面也很平整,织物勾丝起球性得以改善,是外衣面料的理想组织。

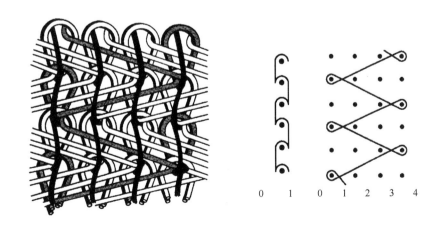

图4-77　经斜编链组织面料结构

编链经斜组织是经斜编链前后梳组织的调换。由于经斜的长延展线浮在反面,手感好,经常作拉绒整理,可加工成天鹅绒外观,用作帷幕、礼服和各种装饰面料等的织物。

双梳织物还有经平经缎、经缎经绒、双经缎等,都是根据单梳组织特点和垫纱关系有针对性地进行组合,产生新的外观风格和服用性的面料。

(6)色纱满穿双梳组织面料及应用。色纱满穿双梳组织面料相当于常说的色织,是在满穿双梳的基础上,用一定根数、一定顺序穿经的多色经纱,可以得到各种颜色花纹。也可应用对各类染料吸收率不一样的各种不同纤维的排列和搭配,再经染色而获得花纹效应。这样可以得到纵条纹、菱形节纵条、方格花纹、斜纹外观风格的外衣或装饰面料等的织物。

(7)带空穿的双梳和多梳组织面料及应用。带空穿的双梳和多梳组织是一把或两把地纱梳栉带空穿,而使双梳地组织的有些部位中断线圈横列。在线圈横列中断的地方,坯布表面产生孔眼或凹凸效应,有时称为抽花经编组织。这种组织的孔眼使其有很好的透气性,宜于作夏季衣料及蚊帐等用品。

双梳织物在后梳满穿,前梳半穿或部分穿经,可得到直的或斜纵行花纹。还可以利用单梳线圈的歪斜来形成孔眼。图 4-78 所示为前梳满穿经平,后梳二穿一空作经绒和经斜相结合的垫纱运动,完全组织纵向三纵行、六横列。在缺少后梳延展线的地方,纵行将偏开,形成孔眼。

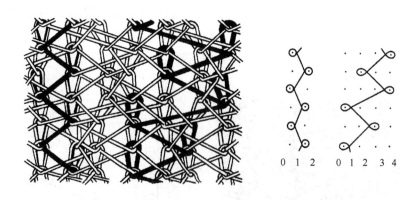

图 4-78　两把梳栉中一把梳栉空穿形成的孔眼

两把梳栉空穿的经编组织,是在两把梳栉上均带空穿,可由中断的线圈横列形成一定大小、一定形状和一定分部规律的空眼,其可用于蚊帐、衬衣、窗帘、头巾等产品的编织。图 4-79 所示为两把梳栉都是一隔一穿纱,采用经绒或三针经缎,其垫纱范围都是 3 针,两把梳栉作反向对称垫纱,这样就可以得到菱形孔眼面料。

(8)其他组织的面料及应用。

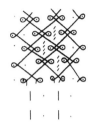  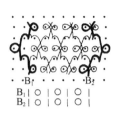 

图4-79 两把梳栉都是一隔一穿纱形成的菱形孔眼

①多梳组织面料及应用。多梳编织时,一般在一梳满穿或两梳空穿的地组织上形成花纹,地组织以外的梳栉起绣纹(如纬编的绣花组织)、缺垫(部分梳栉在一些横列处不参加编织的组织,缺垫编织可以形成褶裥类、方格类、斜纹类花纹)、衬纬(在经编织物的线圈主干与延展线之间周期性地衬入一根或几根纱线的组织)等作用,这些梳栉可空穿,也可满穿。这类织物可作服装或装饰面料之用。

②压纱组织面料及应用。编织过程中有衬垫纱缠绕在线圈基部的经编组织为压纱组织。编织压纱组织时,有些纱线垫到针上以后,又立即被移到下面与旧线圈一起,并在成圈时和旧线圈一起脱下,形成衬垫纱线,并呈纱圈状缠绕在线圈基部,如图4-80所示。这些纱线不进行串套,故可用较粗的和强度不太高的纱线编织。该织物可做外衣面料。

③贾卡提花面料及应用。在拉舍尔经编机的上方,配有提花龙头(贾卡提花装置),用以控制机上梳栉各枚导纱针的横移运动。由于同一梳栉中的各枚导纱针能按花纹要求作不同针距的横移,所以在此种机上能编织全幅独花织物,主要用于装饰服装面料及装饰窗帘、台布等方面。

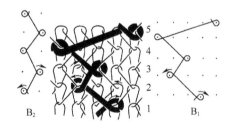

图4-80 压纱组织面料结构

综上所述,针织面料因其可以应用各种纱线在各种不同的针织设备上编织,并可以进行多种多样的后整理,所以能形成各种肌理效应,可谓丰富多彩,变化万千,再加上面料本身的舒适性,如果把这些与要表现的服装时尚结合在一起,必定能增添针织服装的艺术魅力。

二、织物设计中原料与组织的合理配置

在织物设计中,同样的织物组织选用不同原材料的纱线编织会产生不同的外观风格和织物性能,如棉、麻、丝、毛、化纤和混纺纱线编织的织物都会收到不同的效果。开发新型面料中,应根据想得到的面料风格或者性能质量有针对性地把原材料与组织结

构合理配置,达到理想的效果。

(一)真丝/氨纶包覆丝类

例如开发真丝弹力缎,经丝选用23dtex×3的厂丝,纬丝选用包缠丝,即(23dtex×2厂丝+22dtex×1氨纶丝)18捻/cm,组织选用五枚经缎,织物体现经面效果,其成品重量为75g/m²。该产品与以往的经面缎纹不同,由于纬丝选用厂丝包缠氨纶丝,使得面料光泽柔和,手感柔软,增加了弹性,成为一款风格独特的高档丝绸面料。

例如开发弹力桑春绉,弹力桑春绉是一只厚重型的包缠丝织物,经丝选用67dtex×3(3/55/65旦)厂丝,采用$\frac{1}{2}$斜纹组织,纬组织点暴露相对多一点,纬丝选用包缠丝,即(23dtex×3厂丝+20dtex×1氨纶丝)18捻/cm,其成品重量达221.18g/m²。该产品由于选用的经、纬丝都比较粗,并且选用斜纹组织,使得其织物不但厚实、平挺,而且弹性好,是一款新颖高档的真丝新品种。

(二)丝/毛混纺类

真丝和羊毛混纺织物既具有丝纤维的天然丝光,又有毛织物的手感和弹性。丝毛混纺纱常用的比例有30:70、40:60、50:50、60:40等,线密度在83～200dtex。

例如丝毛重斜,经丝采用23dtex×3厂丝,纬丝选用(83dtex×2桑绢丝+100dtex×1绢毛纱)7捻/cm(Z捻),100dtex×1绢毛纱比例为1:1的绢丝和毛纱。组织采用$\frac{1}{3}$斜纹组织,其成品重量为163.94g/m²,织物丝毛含量配比恰当,产品光泽柔和,手感丰厚,悬垂性好,毛感强,外观酷似薄型毛料,成为高档西装和时装的理想面料。此产品销往美国,深受客户欢迎。

(三)丝/麻交织类

丝/麻交织类产品是以长丝和短纤维纺成的麻纱为原料交织而成的,常用的有苎麻和亚麻。该类产品具有透气凉爽、吸湿散湿好、富有身骨等特点。

例如丝麻纺,以67dtex×3(3/55/65旦)厂丝作经丝,278dtex×1亚麻纱作纬丝,采用平纹组织。由于纬丝所用原料条干较粗,且麻纱条干不均匀,因此整个绸面产生粗细长短不一的肌理效果,织物外观粗犷,富有特色,符合国际流行趋势,成为休闲服装的首选面料。

再如流霞绸是一款以丝麻交织的提花织物,用50dtex网络丝作经,纬线用两组,甲纬用139dtex苎麻纱,乙纬用133dtex有光黏纤丝。主花和地组织用苎麻纱织,起点缀作用的小花用有光黏纤丝织,整个绸面明暗主次分明,立体感强。织物轻薄柔软,透气性好,这种设计的独具匠心给人以清新的感觉,很受欢迎。

(四)丝/棉交织类

丝/棉交织类织物是厂丝和棉纱交织,产品吸收了棉和真丝的优点,吸湿性、透气性都非常好,且手感柔软、蓬松,抗折皱性强,悬垂性好。

例如丝棉缎条纺,甲经用23dtex×2厂丝,乙经用23dtex×2厂丝18捻/cm,纬线选用细特棉纱,即74dtex×1棉纱,甲经与纬线织五枚经缎,乙经与纬线织平纹。织物轻薄飘逸,透气性好,手感柔软,缎条处光泽肥亮,是理想的夏季服用面料。

再如丝棉维呢,以31dtex×2厂丝作经,281dtex×1棉纱作纬,配以$\frac{1}{2}$斜纹和纬重平结合的混合组织,成品重量为137g/m²,织物外观厚实丰满,手感蓬松柔软,抗皱性好,产品风格独特。

(五)合成纤维类

将普通涤丝经过特殊加工制成各种变形丝,可开发出千姿百态的织物。这类纤维有超细特涤/锦复合丝、网络丝、弹力丝和高功能性纤维等材料。

例如芙蓉涤呢,甲经用83dtex×1涤丝,8捻/cm(S捻),乙经选用167dtex×1网络丝,纬丝采用444dtex×1空气变形丝,配以$\frac{1}{3}$斜纹,整理后织物外观绒毛耸立,手感好,仿毛效果好,是价廉物美的时装面料。

三、组织结构的选择与配置举例

纤维的类型、纱线的结构、纱线的线密度可以影响面料的质感和风格。在编织织物的过程中选择不同的组织结构及其配置,自然会使形成的面料外观风格特征产生变化,织物既可以有轻微的,也可以有强烈的触觉效果,直接影响服装面料的肌理(指材料质地表面的纹理效果)。组织结构的变化还可以直接影响织物性能的变化。正确而巧妙地设计织物组织结构是面料设计成败的关键。利用织物的组织结构开发新面料就要求打破常规,采取特殊的手法。运用织物组织中的变化组织、复杂组织自然可以使织物组织变化无穷,但这种变化仅是一个方面,且属于传统的变化手段。更要强调的是组织结构方面要有特色,且这种特色要有助于面料符合时代所需要的风格和特征。特别是在拥有各种新型纱线和新型编织设备的同等条件下,如何进行组织结构的选择与配置实现花型创新是开发新型面料的首要前提。

无论是针织还是机织,其组织结构之多,是面料设计可以施展的广阔空间,除了利用各种织物组织生产相应特征的面料之外,在简单组织的基础上进行各种不同方法的演变,可生产出保留原组织一些特点的较复杂的组织,这不失为一种既简便又经济的方法。

(一)选择平纹的变化组织

平纹组织交织点多,纱线屈曲大,使得布面平整,织物正反面相同。但选择平纹的变化组织与相应的原料组合,却一改其平整外观,形成新风格的面料。例如,丝麻交织产品"云栖绸"是利用方平、经纬重平、平纹等组织开发成功的一款丝麻交织格子织物。用167dtex中捻合纤丝作经,185dtex涤/麻混纺纱作纬,产品挺括,透气性好,外观文雅素静,适宜做夏秋季服装。过去选择平纹的变化组织组合的方平组织,利用毛型化纤编织出色彩柔和、式样新颖的小方块花纹状仿毛织物板丝呢;选择纬重平组织中的浮长长短不同,利用棉纱或者混纺纱编织出麻织物外观的织物麻纱;利用经重平组织采用较大经密,较细经纱和较粗纬纱编织出表面呈现明显的横凸条纹织物;利用纬重平呈现纵凸条纹织物,并可借经纬纱的粗细搭配而使凸纹更为明显。

(二)选择凸条组织

凸条组织正面用平纹、$\frac{1}{2}$斜纹等较紧密的简单组织构成,反面沉伏浮长线,织物下机后,反面长浮线收缩呈绷紧状态,正面紧密的固结组织处凸起形成凸条,这类组织在产品设计中应用较多。例如凸条绉,甲乙经分别选用23dtex×2厂丝,甲纬用23dtex×3厂丝,28捻/cm(Z捻),乙纬用23dtex×3厂丝,丙纬选用23dtex×3厂丝,28捻/cm(Z捻),投梭顺序为乙乙甲乙乙丙,即乙纬织两梭平纹,甲纬织一梭起长纬浮进行绉缩,同样再织两梭乙纬平纹,然后织一梭丙纬起长纬浮绉缩。由于经丝密度较大,长浮纬线又采用强捻线,从而使固结组织处高高凸起,形成细腻紧密的凸条。

再如凸纹绉,是以47dtex厂丝作经,23dtex×2厂丝作甲纬,23dtex×2厂丝,23捻/cm(S捻)作乙纬,投梭顺序为甲甲乙乙甲甲。由4根甲纬交织平纹,2根乙纬起长纬浮绉缩。这种设计将凸纹设计得比较活泼,上下错落有致,立体感强,弹性好,受到消费者的喜爱。

(三)选择重组织

使用重组织不但能增加织物的重量与厚度,而且能使织物的正反面呈现相同或不同的组织、色彩和花纹。例如双面缎,普通素绉缎采用五枚经缎,许多消费者为穿着舒适常将经缎做里面,而将纬缎作为正面,这样真丝经缎柔和的光泽就体现不出来。为使织物两面都体现经缎效果,配以双面缎纹。经线用69dtex厂丝,纬丝用186dtex厂丝,左右向分别加强捻。由于采用了重组织,双数经丝和单数经丝共口重叠在一起,经丝密度高达1600根/10cm,成品重量达到90g/m²,织物正反两面光泽明亮,手感厚糯,制成的服装穿着滑爽、舒适,深受客户的青睐。

再如桑绫呢,以138dtex厂丝作经,279dtex厂丝左右向分别加强捻作纬,采用正反4枚破斜纹,使双数经丝共口重叠在单数经丝下面,双数纬丝重叠在单数纬丝上面,将产品设计成一只超厚重型的全真丝织物。由于2组纬线均采用强捻丝,因而织物外观绉效应很明显,且手感丰满,厚实似呢,成品重量高达23.15g/m²,是真丝产品的重量之冠。

(四)选择绉组织

将经纬线不同浮长交错排列,使织物表面具有分布均匀的呈细小颗粒状凹凸的一种组织。绉组织大量应用于合纤仿麻类织物上，近来在真丝织物上也有应用。例如，桑绢绉选用定缫的 67dtex×3 厂丝作经，用 2 根 83dtex×2 绢丝作纬。如果采用平纹组织，这么粗条份的原料交织会导致织物手感发硬。因此设计者精选了绉组织为该产品的组织，织物表面均匀散布了细小的不规则组织点，且光泽柔和，手感柔软、厚实，受到了客户的好评，被客户喜称为"真呢"。

（五）选择纱罗组织

例如，花绫纱采用较复杂的纱罗组织，甲经为 173dtex×1 柞丝，乙经为粗条份的 433dtex×2 柞丝，纬丝为 150dtex×2 柞丝。因乙经原料条份偏粗，乙经参加的绞经屈曲效应明显，绞经呈菱形状排列，风格独特，产品经纬密度虽小，但组织结构稳定，透气性好，穿着舒适，是夏季服装的理想面料。

第二节　编织新型设备在面料开发中的作用

一、各种新型织机的应用

各种新型编织设备的应用进一步拓展了新型服装面料开发的空间。

（一）各种新型自动控制梭织机的应用

目前片梭织机、剑杆织机和喷射织机已形成三足鼎立的局面。

1. 片梭织机

片梭织机是最早得到工业应用的无梭织机，在多用性、生产效率及技术完善程度上都达到了较高水平，有代表性的片梭织机最高转速达 470r/min，最大入纬率达 1400m/min，筘幅达到 5.4m，纬纱 4 色，可织造大幅宽的复杂提花图案面料。

2. 剑杆织机

剑杆织机虽然起步较晚，但发展最快，是目前应用最广的无梭织机，可织造棉、毛、丝、麻、化纤及混纺纱，特别是织造花色织物有其独特优势，其最高转速达 700~830r/min，最大入纬率达 1500m/min，超过了片梭织机，其筘幅达到 3.8m 及更宽，纬纱可达 12 色，整机性能稳定，使用寿命长，织造面料质量好。

3. 喷射织机

喷射织机是生产速率最高的织机，其中包括喷水织机和喷气织机。虽然喷水织机筘幅相对比较窄，一般不超过 2m，但最高转速可达 1600r/min，最大入纬率在 2500m/min 以上。喷气织机的筘幅已经超过剑杆织机，织造幅宽已从 1.9m 拓宽到 4m，引纬颜色从单色发展到 4 色、6 色，甚至多至 12 色，比较有代表性的喷气织机最高转速达 2000r/min 以上，最大入纬率达 4500m/min 以上，可实现一机多幅织造，并可根据织物要求任意变换纬纱颜色。瑞士 Sulzer Textile 的 M8300 型多梭口织机，喷气引纬的入纬率最高值达 6000m/min。喷气织机的织物组织从过去简单的平纹、斜纹发展到提花、毛圈。纬纱种类的适用性大为拓宽。随着织物重量及品种范围的扩大,喷气织机既可织造细特、高密的轻薄高档衣着面料,又可以织造粗特高密牛仔布系列的厚重织物。喷气织机的织造品种已遍及细薄织物、厚重织物、提花装饰织物、高级毛料、长丝、真丝织物、花色布、毛巾、床单、床罩、轻薄窗帘面料、玻璃纤维;特别是在时装面料的织造上,喷气织机已开始成为主要角色。上述各种无梭织机大多采用电脑控制,配备电子送经、电子卷取、电子选纬、电子提花和快速产品变换系统装置,为开发机织新型服装面料提供了可靠保证。

(二)各种新型自动控制针织机的应用

随着机械电子工业的发展,编织技术的进步,针织机械逐步走向自动化、现代化,针织圆纬机的筒径达到 965～1016mm(38～40 英寸),德乐 S296—1 型单面开幅机的进线系统达到 109F(路数),机号最高达到 50 针/25.4mm(大渝 TY—D25 型双面机),机器转速最高达到 45～50r/min。这使针织圆纬机的生产效率更高,编织的针织面料应用更加广泛,针织服装的裁剪和排料也更加方便,有利于节约原材料和优化生产工艺。特别是全自动电脑针织横机高效率、变针距,能够自动翻针、放针、拷针或收针、自动换梭、自动调节密度、自动改变组织结构、自动调幅,最大机速达到 1.6m/s,嵌花导纱器可达 32 把,生产效率有了较大幅度的提高。西德 STOLL 公司生产的一种宽幅、双系统针织横机的针床工作幅宽达 230cm,机上可以同时编织三块不同组织结构的衣片。电脑设计,电脑选针,编织花型的功能和范围都大大增加。全自动电脑针织横机编织针织成形服装的同时实现了面料设计生产和成衣制作同步进行,不仅机器自动化程度高,组织结构、服装结构变化手段多,质量好且操作简便,生产效率高,产品用途广泛。经编机拥有高速(其编织速度高达 2000r/min)、高效、高稳定性和操作简便等性能,机号也从细针距的 E28(28 针/25.4mm)发展到 E32(32 针/25.4mm)～E36(36 针/25.4mm)。各种自动控制针织机在新型服装面料开发上更能大显身手。

二、利用纺织新技术开发新型面料

(一)镂空效果面料的开发

针织纬编上可以通过移圈、集圈、变化纱线的粗细、横机上的局部空针起针或织物局部纱线不成圈的长浮线构成镂空效果。并且移圈、浮线、集圈等方式往往互相结合,可以在织物上形成大小不一的透孔。镂空效果的面料装饰感强,变化无穷,镂空孔眼较小的织物具有一种朦胧感,且织物的透气性能得到提高;镂空孔眼较大的织物具有显著的透视感,所以目前镂空效果的针织面料不论是春夏的轻薄面料还是秋冬的毛型针织面料都受到市场的广泛欢迎,常用于时装,可以与内衣互为呼应,具有丰富的审美情趣。在全自动电脑针织横机上编织镂空效果面料如图 4 - 81 所示,其中图(a)织物在编织过程中借助移圈,将某些织针上的线圈转移到与浮线区域相邻的织针上,实现浮线区域的曲线造型;图(b)在抽条地组织上,正面纵行的线圈有规律地左右移圈,形成枣核形的浮线区域;图(c)是以集圈方式形成的镂空,以集圈的方式可以形成较大的孔眼,尤其是可以加大孔眼的纵向高度,配合适当的移圈和浮线,其镂空效果会变得异常显著;图(d)所示有硕大的孔眼,首先利用移圈向两边并针,逐行、阶梯性地形成浮线,并在孔眼最宽处集圈一次,浮线部分退出工作区的织针一隔一,在两个编织行分别回到工作区,完成一个花型单元;图(e)为目前市场上流行的一种有显著镂空效果的电脑横机编织的针织面料,编织时,在预镂空处将部分线圈从织针上退下,在下一横列编织时,退掉线圈的织针空针起针,由于针织物本身的卷边性,使织物上形成明显圆顺的孔洞效果。织造这种面料的纱线需要表面摩擦因数较大,防止从织针上退下的部分线圈脱散。

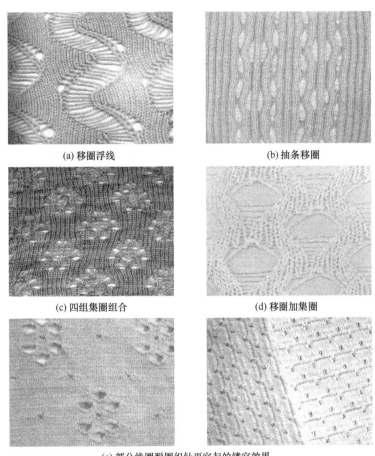

(a) 移圈浮线　　　　　　　　　　(b) 抽条移圈

(c) 四组集圈组合　　　　　　　　(d) 移圈加集圈

(e) 部分线圈脱圈织针再空起的镂空效果

图4-81　纬编镂空效果面料的开发

(二)条纹效果面料的开发

针织面料逐行编织的特点还决定了每个花型行列都可以具有相对独立的特征,所以通过对某些花型做单独的色彩、组织结构设计或特殊的原料配置能开发出品种繁多、效果迥异的条纹面料,而且条纹具有简单抽象的线性构造,以其中性化和理性化的形象延续着永久的生命力,赋予针织面料强烈的现代感,一直以来是深受消费者欢迎的产品类型。例如,在横机和圆纬机上分别以不同色彩的纱线编织,比较容易形成横向条纹,如图4-82(a)所示,在双面纬编机上规律地配置上、下针的编织,可以得到不同宽度的纵向直条纹,如图4-82(b)所示,采用波纹组织可以形成曲折条纹,通过变化手段(移针、收放针等)能形成斜向条纹,如图4-82(c)所示。纬编机上织造单一组织配色条纹织物的最大特点在于横向条纹配色数应根据设备情况做最大化设计,电脑横机配色循环及循环数可以任意大,圆纬机上要考虑其约数关系。条纹面料品种繁多,变化无穷,能淋漓尽致地表现出设计师对织物色彩的设计。理论上,条纹的色彩设计没有颜色数的限制,可以通过编织过程中不断换纱达到无限多的色彩变化,形成变幻莫测的色彩效果,但在实际大规模生产中则很难实现。这种极致的方法可利用手摇针织横机的灵活性,生产个性化、高附加值的成形类高档针织服装或围巾、披肩、帽子等配饰。

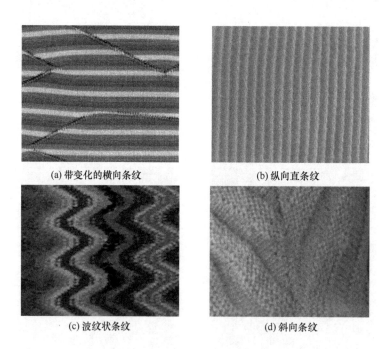

(a) 带变化的横向条纹　　　　　　　(b) 纵向直条纹

(c) 波纹状条纹　　　　　　　　(d) 斜向条纹

图4-82　纬编形成的各种条纹面料

(三)凹凸浮雕效果面料的开发

针织物表面的凹凸浮雕效果具有较强的肌理感和时尚动感,其手感丰厚,装饰性好。近年具有这种外观风格的针织面料已经成为服装市场中异军突起的新秀。具有浮雕效果的织物能够充分满足消费者对视觉和触觉的双重需求,其温婉含蓄的装饰风格有别于其他装饰手段,其通过对组织的巧妙设计,可最大限度表现出针织物的特性和优势,向人们展示针织物特有的质感美和技术美。这类针织面料的出现突破了传统织物的二维空间形式,大大拓展了针织面料设计的空间和审美情趣,也为针织时装奉献了更多的设计语言。

可用纬编正反针变化或者用移圈的方法形成浮雕效果。一般情况下,由于正面线圈和反面线圈存在相互作用力,正面线圈在纵向的连续排列占优势,即在正面线圈的连续区域内,纵向行数远远超出横向针数时,该区域在织物中呈凸起状态,反之则凹陷;反面线圈则正好相反,当反面线圈在横向的连续排列占优势,即在反面线圈的连续区域内,横向针数远远超出纵向行数时,该区域在织物中呈凸起状态,反之则凹陷。掌握这一规律,设计这种凹凸织物时,成功率会大大提高。通过线圈的叠加,也会出现凹凸浮雕效果。电脑针织横机编织的阿兰组织则是在地组织为反针的纬平针组织上形成的凸起效果外观的组织。图4-83所示为利用全自动电脑针织横机正反针变化形成的凹凸效果。

图4-83 利用正反针形成凹凸效果的面料

浮雕效果的另一典型品种为凸条。在全自动电脑针织横机上利用集圈和空气层编织的闭口凸条和利用纬平针特有的卷边性形成的开口凸条效果明显。所谓闭口凸条即常见的上下闭合,形如褶裥式的凸条。闭口凸条为双面组织,其形成的织物较厚,保暖性好,纬向和经向的伸缩性都大大降低,不易卷边,织物的尺寸稳定性较好,并有立体的肌理感,如采用地纱和凸条部分纱线异色的设计,还能获得立体的多色条纹的效果,可以有水平的闭口凸条、波浪状闭口凸条等作为面料的装饰,效果很好,是理想的男女秋冬针织外衣面料。

水平闭口凸条在电脑横机上是利用编织褶裥的方法形成的,即第一横列为四平线圈,从第二横列起,四平的后板线圈不脱圈,前板连续编织正面线圈,直至达到凸条需要的高度,最后再编织一横列四平线圈即形成直线闭口凸条,如图4-84所示。当水平闭口凸条中,四平线圈的位置改变,形成波浪状连接时,直线闭口凸条也相应地变为波浪曲线状闭口凸条,如图4-85所示。

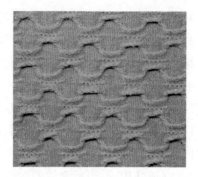

图 4-84 直线闭口凸条　　　图 4-85 波浪式曲线闭口凸条

所谓开口凸条是指织物表面类似于口袋盖的一种双层效果。是利用纬平针特有的卷边性形成的,由于顺编织方向的卷边性,凸条部分向外卷曲为筒状,立体感极强。开口凸条具有非常独特新颖的装饰趣味,织物层次感丰富,有动感,适用于女针织时装的局部装饰,如多层效果的裙装、荷叶边效果等。编织开口凸条可以有很多变化形式,在电脑横机上可以编织水平开口凸条和波浪开口凸条,可以编织整幅的,也可以编织局部的开口凸条,可以是素色的,也可以是提花的凸条或多种形式的组合。水平开口凸条的编织方法比较简单,如图8-86所示,灰色区域为开口凸条,无论是哪一种地组织,开始编织开口凸条之前,必须将所有的前板线圈翻针到后板,将前板所有织针空出,开口凸条的起始两横列,即图中的第3、4横列,空针一隔一出针,编织前板线圈,分两横列起满,第5、6、7横列可以一隔一编织,也可以满针编织,但一隔一编织的凸条手感柔软,质地丰厚,效果较好。凸条的最后一横列为四平线圈,将编织凸条的线圈和地组织线圈合并,最后将所有反面线圈翻回前板,即完成一个完整的开口凸条编织。设计时要注意,开口凸条起始一隔一空起的两横列(第3、4横列),线圈长度必须适当调小,否则边缘处线圈不紧密,影响效果。此外,开口凸条和地组织必须分别用两根纱线编织,因此可以选择同色纱线,也可用异色纱线编织。图 4-87 所示是运用开口凸条形成的立体花纹的面料效果。

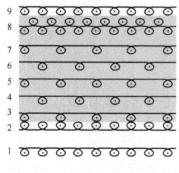

图 4-86 开口凸条编织图　　　图 4-87 开口凸条形成面料效果

　　波浪状开口凸条的编织方法较波浪状闭口凸条简单很多,如图4-88所示,首先按照水平开口凸条的编织方法编织图中所示的灰色部分,即凸条部分,凸条部分先挂在前板织针上。四平针线圈在编织图中呈波浪状,当遇到四平线圈时,前后板线圈合并,直至凸条挂在前板的线圈全部与后板线圈合并,即形成完整的波浪状开口凸条,如图4-89所示。这种凸条在整烫平整之后,也会在织物表面形成荷叶边的效果,线条自然流畅,适合作女针织时装面料或局部装饰。

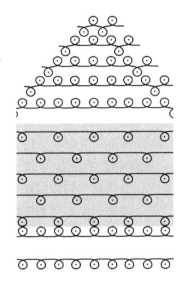

图4-88　波浪曲线开口凸条编织图

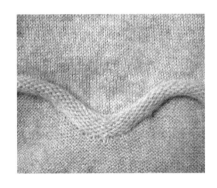

图4-89　波浪曲线开口凸条面料效果

　　开口凸条面料是近年推出的较为新颖的横机针织面料,根据编织使用的纱线情况,适于制作夏季女装T恤、时尚外衣等产品。也有运用多种颜色,把各种凸条组合起来形成新风格的面料,如图4-90所示。

图4-90　各种凸条组合面料效果

第三节　染整技术在新型服装面料开发中的作用

服装面料斑斓的色彩、各种各样保健卫生、特殊防护等功能都与其后整理有密切关系。服装面料染整加工的目的就是为了丰富面料的花色品种,改善织物的外观风格和服用性能,提高面料的档次,增加面料的附加价值,赋予面料特殊功能,提高其利用率和进一步扩大应用领域。所以选择恰到好处的染整技术在新型服装面料开发中发挥着重要的作用。

染整加工中的"染"是指染色和印花,"整"是指后整理,主要包括预处理、染色、印花和后整理。

一、预处理的作用

预处理主要是采用化学方法去除织物上的各种天然杂质以及纺织加工过程中所附加的浆料、助剂和沾污物,提高织物的润湿性、洁白度、光泽和渗透能力,以便后续加工更顺利。不同原料成分的织物,其预处理工艺也有差别。如棉麻织物的预处理有烧毛、退浆、煮练、精练、漂白、碱缩、丝光和预定型等工艺,蚕丝织物的预处理有精练和漂白等工艺。可以根据面料开发时使用的原料成分和后期处理有针对性地选择预处理工艺。

二、染色方法的选择

(一)染色

染色是通过染料溶解或分散在作为染色介质的水中,并在一定温度、pH 值条件下与纱线、织物或成衣中的纤维进行结合,使纱线、织物或成衣着色,并获得一定的坚牢度及鲜艳度。生产时尚面料特别强调面料的流行色,这就依赖于染色。根据把染料施加于被染物及染料固着在纤维中的方式不同,染色可分手工染色和机械染色,手工染色包括手绘、扎染、泼染等,机械染色分浸染(竭染)和轧染两种。此外,不同纤维的织物需选择相应种类的染料方能获得满意的染色效果。如直接染料和活性染料在相应的条件下可以对棉纤维、麻纤维、黏胶纤维、蚕丝和锦纶等纤维染色,酸性染料适用于蛋白质纤维和锦纶、氨纶的染色,分散染料适用于疏水性纤维(涤纶、锦纶、腈纶、氨纶和改性丙纶)的染色。织物的染色可用绳状染色机、液流染色机、气流染色机、经轴染色机和连续轧染机等设备,染色方法的选择对新面料开发具有至关重要的作用。

(二)染色方法与特点

1. 手工染色

手工染色包括扎染、夹染、泼染和手绘。扎染古称绞缬,为我国民间传统技艺。

（1）扎染。扎染的基本原理是防染，是借助纤维本身及运用不同的扎结方法，包括捆扎、折叠、缠绕、缝线、打结等方法使织物产生防染作用，有意识地控制染液渗透的范围和程度，形成色差变化，从而表现出无级层次的色晕。染色后再拆去缝线结，形成蓝白相间的、有多层次晕色效果的花纹布的工艺。扎染也可以有多种色彩的染制，称为彩色扎染，如图4-91所示。扎染有煮染、浸染、套染、点染、喷染、转移染、综合染色等方法。它不同于一般染织美术，不可复制为其最大特色。其形色变化自然天成，非笔墨所能随意画就。

（2）夹染。夹染是以镂空花板将织物夹住，先涂粉浆，干后再染，然后吹干去浆，就能显现出花纹，图案多以四方连续纹样和适合纹样为主。

（3）泼染。泼染可谓染色与印花的结合，是以手绘方式将染液绘制于织物上，再用盐或其溶液汲取染液的水分，使上染部分的染料浓度增加，直至染液自然干燥。结果形成或如烟花四射、或如奇葩怒放、或如流星飞泻等变化多端的花纹图案。其图案形象生动，色彩丰富，风格多样，且花形抽象随意，造型

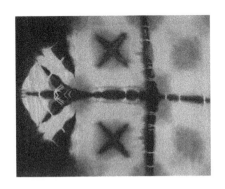

图4-91　扎染面料

神奇，收到一般染色和印花无法得到的效果，因而极具吸引力。泼染一般用弱酸性染料，织物以蚕丝类的双绉、绉缎等织物效果为好。

（4）手绘与喷绘。手绘是直接用染料或颜料以手工描绘的方式在面料上绘制图案或花纹等纹样。喷绘是用液体颜料通过气泵在衣物表面形成一种精巧细腻的图案的一种技法。手绘的常用技法包括手指弹射法、泼墨点缀法、喷雾法、勾勒深色法、压印与手绘相结合、扑印与手绘相结合等。所用染料主要为酸性、中性、直接和活性等几大类。手绘和喷绘都具有欣赏与实用的双重价值，多用于蚕丝的双绉、电力纺、花绉缎、素绉缎、乔其纱等面料，这些面料一般用于方巾、长巾、手帕、短袖衫、无袖衫、夹克衫等女装中。蚕丝绸手绘产品是艺术与工艺相结合的结晶，深受人们的喜爱。

2. 机械染色

机械染色包括浸染和轧染。浸染是将被染物浸渍在染液中，经一定时间使染料上染纤维并固着在纤维中的染色方法。使用绳状染色机等设备。轧染是将被染物在染液中浸渍后，用轧辊轧压，将染液挤入被染物的组织空隙中，同时将被染物上多余的染液挤掉，使染液均匀分布在被染物的纤维中，再经汽蒸或焙烘等后处理使染料上染纤维。轧染是连续加工，生产效率高，但被染物所受张力大。使用液流染色机、气流染色机等设备。

三、印花方法的选择

印花是用染料或颜料制成印花浆,局部施加在织物上,通过一系列后续处理,使之固着在织物上,而使面料获得各色花纹图案的加工过程。这种方法在运用过程中可以方便地生产紧随流行的图案、花纹、各种徽标、吉祥物图案、明星头像、宣传标语等。印花过程包括图案设计、筛网制作、色浆调制、印制花纹、后处理(烘燥、蒸化、水洗)等工序。印制花纹的工艺有四种,可以根据印花效果、染料性质、成品色牢度、花型以及加工成本等因素选用。选用的工艺不同,印制的效果往往不一样。印花方式可以有手工印花和机械印花。机械印花有四种方式。根据印花使用的颜料或染料还分涂料印花、分散染料印花和酸性染料印花等方式。此外,也可以将其他不溶性物质的材料运用到涂料印花中,以获得更加鲜艳夺目的印花效果,被称之为特种印花。特种印花具有普通印花难以达到的特殊艺术效果,可以赋予面料特殊功能,使它具有高档化、个性化和多样化的特征,并且能提高面料的档次,增加面料的附加价值,进一步扩大面料的应用领域。选择印花方法与面料使用的原材料、面料的用途、面料的档次及面料的成本有直接的关系。

(一)印花工艺

1. 直接印花

直接印花是将调好的印花浆通过印花机直接印在白地或浅地色织物上,再经后处理。可采用直接染料、酸性染料、金属络合染料及活性染料等。印花之处染料上染,而未印花之处保持原来的地色。直接印花的特点是工艺简单,但只在织物正面出现印花图案,反面基本无色或仅有模糊的颜色,如图4-92所示。

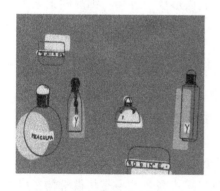

图4-92 直接印花面料

2. 渗透印花

渗透印花为直接印花的一种。其关键在于利用色浆的渗透作用,使印在织物正面的色浆渗到反面去,收到正反面色泽基本相近的印制效果。

3. 拔染印花

拔染印花是将印花色浆印到先经染色或已染色但未固色的织物上,印花浆中含有能破坏地色染料的化学药剂(称拔染剂),它能在适当的条件下将地色染料破坏,而后将破坏的染料洗去,印花的局部便成为白色(称拔白);若在色浆中加入不能被拔染剂破坏的染料,则色浆中的染料在破坏色的同时发生上染,经洗涤后,印花的局部成为另一种颜色(称色拔)。拔染印花一般都是印深色花布,能在深地色上得到浅花细茎的效果。拔染印花的特点是织物两面都有花纹图案,色泽鲜亮丰满,正面更加清晰细致,适用于印制较为细致的满地花纹,有花清地匀的效果,如图4-93所示。

4. 防染印花

防染印花是先用含有防染剂(能破坏地色染料或阻止地色染料上染的化学药剂)的印花浆进行印花,然后进行染色。印花局部地色染料不能上染,洗涤后印花局部呈白色花纹(称防白印花);若在印花浆中加入不与防染剂发生反应的染料,则在防染的同时染料上染,洗涤后印花局部呈有色花纹(称色防印花)。防染印花的特点也是织物两面都有花纹图案,但色泽较暗,不如直接印花和拔染印花精细,主要用于中、深色满地印花。

5. 防浆印花

防浆印花是先在织物上印上防染色浆,然后在上面罩印地色色浆;或是在织物上先印上地色色浆,然后在上面罩印拔染色浆。地色和花纹可在一次印花中完成,也可分两次先后进行。这是在印花机上进行的防染或拔染印花工艺。

6. 渗化印花

这种印花系通过电子分色将原样中各种颜色分别制成分色片,获得黑白稿,或人工分色描稿,并用适当的工艺路线和印花色浆,在印花织物上表现富有立体感,由深到浅向四周逐渐渗化的印制效果。一般织物越薄,渗化越容易,而织物越厚,组织越紧密,渗化越难。图4-94所示为在针织面料上进行的渗化印花效果。

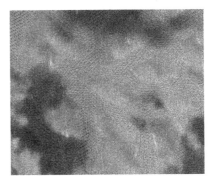

图4-93 拔染印花面料　　　　图4-94 渗化印花面料

(二)机械印花方式

1. 平网印花

平网印花使用平网印花机。先制备平型筛网,在筛网上有花纹的地方网眼镂空,无花纹处网眼被涂没,印花色浆通过网眼印到织物上。平网印花应用灵活,制网雕花方便,适合于小批量生产,对单元花样大小及套色数的限制较少,印花时织物承受张力小,因此特别适合于易变形的针织物、真丝绸织物和弹性织物的印花。

2. 圆网印花

圆网印花使用圆网印花机。与平网印花的不同在于将筛网成圆型,印制过程中圆型筛网在织物上面固定位置旋转,织物随橡胶导带前进,可以连续进行印花工作,适于印制各种连续纹样,劳动强度低、生产效率高、对织物适应性强,是目前应用最广泛的筛网印花方法。

3. 转移印花

转移印花使用转移印花机。属于一种新颖的干法印花,即非水印花工艺。是先将染料配成色墨,用印刷的方法印在纸上,成为转移印花用的花纸。印花时将转印纸正面与织物正面紧贴在一起,在适当的条件下(高温、加压或负压),是染料升华为气态转移到织物上,印花后不需要蒸化和水洗等后处理,节能无污染,图案精细、层次丰富,手感很好,如图4-95所示。适用于包括针织物、梭织物、丝绒和弹性织物在内的各种织物。

4. 数码喷射印花

数码喷射印花使用数码喷射印花机(喷墨印花机)。完全不同于传统印花,它是将通过各种数码输入手段(扫描仪、数码相机等)所得的图案输入计算机,利用其辅助设计系统产生的数据驱动喷墨印花机,使色墨喷射到织物上完成印花,可以缩短印花工艺流程,染化料几乎无浪费,生产过程无废水,减少污染。非常适于个性化、时尚化的快速反应和环保化的发展方向。数码喷射印花面料效果如图4-96所示。

图4-95 转移印花面料　　　　图4-96 数码喷射印花面料

(三)普通印花

1. 涂料印花

涂料印花适用于各种纤维的针织物和梭织物的印花。是借助于黏合剂在织物上形成树脂薄膜,将不溶性颜料固着在织物上。涂料印花色谱齐全,拼色方便,印制的花纹清晰,外观质量好,印花完毕再经烘干或焙烘后即可,不需水洗等后处理,工艺简便,节约能源,减少污染,成为最常用的一种印花方式。涂料印花效果如图4-97所示。

图4-97　涂料印花面料

2. 分散染料印花

分散染料印花适用于疏水性纤维面料,如涤纶、锦纶、腈纶面料等。分散染料有低温型、中温型和高温型,在印花前必须进行的前处理主要是绳状水洗,有时为了使印花产品具有很高的白度,还可用荧光增白剂增白,为了保证加工中织物的状态稳定,水洗后印花前还需要预定型,印花后的固色处理则根据选择的染料,低温型分散染料适合于汽蒸固色、高温型分散染料采用常压高温汽蒸固色、高温高压汽蒸则选用中温或高温分散染料。

3. 酸性染料和中性染料印花

酸性染料和中性染料印花适用于蚕丝和锦纶面料。蚕丝面料印花花型精细,色光鲜艳、印制均匀、轮廓清晰。常用直接印花和拔染印花,主要采用弱酸性染料,部分采用中性染料、直接染料印花。直接印花在印花后要经蒸化、水洗、固色和水洗;拔染(或拔印)要经染色(或印地色色浆)、印拔白(或色拔)浆、烘干、经蒸化、水洗和固色等。锦纶面料一般采用直接印花,常用弱酸性染料、中性染料,深色用一部分直接染料印花。印花前精炼(汽蒸定型)印花后蒸化、水洗、固色整理。

4. 阳离子染料印花

阳离子染料印花主要用于腈纶面料。其印花工艺有直接印花和拔染印花。其色泽浓艳,色谱齐全,牢度较好。印花以后要经蒸化、水洗、皂洗等。

5. 活性染料印花

活性染料是印花中使用最普遍和最常用的染料之一,可以用于棉、麻、蚕丝、锦纶和大豆蛋白纤维面料的印花。活性染料品种繁多、色谱齐全,印花产品色泽鲜艳,手感柔软,湿处理牢度好。缺点是耐氯漂牢度差,水洗不当易造成白地不白。

(四)特种印花

1. 荧光印花

荧光印花常用于功能运动衣、游泳衣、T恤或装饰服装等面料。荧光涂料能吸收紫外光或可见光波中波长较短的光,转变为可见光反射出来。用这种涂料浆印花,印花图案处除具有色泽(嫩黄、金黄、橘黄、艳橙、艳红、妃红、玫瑰红、品红、紫、艳绿、天蓝、品蓝等)外,还能产生荧光效果,起到点缀的作用。荧光涂料的印花工艺与普通涂料印花相仿,能与普通涂料、活性染料、分散染料等共同印花。荧光涂料在织物上主要是耐气候牢度不够理想,为了提高荧光印花的耐气候牢度,要求所用的黏合剂黏结牢度高、透明度好。一般采用自交联型黏合剂。

2. 金银粉印花

金银粉印花主要用于装饰织物、舞台服装面料的印花,使织物更加华丽,似乎镶金嵌银的感觉,如图4-98和图4-99所示。金银粉印花是用类似金银色泽的金属(铜粉、青铜粉、纯铝粉等)粉末做着色剂的涂料印花,印花处具有金属光泽,一般采用台板印花。花型面积大,可增加闪光效果,但会影响织物的手感和透气性。要注意金银粉在空气中易被氧化,使颜色发暗而失去金属光泽,所以印花中要加入抗氧化剂。

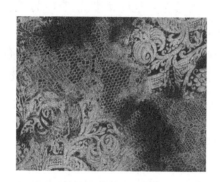 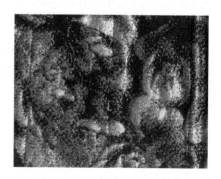

图4-98　金粉印花面料　　　　　　图4-99　银粉印花面料

3. 金箔印花

金箔印花适用于各种纤维面料的印花(不耐高温的除外)。金箔印花是先按花型将黏合剂印在织物上,然后将原来覆盖在聚酯薄膜上的金属箔(电化铝)通过热压转移到织物上形成图案的一种印花方法,是直接印花和转移印花的结合。金箔印花织物具有雍容华贵之感,但由于金属箔质地较硬,印制面积不宜太大,一般在深色织物或服装上,用金属箔转印点、线等小面积花纹或镶嵌在浅色花纹的周围,呈现出金属光泽,起到装饰作用。

4. 珠光印花

珠光印花适用于装饰面料。利用黏合剂将具有"珍珠光泽"的珠光颜料(由天然珍珠粉、云母的钛膜包覆物等制作而成)印制在织物上,由于珠光颜料具有高折射层和平面结构,能对入射光多层次反射,使被印织物闪烁珍珠般光泽,给人以柔和、高雅的感觉。

5. 发泡印花

发泡印花是将发泡浆印在织物上,形成凸起的花纹,使织物产生立体图案的效果,如图4－100所示。应用较多的是物理发泡浆。物理发泡浆中含有"微胶囊",在高温时,囊芯中的低温有机溶剂气化,使微胶囊膨胀,相互挤压,形成不规则重叠分布,在视觉上形成绒绣效果的立体花型,借助涂料黏合剂固着于织物表面使其具有独特风格。

6. 蜡防印花

蜡防印花俗称蜡染。蜡防印花是利用能在织物上自行固定的液态或半液态物质,如石蜡、松香、石灰、泥土、凡士林等物质后进行印花或染色(做防染材料),染色中涂蜡碎裂,染液便会顺着裂纹渗透形成蜡韵冰纹。冰纹的出现从浅到深,含蓄神秘,而且每一幅都不尽相同,这就形成其他印染技术无法实现的图案纹理,成为蜡防印花自然形成的独特肌理效果,如图4－101所示。多用于棉织物和真丝绸织物,蜡防印花面料一般制作头巾、民族服装、高档时装、家用装饰及艺术品等。

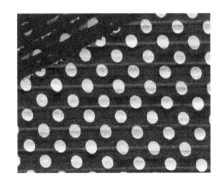 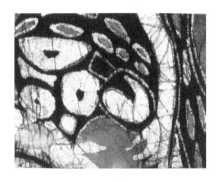

图4－100　发泡印花面料　　　　图4－101　蜡防印花面料

7. 喷雾印花

喷雾印花是用喷雾方式将染液从不同口径的喷嘴口通过型版上的镂空花纹喷射到面料上,借助于染液喷射的密度不同而获得多层次的色调。喷雾印花具有手感柔软,层次丰富,花型自然优美,浓淡相宜并有一定的立体感。其缺点是花型重现性差。

8. 夜光印花

夜光印花是在印花浆中加入光致发光物质,可以使印制在面料上的图案经光照后能在黑暗中发光,显示晶莹美丽和多彩的花纹。当利用不同发光波长和不同余晖的光致发光物质时,能得到各种形象生动的动态效果。适用于各种装饰面料的印花。

9. 变色印花

变色印花是利用近年科研人员开发的光敏、热敏、湿敏物质作为印花添加剂,使印花面料可以随环境条件的变化而产生色泽变化的一种印花方法。根据目前人们生活环境条件,要求变色体的灵敏度要高。

10. 烂花和仿烂花印花

烂花印花是利用面料中两种纤维的化学性质不同,将一种纤维去除,而保留另一种纤维印花工艺。经烂花印花后的面料花纹处呈现镂空网眼式半透明花纹,类似于抽绣风格,立体感强。采用烂花印花最多的是涤/棉包芯纱面料或丝绒面料。坯布在印花时印上酸,通过高温焙烘或汽蒸,花纹处的棉和黏胶纤维发生水解,并脱水炭化,而涤纶长丝、蚕丝和锦纶丝等得以保留,形成透明感及凹凸感的花纹如图4-102所示。仿烂花印花又称透明印花,是采用一种透明印花黏合剂,印花时这种黏合剂填充于织物内部,使折射率降低,漫反射减少,在印花处得到透明效果。仿烂花印花用于锦纶/氨纶、涤纶/氨纶等面料的印花效果较好。

11. 静电植绒印花

静电植绒印花是利用高压静电场,将短纤维绒毛(可以用棉、黏胶、羊毛、锦纶、维伦和丙纶等)植入已经涂有黏合剂的底布上,从而形成绒毛状花纹,花型饱满、丝绒感、立体感强。

12. 转移植绒印花

转移植绒印花类似于转移印花工艺,是将预先印制好的植绒花型纸与织物一起经高温压烫,使纸上的植绒花型转移到面料上。面料外观类似静电植绒印花,花型饱满、丝绒感、立体感强。图4-103所示为植绒贴钻面料效果,可以用这种方法形成具有立体、闪光的装饰效果面料。

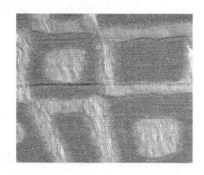
图4-102 烂花面料

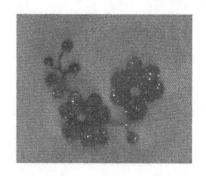
图4-103 转移植绒面料

四、后整理方法的选择

后整理是指通过物理、化学或两者联合的方法以及生物方法改善织物的外观风格和内在质量,提高织物的服用性能或赋予织物某些特殊功能的加工过程。广义上,织物从离开织机后到成品前所进行的各种加工都属于整理的范畴,但在实际生产中,常将预处理、染色和印花以后的加工称为整理(也称后整理)。整理的内容非常广泛,在新型服装面料开发中,整理方法分为改善织物外观风格整理、提高织物的服用性能整理和赋予织物特殊功能整理。这些后整理加工不仅可以改变面料的面目,使之焕然一新,更重要的是能赋予织物多种功能和各种特殊功能,或增加其附加价值。如日本利用化妆技术把香料装进直径 0.001mm 的胶囊内,通过染色将胶囊染到布料上,穿着用此织物制作的服装,身体在活动时产生摩擦,胶囊便可徐徐地散发出香味。还有将变色染料(一种对温度变化敏感或对光敏感的染料)装在直径达到微米甚至纳米级的胶囊中,通过树脂涂在化纤面料上,遇到温度变化时,粉红色或白色的衣服立即会变成蓝色或橘红色。再如保健卫生衫、舒适空调衣、太阳能防寒服、安全防毒服、新颖的变色衣、闪烁的夜光服等产品,都是采用了先进的后整理技术而得到的。为此开发服装面料新品种应充分运用新的后整理技术。

(一)改善织物外观风格、提高织物服用性能的整理

改善织物外观风格、提高织物服用性能的整理可以使织物表面光洁平整,改善其光泽,使织物手感柔软并富有弹性;或者增强或减弱织物表面绒毛,获得特殊的肌理质感,显著提高抗皱性;或者使织物防蛀防霉;或者使织物表面出现别致花纹,丰富面料品种。

1. 热定形整理

热定形整理主要针对合成纤维及其混纺和交织织物。常用的合成纤维都是热塑性纤维,在纺丝、捻丝、织造及染整加工中因受热会产生收缩变形,还会产生皱痕等塑性变形,致使织物尺寸不稳定,布面不平整。为了提高其尺寸稳定性,消除织物上已有的皱痕,并使之在以后的加工或使用过程中不易产生难以去除的折痕,利用合成纤维的热塑性,将织物在适当的张力下加热到所需温度,并在此温度下加热一定时间,然后迅速冷却,达到永久定形的目的。经热定形以后的织物布面平整光洁,尺寸稳定,具有优异的抗皱性和免烫性,织物的强力、手感、起毛起球性、染色性能等获得一定的改善。

2. 轧光整理

轧光整理是利用棉织物在湿热条件下具有一定的可塑性,通过机械压力作用,将织物表面的纱线及竖立的绒毛压平压伏,使织物表面变得平滑光洁,对光线的漫射程度降低,从而使织物的光泽提高的整理过程。轧光机由若干只表面光滑的硬辊和软辊组成,硬辊为金属辊,表面经过高度抛光或刻有密集的平行斜线,常附有加热装置。软辊为纤维辊或聚酰胺塑料辊。由硬辊和软辊组成硬轧点,织物经轧压后,纱线被压扁,表面光滑,光泽增强,手感硬挺,称为平轧光;由两只软辊组成软轧点,织物经轧压后,纱线稍扁平,光泽柔和,手感柔软,称为软轧光;使用多压辊设备,软、硬轧点的不同组合和压力、温度、穿引方式的变化,可得到不同的表面光泽。如织物先浸轧树脂并经过预烘、拉幅,轧光后可得到较为耐久的光泽。

3. 电光整理

电光整理也是利用机械压力、温度等的作用,使织物具有细密平行线条的表面和比轧光整理更好的光泽。电光整理机的构造、机械原理和加工过程都与轧光整理类似,电光机多由一硬一软两只辊筒组成,其中硬辊不但可以加热,而且在表面刻有与辊筒轴心呈一定角度且相互平行的细斜纹。所以电光整理不仅把织物轧平整,而且在织物表面轧出互相平行的线纹,掩盖了织物表面纤维或纱线不规则排列现象,因而对光线产生规则的反射,获得强烈的光泽和丝绸般的感觉。

4. 丝光整理

丝光整理是利用棉纤维比较耐碱且湿强力较好的特性进行的一种整理。即在常温或低温下把棉织物浸入浓度18% ~25% 的氢氧化钠溶液中,纤维直径膨胀,长度缩短,此时对织物施加外力,限制其收缩,则可产生强烈光泽,增加强度,提高吸色能力,易于染色印花。目前纯棉丝光T恤、汗衫、衬衫等已成为纯棉精品潮流。

5. 生物抛光整理

生物抛光整理适用于棉、亚麻、苎麻、黏胶纤维和Lyocell等纤维素纤维的纯纺、混纺、交织织物。生物抛光整理是利用纤维素酶改善纤维素纤维织物的外观,获得持久的抗起毛起球性,并增加织物光洁度和柔软度的整理工艺。因为用纤维素酶在一定条件下处理织物,可以去除织物表面的毛羽,使织物表面光洁、纹路清晰,并能改善其起毛起球性,对麻类织物可以减少穿着时的刺痒感,增加织物的悬垂性,使织物具有滑爽的身骨。整理所用酶剂可完全生物降解,使用量也相对较少,是一种绿色环保整理工艺。

6. 液氨整理

液氨整理使用液态氨对棉织物进行处理,可改善其光泽和服用性能。棉织物浸渍液氨后,氨的分子较小,能很快扩散进入纤维内部,拆散纤维分子间的氢键,并与其发生氢键结合而使织物溶胀。经加热或水洗,将氨从织物上去除,纤维分子间在新的位置上重新发生氢键结合。经液氨处理的棉织物可减少缩水,增加回弹性和断裂强度,如再进行防皱整理,可取得良好的防皱效果和机械性能。

7. 起绒整理

起绒整理主要用于粗纺毛织物、腈纶织物、棉织物。起绒整理是将织物逆向通过转动的刺辊或金属钢针,把坯布浮线中的纤维拉出,在表面形成一层绒毛。经起绒整理的织物绒面丰满,手感柔软,保暖性提高。有些织物可以单面起绒,也可以双面起绒。起绒后,根据具体情况还要进行其他物理或化学整理,如预缩、剪绒、轧光、拷花、刷花、磨绒、热定形等。

8. 磨绒整理

磨绒整理是用金刚砂辊将织物表面磨出一层细密的短绒毛的整理工艺,又称磨毛。磨绒整理可以改善织物的手感,使之更加柔软,增加面料厚度,增强保暖性,服用性能更佳。磨绒整理多用于针织经编织物的整理,进行仿麂皮加工。也有磨绒卡其、磨绒帆布等织物。还可以在磨绒基础上对面料进行轧花,形成磨绒轧花面料,以获得特殊的肌理质感。

9. 剪绒整理

剪绒整理主要用于针织、机织天鹅绒等织物,该工艺是将毛圈织物中的毛圈剪断而形成绒毛,再经剪毛、烫毛整理。经剪绒整理的织物手感柔软、厚实、绒毛浓密耸立,光泽柔和。

10. 割绒整理

割绒整理是将双层绒组织织物进行剖绒及后整理加工,形成两块单面毛绒织物。割绒整理的织物质地优良、毛绒丰满、花色丰富,主要制作毛毯、挂毯和装饰面料。

11. 砂洗整理

砂洗又称桃皮绒整理,即采用超细纤维编织的织物经过砂洗整理生产绒面似水蜜桃表皮的细密、短绒毛的面料。实际上各种纤维的织物均可进行砂洗整理。砂洗整理是采用化学助剂在无张力、低压力的中温条件下使织物表面的纤维膨胀,再借助水流冲击和滚磨的机械作用增加纤维在松弛状态下的摩擦效应,有控制地产生"灰伤"(使膨胀的纤维磨毛而将微原纤磨断外伸),并用柔软剂使摩擦中松散的纤维挺起,形成细密的绒毛。砂洗后织物浑厚、绒面细密,手感柔糯细腻,光泽柔和,悬垂性和抗皱性显著提高。砂洗效果随砂洗剂浓度、温度、时间增加而增加,随浴比增加而减小。但过大的浓度、过高的水温和过长的时间会导致织物强力损失严重,因此要注意恰当掌握砂洗剂浓度、砂洗温度、时间和浴比。

12. 防蛀整理

防蛀整理主要针对动物纤维面料,应用永久性防蛀化学整理剂整理织物。这种方法成本较低,但必须在羊毛或其他动物纤维染色过程中将化学整理剂加入染浴,使织物永久不能被虫蛀。

13. 轧花整理

轧花整理是用刻有花纹的轧辊在一定温度下压轧织物,使织物产生具有浮雕般的凹凸花纹和特别的光泽效果,图 4 – 104 所示为轧花整理面料效果。合成纤维织物染色印花或者起绒后可直接进行轧纹,花纹即可保持持久。其他纤维织物为了使轧纹永久保型,在轧纹前要浸渍树脂溶液预烘后进行轧纹,再经松式焙烘,形成耐久性轧纹。

14. 刷花整理

刷花整理是利用镂空花纹滚筒内的毛刷不停地转动,对正在加热的热缩性纤维绒面进行刷或压的处理,根部受热的热缩性绒毛通过花滚筒,一部分绒毛受到花滚筒表面的挤压,绒毛被压扁,另一部分绒毛通过花滚筒的镂空部分,受到毛刷辊反向拉力的作用,绒毛被进一步刷起,使绒面呈现有毛高差异并凹凸分明的立体毛绒花纹,如图4-105所示。

图4-104　轧花整理面料　　　　图4-105　刷花整理面料

15. 激光镂空整理

激光镂空整理是通过激光器发射的高强度激光,由先进的振镜控制其运动轨迹,在各种布匹面料上雕花打孔,用激光打出的孔直接组成图形,可以创造出时尚的绣花效果,但又同绣花机绣出的效果有着本质的不同,如图4-106所示。激光镂空整理加工可以用于各种面料、皮革、纸料、有机玻璃、竹、木、薄膜等。激光镂空整理加工后的面料由局部镂空组成花纹,新颖别致,其服用性能与原来材料相同。

16. 防缩防皱整理

防缩抗皱处理在天然的棉、毛、丝织物中得到了大量使用。对棉型织物防缩整理主要针对棉织物进行的超喂湿扩幅、超喂烘干、超喂轧光整理,用以防止棉织物在后续加工和使用中的收缩。由于棉织物缩水率较大,要降低其缩水率除了在染整加工中减小张力、采用松式加工或采取丝光、碱缩处理外,采用物理机械的防缩整理能比较有效地控制棉织物收缩。防皱整理是利用树脂来改变纤维及织物的物理、化学性能,提高防缩防皱性能的加工。树脂防皱整理已成为常规整理,有防缩防皱、免烫(或"洗可穿")和耐久压烫(简称PP或DP整理)等。但树脂整理一定要避免甲醛超标。对丝织物的防缩抗皱处理不仅能使蚕丝绸的缩水率下降,且对绸面的光泽和平整度以及手感柔软性等性能有所改善。对毛织物的防缩处理则是针对其毡缩性进行的,所谓"机可洗"羊毛产品的概念,即羊毛产品在按照使用说明进行机械洗涤的情况下,不会发生毡缩。

17. 褶皱整理

褶皱整理一般应用于纯棉、涤/棉和合成纤维织物的整理。褶皱整理是由手工和机械加压的方法使织物产生规则或不规则的凹凸折痕(规则褶皱有折裥皱、山形皱和叶纹皱等,不规则褶皱有自然、随意、疏密相间、深浅不同皱纹等)。热定形较好的合成纤维织物在一定的温度、压力、时间作用下褶皱整理效果持久,而天然纤维必须经树脂整理后才能提高其褶皱耐久性。图4-107所示为褶皱整理面料效果。

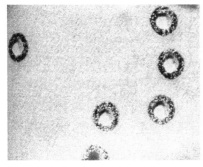

图4-106　激光镂空整理面料

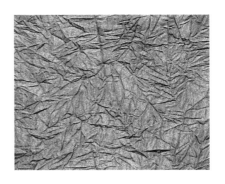

图4-107　褶皱整理面料

18. 柔软整理

柔软整理是在织物上施加柔软剂,降低纤维之间、纱线之间及织物与人手之间的摩擦因数,从而获得柔软平滑的手感。一般分机械整理和化学整理两种,多用于丝绸类织物。用于柔软剂的物质有四大类,包括石蜡油等乳化物、各种表面活性剂、反应性柔软剂、有机硅柔软剂。柔软整理不仅能在感官上赋予真丝绸高品质化,而且能在功能上赋予真丝绸复合功能,即在获得柔软手感的同时,还使织物具有了拒水、抗静电、防污、抗皱等功能。

(二)赋予织物特殊功能,提高附加值整理

赋予织物特殊功能整理可以使织物防止静电产生或者使产生的静电荷快速逸去,使面料获得难于燃烧的保护功能,使面料具有更丰富多彩的外观和各种特殊功能,使面料获得防紫外线功能,使面料获得防水和清洁功能,获得多种多样的优势互补的复合型面料。

1. 抗静电整理

抗静电整理有物理方法和化学方法。物理方法是利用纤维的电序列,将带有相反电荷的纤维混纺进行中和或用油剂增加纤维的润滑性,减小加工或使用中的摩擦,防止产生静电等现象。化学方法是利用抗静电剂对织物进行整理或对纤维改性而消除静电。具体可以用具有亲水性的非离子表面活性剂整理织物,提高其吸湿性,减少静电发生率;或者用离子型表面活性剂整理织物,这类离子型整理剂受到纤维表层含水的作用,发生电离,具有导电性能,从而降低了其静电的集聚,起到抗静电的作用。

2. 阻燃整理

阻燃整理是利用阻燃剂对面料进行整理,使面料具有不同程度的阻止燃烧或阻止火焰迅速蔓延的功能。经阻燃整理的面料适合一些特殊用途的服装,如消防服、军用

服装、地毯等,一些婴儿和老年人的服装也要求有一定的阻燃性能,因此有必要对某些织物进行阻燃整理,但更要注意不能刺激皮肤。

3. 涂层整理

涂层整理是在织物表面均匀地涂布一层或多层能成膜的高聚物,使织物的正反面具有不同的外观和功能。涂布的高聚物称为涂层剂,织物称为基布。可以根据需求,在基布上用适当的涂层剂进行涂布,成膜后再进行必要的后处理加工。通过涂层整理可以改变织物的外观,使织物具有高度的回弹性、柔软丰满的手感,使织物具有特殊功能,如防羽绒、防水透湿、防紫外线、遮光隔热、拒水、耐水压、防污和阻燃等功能,如图4-108、图4-109所示。此外还可以利用涂层整理改变织物外观,如金属涂层、珠光涂层、夜光涂层、荧光涂层、仿皮革涂层、漆面涂层。

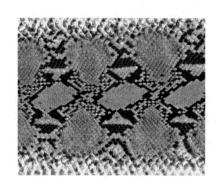

图4-108 涂层轧纹整理面料　　图4-109 防水透湿面料

4. 防紫外线整理

防紫外线整理即是在面料上施加一种能反射(紫外线屏蔽剂)或能强烈选择性吸收紫外线(紫外线吸收剂),并能进行能量转换,以热能或其他无害低能辐射,将能量释放或消耗的物质,使整理过的面料能保护人体免受过量的紫外线照射而引起伤害。一般合成纤维可以通过在纺丝溶液中加入能防紫外线的纳米材料进行纺丝而得到防紫外线功能。利用防紫外线进行整理主要是针对天然纤维面料,提高其防紫外线功能。防紫外线整理有浸渍和涂层两种方法。

5. 防水整理

防水整理是指织物经过防水整理后,在织物表面形成一层不透水、不溶于水的连续薄膜,赋予织物防水性能。这种织物不透水、不透气,常用作装饰物和工业用品,如帷幕和帐篷等。

6. 拒水拒油整理

拒水拒油整理是在织物上施加一种具有特殊分子结构的整理剂(拒水剂和拒油剂),改变纤维表层的组成,并牢固地附着于纤维或与纤维产生化学结合,使织物不再被水和常用的食用油润湿。拒水整理是利用具有低表面能的整理剂、表面层原子或原子团的化学力使水不能润湿,所以经拒水整理后,在织物表面不形成连续性薄膜,仍能保持良好的透气和透湿性,但不易被水润湿,更不会恶化其手感和风格。

7. 卫生整理

某些直接与体肤接触的内衣、内裤、睡衣、被褥、袜子等制品由于经常吸附汗水而引起微生物的生长,产生难闻的气味。对这类坯布应进行防霉、防腐、抗菌防臭等卫生整理。整理用化学药剂主要用含有阻止微生物生长的有机化合物。其中最主要的是有机硅季铵盐法,它既能与纤维素纤维发生化学结合,又能自身缩聚成膜,使之具有优良的抗菌持久性,而且也可用于涤纶、锦纶等合成纤维和它们的混纺交织织物,也能形成较好的抗菌耐久性。

8. 面料的复合整理

所谓复合,就是将两种或两种以上不同物体复合成一种物体的技术。如毛织品中混入一定量的黏胶纤维、短毛、再生毛和其他低价纤维,常常并不影响产品的性能和质量,却可以显著降低成本;混入少量的稀有动物纤维,如马海毛等,可以使织物显得高档,织物中加入微量添加物,如金属、涂料、液晶、药物、抗菌材料等,都可以因获得新的功能而身价百倍,所以复合产品的生产在近年受到市场的青睐。其作用为:

(1)补偿作用,许多材料都各有优缺点,通过复合,一些缺点和不足可以得到弥补或消除,各自的优点和长处都可以得到发挥,即所谓取长补短,相得益彰。如织物的交织就是使两种纱线得到优势互补,或者掩盖两者的缺点。

(2)提高产品功能,增加花色品种。

(3)降低产品成本,提高产品价值。

面料的复合可以通过热熔黏合整理将一层或多层织物叠合在一起,通过加压黏结成一体,也可以使织物与高聚物薄膜或非织造布、毛皮、皮革等材料黏结在一起,形成新型面料,又称为复合面料、层压面料或层叠面料,还可以通过绗缝方法进行复合。热熔黏合整理主要用于合成纤维织物,如织物与不同厚度的聚氨酯(PU)、聚四氟乙烯(PTFE)、亲水性聚酯(PET)、聚乙烯(PE)、聚丙烯(PP)等热塑性薄膜复合的"布薄膜"复合面料,针织布、机织布、绒布、羊羔绒布、海绵、麂皮绒、摇粒绒、网眼布、毛圈布、非织造布等相互复合的"布布"复合面料,以及"布膜布"类复合面料等。一般复合面料的正反面外观具有不同类型织物的效果,有些复合面料可以做成两面穿的服装。由于面料复合可以采用各种基布、各种材料、不同的黏合剂、添加剂和涂层,对各种因素进行组合和匹配,从而使面料获得各种特殊功能或多种功能或新风格织物。热熔黏合整理的复合面料具有优良的黏合牢度和撕破强度,柔软、挺括,适合做各种时装、休闲装、保暖服装以及服饰品、装饰布、工业用布。绗缝面料近年应用很多,各种花色,主要用于装饰和保暖服装。图4-110(a)~(c)都是毛皮一体面料,这种面料可以是麂皮绒与仿兔毛的复合、羊羔毛与经编仿牛子面料的复合、长毛绒与人造皮革的复合等。图4-110(d)是采用绗缝方法制作的复合面料。这些面料在市场上赢得消费者的喜爱,成为秋冬时节既保暖又时尚的保暖服装面料而十分畅销,这种面料的开发还有相当大的潜力。

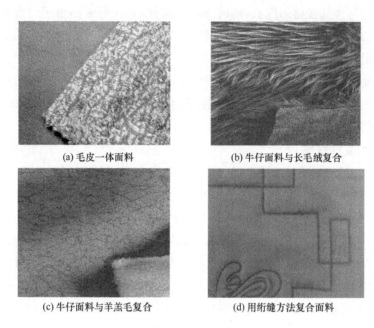

(a) 毛皮一体面料　　　　　　　(b) 牛仔面料与长毛绒复合

(c) 牛仔面料与羊羔毛复合　　　　(d) 用绗缝方法复合面料

图4-110　复合面料

第四节　装饰设计在新型服装面料开发中的作用

服装面料的装饰设计也称服装面料的再造,是指在已有面料上实施各种艺术处理手法,改变面料的外观形态。一般采用剪贴、折叠、镂空、绗缝、褶皱、抽褶烫、流苏、割、撕、刮、抽纱、压印、线迹、缉线、绣花、绒线绣、绳带绣、扭曲、拼接、手工编织与面料结合等手法,实现将原来面料平坦的外观变为规则的几何形状、抽象的肌理纹或变形花卉等,使面料成为一种具有律动感、立体感、浮雕感或肌理感的新颖别致的面料。用这种面料制作的服装能给人以高贵优雅的美感或表达出朦胧含蓄而又丰富的感情色彩,能充分表现设计师的各种设计意图及鲜明的个性特色,也能满足消费者对审美品质的追求。

一、利用刺绣方法装饰面料

刺绣是指用针线在面料上进行缝纫,由缝纫线线迹形成特定的花纹图案的加工过程。刺绣有手绣、机绣、电脑绣;有单色绣、彩色绣、十字绣、链条绣和绗缝绣等不同的绣花工艺。面料生产企业用绣花的方法对服装面料进行装饰设计时,大多使用机绣或者电脑绣的方法,在整幅面料上添加缝纫线,使之形成具有立体感的花纹图案。刺绣的手法有彩绣、缎带绣、珠片绣、绳绣和贴布绣等方法。刺绣所用的材料主要有各种丝线、绒线、缎带、珠子、亮片和适用于不同刺绣形式的面料。

(一)绣花

绣花面料给人的感觉精致、细腻,有很强的艺术感染力。利用绣花手法开发的新型面料有真丝、全棉、麻绣花面料,甚至还有在毛织物上绣花,连比较厚的大衣呢和牛仔布都可以选用绣花工艺,把精致的加工方法与很粗犷的织物风格相结合,产生激烈的碰撞,表示现代服装的特点,图4-111所示为牛仔绣花面料,图4-112所示为麻布链条绣面料。

图4-111　牛仔绣花面料　　　　图4-112　麻布链条绣面料

(二)绒线绣、绳带绣、珠片绣

绒线绣、绳带绣、珠片绣是将不同饰感的纱线、绳带和各种空心珠或闪光片用缝缀的方法固定在面料上,形成花纹图案的工艺过程。相同织物如果使用的绒线和绳带不同,绣成的面料的风格会截然不同,如段染绒线绣织物,色彩斑斓,层次丰富,有较强的装饰感。丝带绣织物具有柔和的光泽和丝带构成立体曲线,其效果十分抢眼,如图4-113(a)、(b)所示。斜料布带绣织物,其布带大多与面料同质同色,用缝纫线将其缝缀在面料上,攀附缠绕,构成立体外观,使原来普通的、平坦的面料有了韵律感,如图4-113(c)所示。用同样的绒线和绳带,绣于不同的织物之上也会使原有面料有不同的风格,这就是对面料进行装饰设计的魅力所在。除了使用布带,还可以使用布块代替布带,成为贴布绣,还可以使用珠片,成为珠片绣,如此等等,图4-114所示为绒线绣面料,图4-115所示为贴布绣面料,图4-116所示为珠片绣面料。珠片绣高雅华丽,特别适合于礼服和舞台服以及服饰配件的装饰,具有特殊的魅力,深受消费者喜爱。

(三)绗缝绣

绗缝绣是在带有填充物的面料上进行各种绣花的加工工艺。绗缝绣的外观饱满、图案凸起,具有浮雕感,加上绣线的色彩、肌理的变化使织物产生艺术感,图4-117所示为在带有填充物的丝质面料上进行绗缝,使原有面料产生具有特殊光泽和极强装饰感的立体花纹。在不同质感的面料上绗缝收到不同的视觉效果。

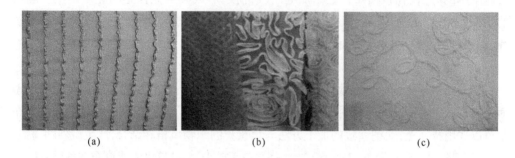

(a)   (b)   (c)

图 4 - 113   布带绣面料

图 4 - 114   绒线绣面料

图 4 - 115   贴布绣面料

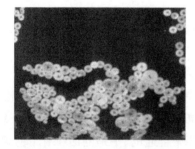

图 4 - 116   珠片绣面料

图 4 - 117   绗缝绣面料

二、利用褶饰方法装饰面料

面料的褶皱是使用外力对面料进行缩缝、抽褶或利用高科技手段对褶皱永久性定形而产生的。褶饰能改变面料表面的肌理形态，使其产生由光滑到粗糙的转变，有强烈的触摸感觉。褶皱的种类很多，有压褶、抽褶、自然垂褶、波浪褶等形式，形态各异。可以有线缝的各种褶饰和立体褶饰，立体褶饰是从布的反面挑一两根丝形成的立体状褶。褶饰用线根据不同的织物组织和设计效果，可以选用彩色刺绣线、粗细毛线等。织物可以是容易抽出褶饰的面料，如纯棉、化纤、麻、纱、薄呢、薄皮革、格子料、花料等织物。

（一）线缝褶饰

线缝褶饰是将布先抽成有规律或无规律的褶，然后用彩线按设计图案一边绣缝，一边抽褶，在褶山缝出各式花样或图案。

例如，可以用素绉缎、塔夫绸、双绉等丝绸面料手工抽褶，经常运用的有直线抽褶、衬芯抽褶、花色抽褶、管状抽褶等方法，再配以折叠、熨烫使面料形成各种规则或不规则的、凹凸不平的抽象纹理。所以可以有针对性地对服装面料进行装饰设计来开发服装面料的新品种。图4-118所示为曾经获最佳面料创意奖作品，该面料采用纬纱含弹性纤维的材料，沿经纱方向高温压褶定形，将一端固定，另一端完全散开成扇形，每一片以曲线相接，并且在拼接中留出省道量，缝合后产生起伏不平的效果。

（二）立体褶饰

先在布的反面，按设计效果大小，画好米字格或正方形方格，格子大小根据所形成的褶饰来定，在格内设计需要缝合的连接线，连接线可为直线连接、折线连接、弧线连接。每种线的不同排列方式，都会使褶饰外观形成不同的视觉效果。连接线设计对形成的褶饰效果非常重要。立体褶饰一般通过手缝，反复操作，达到出人意料的外观效果，如图4-119所示。

图4-118　线缝褶饰面料　　　　　图4-119　立体褶饰面料

三、利用编结件装饰面料

编结件装饰主要指采用各类线型纤维材料，通过各种编织技法制作成编织物品，再用这些物品对面料进行装饰。编结饰物造型独特，寓意深刻，内涵丰富，不但古典精致，也能代表吉祥与好运等特殊意义。利用编结件进行装饰能形成半立体的表面形式，其织物的肌理、质感、色彩、图案等都具有变化莫测的效果，在面料的装饰设计中画龙点睛，既有视觉美感效果，又有触觉肌理效果，能搭配出或纯朴或神奇的服饰艺术特色，如图4－120所示。

图4－120　钩编件装饰

四、利用拼贴法装饰面料

拼贴是拼接和贴补艺术的总称。

（一）拼接

拼接是将不同原料、不同质地、不同色彩图案的织物，以一定的形状连接在一起形成新的造型样式的手工艺技法，可以拼接成对称或不对称图案或不同风格面料的组合，例如网眼面料与普通面料的拼接、牛仔面料与薄纱面料的拼接，皮革制品与真丝纱的拼接。

（二）贴补

贴补工艺是一种在古老技艺的基础上发展起来的新型艺术，即在一块底布上贴、缝或镶上有布纹样的布片，以布料的天然纹理和花纹将工笔画用布贴的形式表现出来。它是以剪代笔、以布为色进行创作的一种装饰手法，充分利用布的颜色、纹理、质感，通过剪、撕、粘的方法，形成有独特色彩的抽象的造型，具有笔墨不能取代的奇效，若用于面料再造设计，能创造出面料的浮雕感，给人新的视觉感受，如图4－121、图4－122所示。

五、利用烫贴法装饰面料

烫贴是指将各种形状的烫钻、烫贴片根据服装部位及图案设计的要求，用熨斗烫在面料上，用以装饰和点缀服装面料的一种表现方式。熨烫时，先要检查单个贴片是否破损、反面有无脱胶等，还应确保服装面料无尘埃、无油污等现象。然后对贴片进行测试，主要测试熨烫的温度、时长、压力等具体熨烫参数，烫片大小和面料性能对熨烫参数有影响，应确保烫片能被牢固地粘贴在面料上。烫图有蒸汽烫、烫机烫、激光烫、电熨斗烫等多种方法。其特点为工艺要求考虑因素较复杂，产品质量要求较高，烫贴

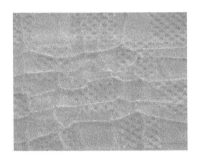

图 4 - 121　各种形式的拼接面料(一)

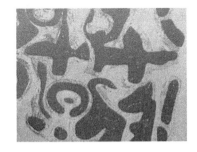

图 4 - 122　各种形式的拼接面料(二)

图案精美,很有视觉冲击力,是提升产品档次的一种极好途径,图 4 - 123 所示为亮片烫贴面料、图 4 - 124 所示为钻石烫贴面料。

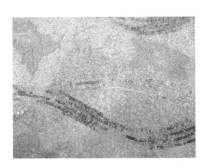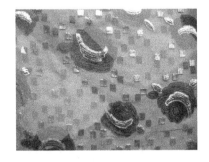

图 4 - 123　亮片烫贴面料　　　　　图 4 - 124　钻石烫贴面料

六、利用抽纱法装饰面料

抽纱是在原始纱线或织物的基础上,将织物的经纱或纬纱抽去而产生的具有新的构成形式、表现肌理以及审美情趣的特殊效果的表现形式。抽纱工艺技法繁多,主要有抽丝、雕镂、挖旁布等方法。抽纱时先在面料上确定抽纱位置,再根据设计效果进行经纬纱的取舍与整合,运用不同技法时,应予以相应的装饰来达到预期的视觉效果。

抽纱工艺手工操作相对较繁杂。利用该工艺制成的织物具有虚实相间、层次丰富的艺术特色和空透、灵秀的着装效果,抽纱装饰面料如图4-125所示。

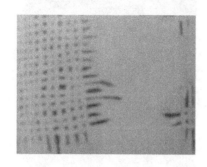

图4-125 抽纱装饰面料

七、利用镂空法装饰面料

镂空装饰面料可以手工进行,现代更多的是采用激光镂空整理,由电脑排版并自动控制激光,通过激光器发射的高强度激光裁剪切割,在各种布匹面料上雕花打孔,创造出时尚的镂空花形,花纹新颖别致,具有很强的装饰效果。图4-126(a)是利用皮革不脱散毛边的特点,在皮革上用激光雕花,形成独特的镂空花纹效果,图4-126(b)是在薄型呢料上剪出花的形状,将剪下来的小花再用线固定在面料上,形成镂空与叠加的凸透的立体效果。

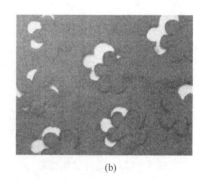

(a)   (b)

图4-126 镂空装饰面料

新型服装面料的开发有多种途径,新型服装面料的开发又是技术和艺术的结合,还包含逻辑思维方面的问题,所以综合运用有关技术是很重要的。也就是说,有时个别措施作用并不明显,综合多种技术能发挥整体优势,就可以达到千变万化,更加丰富多彩。只要充分发挥创造性思维,新型服装面料开发工作是大有可为的。

第五章 复合加工方法与新型服装面料的开发

　　复合加工方法是利用复合化技术进行生产加工的方法。在纺织工业中,采用复合加工开发出许多新颖的纺织产品,以满足不同用途的需要。所谓复合化技术,是对产品的各种组成要素——进行分解,如织物的组成要素可以是纤维、纱线、组织、结构、加工技术等,然后将这些组成要素进行某种组合,从而开发出多种多样、别致新颖、功能各异的新产品。它既可改善原来品种的性能,又可开拓新的应用领域,创造出新的品种,满足消费者的新需要。纺织工业利用复合化技术开发了各种复合纤维、混纤丝、包芯纱、包缠纱等复合纱线、交织物、多层覆盖织物,从而加速了产品更新换代、产业结构的调整和品种的升级。随着消费者对纺织产品多样化和高档化要求的不断提高,利用复合技术开发的新产品必将不断涌现。

第一节 纤维型复合面料的开发

　　单纤维(分子间)复合是纺织品复合的一种类型。单纤维复合的典型例子是复合纤维,复合纤维有称多组合纤维、共轭纤维、组合纤维及异质纤维。它由两种或两种以上的高聚物或具有不同相对分子质量、性能不同的同一高聚物组成的纺丝液从同一纺丝孔喷出制成的化学纤维。复合纤维的两种组分既可以是相溶的(共混纺丝法),也可以是不相溶的,应根据纤维性能的要求和用途而定。两种组分有清晰的界面。每根单丝中具有两种或两种以上成分。由于复合结构不同,具有并列型、偏列型、皮芯型、偏芯型、放射型、海岛型等数种形态。不同的聚合物或同一种高聚物具有不同的相对分子质量和性能。因而这种纤维可集多种组分的优点于一身,如涤/锦复合纤维,它既具有锦纶耐磨、高强、易染、吸湿的优点,又有涤纶弹性好、保形性好、挺括、免烫的优点。利用各组分的性能差异及特殊的加工工艺,还可开发中空、超细、三维卷曲及皮芯等功能纤维。从而应用于仿丝绸、仿鹿皮、仿毛、絮绒、地毯、导电织物等领域。复合纤维的应用极大地扩展了改性纤维的品种和应用领域。

　　复合纤维获得迅速发展的主要原因是它集各组分的优良特性而克服了各自的不足之处,因此生产复合纤维时,合理地选择各组分十分重要,可选择性能相近或完全不同的高聚物,因此,复合纤维不仅是一种具有优良性能的新型纤维,而且是一种技术含量较高的高科技产品。

一、复合纤维的分类

复合纤维有上百种,分类的方法也较多。按生产方法可分为复合纺丝和共混纺丝;按纺丝后的形态有共纺型、并列型、皮芯型、裂片型及海岛型 5 种。复合纤维的种类、截面形状、性能特点及用途见表 5 - 1。

表 5 - 1　复合纤维的种类、性能特点及用途

纤维类型	性能特点	用途
共纺型	可产生同浴异色、异缩效果	高档仿毛织物原料
并列型	可产生三维立体自然卷曲效果	非织造布原料
皮芯型	内外组分差别较大,性能各异	作非织造布黏合用纤维及阻燃、导电等功能纤维
裂片型	两组分可剥离分裂或溶解其一	用于生产超细纤维
海岛型	可将其中某一组分溶解	用于生产超细或多孔纤维

二、复合纤维的生产方法

(一) 共纺型复合纤维

将性质不同的两组分高聚物送入同一套喷丝组件,但各组分仍通过单独的喷丝孔挤出成型。这类丝束虽是双组分,但每根单丝仍是单一成分。其目的是利用两组分染色、收缩、吸湿等性能的差异,使这种纤维纺织加工成的织物具有双重个性。例如,采用普通涤纶与阳离子可染涤纶生产共纺丝,其织物经过同一染色浴缸后,两种组分的单丝将产生不同的染色效果,从而使织物的色彩更加丰富,这是制作仿毛产品的良好原料。另外,两组分加热后收缩率不同,使织物更加蓬松,手感更好。

(二) 并列性复合纤维

并列性复合纤维是将性质不同的两组高聚物分别送至纺丝组件,在到达喷丝孔时汇合,通过同一孔挤出成型。两组分的比例可以对称,也可以不对称。由于两组分的收缩有差异,因此最终可形成三维立体卷曲的效果。这类似于平毛中紧密结合在一起的正皮质层和偏皮质层会因干燥时收缩比不同而产生轴向环绕扭曲,扭曲度较大的纤维将使纱线和织物更加蓬松、保暖。

(三) 皮芯型复合纤维

皮芯型复合纤维是以一种或多种高聚物组分为芯,另一高聚物为皮的溶液或熔液在喷丝孔前汇合,挤出后成为一体。按用途及结构不同分为同心皮芯纤维及偏心皮芯纤维两类。皮芯纤维可利用各组分不同的性质而产生不同的形态和效果。如偏心皮芯纤维中两组分的收缩率不同,也会产生三维立体卷曲效果,但外皮却是另一种成分,

便于染色和应用于其他场合。如以锦纶为皮,涤纶为芯,则纤维兼有锦纶染色性、耐磨性好的特点及涤纶模量高、弹性好的优点,若以低熔点(110～130℃)聚乙烯为皮,用熔点较高(160～170℃)的丙纶作芯,则可生产用于非织造布的热黏纤维(即 ES 纤维),可生产空气过滤材料、服装衬里、绗缝材料、填充材料、吸油毡、餐巾、绷带、防毒口罩、合成纸、茶叶袋、包装袋等产品。产品具有手感柔软、强度高、尺寸稳定性好、耐水洗和干洗等优点,而且加工方便,能耗低,效率高。如在芯层或皮层中加入香料、功能性陶瓷粉、炭粉还可以生产出耐洗涤的香味纤维、远红外纤维、防紫外线纤维、导电纤维等产品。皮芯型复合纤维的品种及用途见表 5-2。

表 5-2　皮芯型复合纤维的品种及用途

皮	芯	性能	用途
锦纶	涤纶(偏心)	永久性三维立体卷曲	可用于制作蓬松织物、填充物
聚乙烯	涤纶、丙纶	外皮为低熔点(110～130℃)	可作 ES 纤维,用于非织造布黏合
锦纶、涤纶	聚乙烯+炭黑,聚乙烯+导电金属,氧化物	纤维具有导电性	编织物、防护服、工业用织物
锦纶	锦纶+炭黑	吸湿、耐磨、易染、高模量、抗皱	服装、装饰用织物
涤纶	锦纶+炭黑	抗静电	地毯织物
含氟聚合物	聚苯烯类聚合物	有光导性能	可用于制作光导纤维、短距离光导连接、仪器等
涤纶、丙纶	涤纶、锦纶、丙纶+功能性微粉材料	防菌、防紫外线、防微波,具有远红外、负离子、香味等功能	可用于开发功能性纺织品

(四) 裂片型复合纤维

裂片型复合纤维是两种性质不同的高聚物通过同一喷丝板,由同一喷丝孔挤出成型。其单丝中含有两种不同组分,但在后加工中用物理或化学的方法将单丝剥裂开,成为更细的多根异型纤维,这是生产超细纤维的主要方法之一。裂片型复合纤维因其截面形状不同而性能各异,若分离后截面呈扁平状并列多层状态时,因其有较锋利的尖刀,是制作擦拭织物的良好材料。多根异型纤维分离后成米字形或橘瓣形,剥离后单丝线密度明显减小,属超细纤维范畴。采用这种方法生产的超细纤维在仿真丝、人造麂皮、仿桃皮绒、人造革、超高密度织物等领域得到了广泛的应用,常用于制作滑雪衫、防风运动服、衬衫、夹克衫等高级服装,具有手感柔软、光泽柔和等特点。

(五) 海岛型复合纤维

海岛型复合纤维是两组高聚物通过同一纺丝组件,由同一喷丝孔挤出,成型后

"海"的成分均匀地将"岛"的组分包围。如用溶剂将"海"的成分溶解,则可形成集束状超细纤维。若把"岛"的成分溶解,则可形成藕状多孔中空纤维,经膨胀润作用可使"海"的组分微纤化,何时将"海"与"岛"分离,要根据产品的工艺要求决定。如果纤维过细,强度降低,不易加工,那么应先以较粗的复合纤维进行纺织或非织造加工,待形成织物后再溶掉某种组分,从而形成较细的纤维。这种复合超细纤维制造技术,是化纤生产中的高新技术。实际上,海岛型超细纤维的挤出形式是皮芯纤维的发展。海岛型复合纤维的优点是在纤维制造和织造过程中不会产生剥离问题,因此单丝线密度可以做得很小,一般在 0.011dtex 以下。也就是说,200g 纤维的长度相当于地球到月亮的距离。采用这种纤维织制的织物具有手感柔软、洁净度高、透气透湿性好、吸水性强的优点,但织物颜色亮度较弱,可用于纺制仿毛、仿真丝织物及生产人造麂皮、针织用品、保暖絮绒填充料和黏合型非织造布,适于加工服装与装饰用纺织品。

第二节　纱线型复合面料的开发

纱线内的复合是通过纺纱加工完成的。可以使不同线密度、不同长度的纤维混纺,可以使不同种类的纤维混纺。混纺的形式有均匀混合型、包芯型和包覆型,纵向形态则有条子均匀的普通混纺纱和条干不均匀的花式纱。

从理论上讲,纱线本身就是一个纤维的复合体。复合的内涵非常丰富,不同的纤维材料可以短纤(散纤维)、条子、丝束、长丝等不同形式在纺纱的各个阶段进行复合,体现在整个纺纱流程中。复合有均相复合(两种及两种以上纤维的混纺)、群体复合(混捻)、分层复合(包覆、包芯)等多种形式。均相复合是纺纱生产中常用的方法,混纺纱是纺织工业中最为常见的典型例子,如涤/棉、毛/涤/黏、麻/棉等混纺纱。群体复合的典型例子是长丝/长丝、长丝/短纤、短纤/短纤之间的交捻(精纺合股)、混捻、并线、并条、并捻等形式,如塞络菲尔纱。分层复合主要有包覆、包缠、包芯等方式。这些复合纺纱方式都是利用两种或两种以上组分复合成一根纱线的过程,但这些方法又有本质上的区别,主要体现在纺纱机构、复合组分、喂入方式、工艺参数的差异。复合纱将两种或两种以上相同或不同性能的纤维原料互相取长补短地结合在一起,形成一种能充分发挥各自功能的新型纱线。这不但增加了纱线的品种,改善了纱线的内在性能,而且也为服装面料开发创造了条件。

一、均相复合纱(混纺纱)

均相复合纱中最具代表性、使用范围最广的是传统混纺纱。传统混纺纱发展到今天,仍然保持着鲜活的生命力,而且在混纺技术和产品上不断进步,这与混纺纱的综合性能和织物的服用性能有很大关系。主要表现在以下方面。

（1）混纺纤维的品种由两种扩展到多种。

（2）混纺比逐渐由大比例发展到一些小比例,如由传统的(65:35、50:50)发展到某一组分仅占 2% ~5% 的小比例,多组分混合。

（3）加工方式更多样化,由传统的环锭纺发展到转杯纺、喷气纺、摩擦纺、平行纺、涡流纺、自捻纺等新型纺纱技术。即使是环锭纺,也在原有的基础上发展了紧密纺、赛络纺、塞洛菲尔纺、缆绳纺,它们虽仍属于环锭纺的范围,但成纱结构已有所改变。

（4）已经能够仿制性能差异大的多组分纱,如黏胶纤维与芳纶的混纺纱就是一例。

传统混纺纱是由两组分或多组分纤维纺成的纱,其最大特点与关键技术是各组分纤维的均匀混合。从理论上讲,这种复合可以在成纱的各道主要工序上完成,而且两种组分可以较为均匀地混合在一起。在棉纺纺纱系统中,一般可以采用三种混纺方式。一是各组分纤维在开清棉阶段进行混和,称为棉色混合法,简称纤混,它适合于各组分纤维的性状与性能相近似的混合;二是各组分纤维分别卷制成棉卷,在梳棉机上以双卷喂入进行混合,简称卷混;三是各组分纤维分别制成条,在并条机上混合,简称条混。在毛纺系统中,混纺多是以毛条与其他短纤维(如涤纶、锦纶、腈纶、黏纤等短纤维)条子在针梳机上经多次并合、牵伸作用过程才能使纱线中各组分充分混合,分布均匀。复丝与短纤维也可进行混和纺纱,即用高压电将复丝分开后喂入细纱机的前牵伸区内与短纤维混合,然后由钢领钢丝圈加捻复合。综合来看,三种混合方法具有各自的优缺点,应根据具体情况和对产品质量的要求选用或结合使用。采用纤混时,各组分混和较均匀,但混仿比例不易控制,它主要用于各组纤维特性相似的原料或混合后不影响梳棉正常运转的情况。采用条混或卷混时,混纺纱的混纺比控制较准确,但各组分混合的均匀程度较差,主要用于混和纤维特性、形态等性能相差较大的情况,如棉/化纤、羊毛/涤纶、绢丝/羊毛等混纺通常采用条混的方式。采用条混后,既保证了混合均匀,又保证了准确的混纺比例,而且又可提高织物的综合性能,而且染色均匀。

二、群体复合纱(混捻纱)

(一)赛络纺

赛络纺是在环锭细纱机上直接纺出类似股线结构纱的一种纺纱方法。两根粗纱经两个分开的集合器,保持一定间距平行引入细纱机同一锭子的牵伸系统,经牵伸后,由前罗拉输出的两根单股纱须条,受到锭子回转加捻作用的影响,经前罗拉输出一定长度后自然并合,然后被进一步加捻成双股结构特征的塞络纱,卷绕在筒管上。通过赛络纺可以纺制 AB 纱和 AA 纱。AB 纱是复合纺纱的一类,AB 纱与传统混纺纱的差异在于复合方式不同,它是一种混捻纱,从成纱截面纤维的分布情况看,两种纤维没有均匀地混合在一起,由于两种纤维沿成纱纵向呈螺旋状分布,且两种纤维染色性能不同,其纱线和织物在染色后产生规律性的彩色点。值得注意的是,细纱机后区集合器可用单孔,也可用双孔,这取决于产品风格对纱的要求。如要求染色后布面有一种朦胧感,可用单孔,若要求染色后布面似星星点缀似清晰,则要用双孔集合器。

AA 纱是 AB 纱产品开发的延续,其主要工艺原理基本相似。但 AA 纱和 AB 纱存在一定的差异,它不是 AB 纱混捻后的单染和双染的染色效果,其成纱强力高于同线密度环锭纺混纺纱的性能。AA 纱的设计思想就是利用双锭纺单纱的纺纱成本生产出接近股线强力的低捻起绒用纱,对于要求纬向强力高一些的坯布和绒布,可用 AA 纱来代替股线,从而降低加工成本。

与普通纱线相比,赛洛纱具有特殊的纱线结构和许多优良的性能,如纱条光洁、毛羽少、耐磨性好。因此,完全可以用赛络纱开发出各种各样有特色的服装面料。如织造仿丝绸、素纹锻、富春纺等,织物质地轻薄,手感柔软,光泽柔和,具有丝绸风格,透气性和悬垂型较理想,穿着舒适,适于制作衬衫、裙子等夏季服装面料。以赛络纱代替股线,可织制高密防羽布,具有手感丰满、透气性和吸色性好,适于制作夹克衫、羽绒服、防雨布的面料。其纺制的纯毛赛络纱较细,适于织制毛精纺织物及轻薄的维也纳织物,用于制作轻薄型服装面料。用赛络纱生产的针织物,具有图案清晰、光泽好的优点,用其织成的袜子和毛巾等制品很受消费者欢迎,用赛洛纱织造的针织外衣,更能充分体现针织服装柔软性、舒适性的优点,使针织外衣具有更加独特的风格。

(二)赛络菲尔纺

赛络菲尔纺又称双组分纺纱或复合纺纱。它是在赛络纺的基础上发展起来的,将化纤长丝与短纤维须条并合加捻成双组分纱线,一般在改装后的环锭细纱机上纺制,即通过在传统环锭细纱机上加装一个长丝喂入装置,将粗纱须条(为第一组分)与一根细特化纤长丝或棉、麻、绢丝、毛等预纺短纤纱(为第二组分)保持一定距离平行喂入(从前罗拉钳口内侧喂入),在前罗拉输出一定长度后与须条并合,两种组分直接加捻成纱。赛络菲尔纺纱的主要优势是用中粗特羊毛纺制细特毛纱,也可用于仿制棉型赛络菲尔纱,还可用来生产棉型紧密赛络菲尔纱,丰富了面料和装饰用织物的品种,尤其是生产薄型织物具有一定优势。

根据赛洛菲尔的纺纱特点和纱线结构特征,可进一步发展为主体成分的多元化、次要成分的多样化和主次成分形成异色化,即所谓"三化",赛络纺纱技术应用可在下列三方面延伸。

1. 主要成分的多样化

主要成分可由单一的羊毛纤维演变成羊毛 + 涤纶短纤维、羊毛 + 涤纶短纤维 + 水溶性维纶、羊毛其他多组分(如 Lyocell 纤维、Modal 纤维、大豆蛋白纤维、竹原纤维等)异性纤维等。

2. 次要成分的多样化

次要成分常用涤纶长丝,可根据产品风格的特点、需要和加工技术水平的高低改用水溶性维纶长丝、花式(色)纱、绢丝等纤维。如果采用水溶性纤维长丝,则成品经"退维(纶)"处理后,其成品羊毛含量可达100%。

3. 主次成分形成异色化

主要成分和次要成分可视面料颜色进行纱线色彩的预搭配,可采用无色系配置、有色系配置、对比色相配置、互补色相配置、邻近色相配置,可纺成各种色彩纷呈、绚丽多彩的花式(色)纱线,加工成各种各样、新颖的、具有不同风格特征的面料。

赛络菲尔纱织成的面料风格独特,弹性、抗皱性、悬垂性、透气性、抗起球性和尺寸稳定性等性能均优于传统的短纤产品,并可通过不同长丝(或预纺纱)原料的选择获得各种花式效应。利用复合技术开发的塞络菲尔纺是毛涤复合纱,赛络菲尔技术继成功应用毛精纺之后,在棉纺与麻纺上的应用也越来越多。

(三) 并捻线

并捻线是由长丝和短纤纱直接经并纱捻线而成的复合纱线,在传统并捻机上即可加工,不需使用专用加工设备,生产成本较低,所制得的纱线同样具有长丝与短纤纱的优点,与包芯线相比,并捻复合纱具有以下特点。

(1)细纱机不需改造更新,可直接使用常规的并捻机生产,加工费用低。

(2)可有效控制长丝和短纤纱的并合比例。

(3)产品质量好,不会出现包芯线常见的空芯、露芯、空鞘等纱疵,因此其产品可更加多样化,经济效益也会更加显著。例如,利用涤纶长丝和涤纶短纤纱通过复合工艺生产的高档涤纶缝纫线,弥补了长丝和短纤纱的缺陷,较大程度地提高了络纺线的强度,能适应高速缝机使用,并在缝纫质地较厚的服装时,不发生断线现象。再如,将涤纶 FDY 与 POY 并丝加捻制得混纤丝,用其作经丝与低捻度的低弹丝交织,经过碱减量及水洗,由于 POY 单丝断裂,在织物表面形成一层微细绒毛,因此是较理想的水洗绒的原料。它还可以与强捻弹力丝交织,经碱减量及起绒,织物的手感及外观类似真丝面料,是较理想的涤纶仿真丝绸面料。由不同捻向的低弹锦纶丝与有光黏胶丝合并加捻而成的并捻丝,外观具有珠光感,适于生产高档 T 恤衫。

纺制并捻复合线时,应注意不同组分之间的搭配,尤其是在性能方面。例如,在传统并捻机上纺制毛涤复合线时,两根单纱的拉伸特性应相同,因此在工艺上只需对两者施加相同的预加张力,可是复合纱线中涤纶长丝与毛/涤短纤纱不仅断裂强力和断裂伸长有一定的差异,而且两者在低负荷时的伸长特性也不相同。因此,采用并捻工艺时应采取适当的工艺措施,否则对成纱结构及纱线性能会产生较大的影响。如易形成不平衡结构纱线,严重的会造成"扭辫纱",即纱线中回弹性较大的长丝使短纤维扭结成"小扭辫",形成"小扭辫"纱疵的复合线受到拉伸时,往往在扭结处形成弱节,造成纱线断裂或在织物表面形成织疵。

三、多层复合纱(包覆纱)

多层复合纱主要包括色缠纱与包芯纱,而多数包芯纱是弹力复合纱,因此合理使用弹性纤维至关重要。大多数(超过80%)弹性纤维用于复合弹性纱线,少数直接使用。弹性纤维能够被长丝、短纤包覆或通过气流交络和加捻包覆。目前大约有95%的弹性复合纱线是通过传统方法包覆的,这些方法适合于短纤和长丝复合。气流包覆所占比例在10%左右,在今后几年内,其增速度将会远远超过传统的包覆方法。因为气流包覆的加工速度可比传统的加工速度提高50~80倍,可提高生产率,改善质量,降低成本。超细纤维和复丝的使用,使得气流交络包覆的弹性纤维比传统交络技术效果更好。

(一)包缠纱

包缠纱是包覆纱的一种,以长丝或短纤维为纱芯(无捻度),外包另一种长丝或短纤维纱条,一般为弹性纱。外包纱按照螺旋形的方式对芯纤进行包覆。包缠纱分单包覆与双包覆两种,主要区别在于包覆层数和外包层每厘米的圈数不同。单包覆是外包一层长丝或纱,圈数较少,织物露芯较明显,包覆纱常用于袜子、纬编内衣和弹力织物上。双包覆是在芯丝外层包覆两层长丝或纱,这两层包覆一般方向相反,这种包覆纱加工费用较高,一般用于护腿、连裤袜、袜口、弹力带及弹力织物中。在实际生产中,以单包覆及外包长丝居多。包缠纱一般在空心锭子纺纱机上纺制,其品种很多,主要有涤纶/锦纶、涤纶/氨纶、氨纶/锦纶、氨纶/腈纶、涤纶/羊毛、涤纶/黏胶纤维、涤纶/棉等品种。利用包缠纱可以生产风格不同、性能优越的服装面料。

弹性包缠纱芯一般采用氨纶丝,也可用橡胶线等材料,外包丝则根据生产实际的需要可以是真丝、再生丝、中细特棉纱、细特毛纱、细特亚麻纱等材料。采用不同规格的芯丝与外包丝组合,可生产出不同性能、不同规格的高弹性及低弹包缠纱。包缠纱伸长率与回缩率的大小取决于芯丝在包缠时的牵伸量,牵伸越大,下机后回缩越大,外包丝除了使该包缠纱具有应有的性能外,还起到限制纱线最大弹性伸长的作用。为此,包缠纱是在芯丝拉长后包缠的。

包绕纱又称包覆纱、平行纱,是包缠纱的一种,即以长丝包绕无捻短纤须条,构成捆绑式结构。市场上见到的无捻纺毛巾类产品就是采用水溶性维纶与棉纤维须条进行包绕(平行)纺纱后织成的,通过染整加工整理,将包缠在棉纤维须条外的可溶性维纶溶解去掉,即形成了无捻纺浴巾(毛巾)织物。

包缠纱线密度可大可小,其中以弹力纱居多,适用于织造运动紧身衣,如游泳衣、滑雪服、女内衣等产品。

(二)包芯纱

包芯纱也是包覆纱的一种,它是由两种或两种以上的纤维组合而成的一种新型纱线。最初的包芯纱是以棉纤维为皮、涤纶短纤维为芯开发的短纤维与短纤维包芯纱。现阶段包芯纱已发展了许多类型,主要有三大类,即短纤维与短纤维包芯纱、化纤长丝与短纤维包芯纱、化纤长丝和化纤长丝包芯纱。目前使用较多的包芯纱一般是以化纤长丝为芯纱,外包各种短纤维而形成的一种独特结构的包芯纱。包芯纱可以采用环锭纺、转杯纺、赛络纺、涡流纺、静电纺、自捻纺等方法纺制。包芯纱的品种很多,主要有服装面料用的包芯纱、弹性织物用的包芯纱、装饰织物用的包芯纱和缝纫线用的包芯纱。

1. 环锭纺包芯纱

环锭纺包芯纱使用最为广泛。以长丝为纱芯,外包短纤维。长丝可用涤纶、氨纶、锦纶等化学纤维,外包短纤维可用棉、毛、丝、麻等天然纤维,也可用化纤短纤维或其混纺条。包芯纱的开发实现了化纤长丝与外包纤维多种原料优良性能的最佳组合和应用,同时使两种原料的缺点得到补偿。可以根据纱线的最终用途来确定长丝与外包纤维的种类。如涤/棉包纱芯可以充分发挥涤纶长丝挺爽、抗折皱、易洗快干的优点,同时又可以发挥外包棉纤维吸湿好、静电少、不易起毛起球的特性,由它织成的织物易染色整理,穿着舒适,手感柔软,挺爽,洗可穿,色泽鲜艳,美观大方。包芯纱还能在保持织物优良性能的同时,减轻织物的重量以及利用化纤长丝和外包纤维的不同性能,在织物染整加工时,用化学药品烂去一部分外包纤维,制成具有立体花纹效应的烂花织物。

2. 转杯纺包芯纱

转杯纺包芯纱的原料适应性很强,短纤维组分可以是棉等天然纤维,也可以是黏胶等化学纤维,适用于常规转杯纺纱的原料皆可使用,长丝组分则可以是普通丝,也可以是弹力丝。转杯纺复合纱兼具转杯纱和复合纱的优点,具有结构稳定、条干均匀、毛羽少的特点,其工序比环锭纺少,生产率高。转杯短纤纱与长丝复合克服了转杯纱强力低的弱点,在纺纱过程中连续长丝将不被加捻,从而不会产生捻缩,而且比环锭纱毛羽少、蓬松度高。

第三节　织物涂层型复合面料的开发

涂层复合式一种比较先进的复合工艺。它用织物(机织针、针织物和非织造布)作载体(或基布)材料,将另一种材料以液体的形式均匀地涂覆在织物的表面而形成复合材料,其涂层的厚度可根据产品的要求任意选择。作为底布的织物起着骨架作用,承担着复合物的拉伸强力、撕裂强力及起尺寸稳定的作用。涂层剂在成膜后,起着保护底布组织及表面特性(如防止水分渗透、耐化学药品浸蚀等)的作用。织物经涂层复合后可改变原有织物的外观与风格,使其具有新的性能或功能,如防雨、防风、防寒、防污、防水、防辐射、耐热、耐化学药品、抗菌消炎等,从而大大增加了织物的附加值。

一、涂层复合的机理

涂层的目的就是通过涂层复合后,在织物表面形成一层所需要的涂膜。如何使涂膜的性能显现出来并达到预定的效果,在某种程度上取决于涂膜的形成过程,这就必须了解涂层复合的机理,以便找出影响涂膜质量和性能的因素,在工艺上采取有效的技术措施,确保产品质量和性能达到使用要求。根据现有涂料成膜物质的性质,可分为非转化型成膜物质和转化型成膜物质两类,它们的成膜机理不同,前者多以物理方法成膜,而后者则多以化学方法成膜。

(一)物理成膜机理

涂料由成膜物质和添加剂两部分组成,它们在成膜过程中都发挥了积极作用。在涂层复合过程中,将溶剂和水分散型的液态涂层剂涂覆在织物上会形成"湿膜",通过干燥固化,使水分和溶剂挥发到大气中,随着挥发的进行,黏度会逐渐增加,当黏度增加到一定程度后便形成了固态的涂膜。这种成膜过程就是通过溶剂或水分挥发而使成膜物质的黏度变化的过程。

(二)化学成膜机理

一般由转化型成膜物质组成的涂层剂都是化学成膜,是一个高分子合成反应的过程。要完成成膜过程必须具备两个条件。一是在成膜物质的分子上要有可反应的官能团,能进行缩聚反应、氢转移聚合反应或外加交联剂时进行固化反应;二是要有引发剂,依靠能量进行聚合反应。在满足这两个条件的前提下,通过交联剂在干燥时进行固化反应或引入交联官能团变为热固性聚合物,从而形成网状结构,加速固化成膜的过程,在此过程中也伴随着水分、溶剂的挥发及粒子凝聚成膜的过程。

二、涂层复合常用的涂料与添加剂

涂料涂在织物的表面能形成涂膜。它主要由成膜物质、颜料(染料)、溶剂或稀释剂、助剂和其他辅助材料组成。其中主要成分是成膜物质,成膜物质代表了涂层剂(涂料)的性能。涂层剂一般由天然聚合物或合成聚合物伴以诸如溶剂、交联剂、增塑剂、催化剂、增稠剂、填充剂和着色剂等添加剂组成。常用的聚合物有聚乙烯类、聚氨酯类、聚硅氧烷类等。涂层剂按化学反应性可分为非交联性、可交联性和自交联涂层剂;依剂型可分为溶剂性涂层剂和水性涂层剂。

添加剂是为了达到某种目的在涂层剂中添加的附加成分,最常用的添加剂为交联剂,是多官能反应性化合物,它能与涂层剂树脂线型大分子反应转化为不溶性、机械强度更好的网状结构。其他还有调节涂层剂黏度的增稠剂、赋予涂层膜色彩的颜料粉、赋予涂层膜特殊外观的金属粉、赋予涂层膜特种功能的陶瓷粉等材料。在使用时还应考虑这些添加剂与涂层剂的相容性,有时还需加适当的润湿剂、分散剂等物质,最终都成为涂层膜的一种成分。

三、涂层复合工艺

涂层复合工艺有多种类型,一般分为直接涂层工艺和转移涂层工艺两种。涂层复合加工的各种工艺流程变化不大,其基本工艺流程为:底布喂入→浸压→涂布→烘干固化→冷却→卷取→成品。

(一)直接涂层复合工艺

用于直接涂层复合的设备有两类,一是干法直接涂层机,二是粉点涂层机。前者由喂布装置、涂布装置(涂布头可以是刮刀、滚筒、圆网等)、烘干装置(有热风对流式、加热滚筒接触式、远红外线式和高频振动式等多种烘干形式)、冷却装置和卷取装置等机构组成,后者由底布喂入装置、涂布装置、烘干装置、加压装置、冷却装置及卷绕机械等机构组成。

1. 刮刀涂层

使用各种刀片对基布表面涂层,这是一种传统的涂层主式,应用范围很广,至今在人造革、汽车模压地毯等产品生产中仍得到广泛应用。

2. 浸渍涂层

带浆辊与浆槽中的涂层浆料直接接触,喂入的织物经过上下可以调节高度的压布辊而与压辊表面保持接触,带浆辊由浆槽中带起浆料并把浆料转移到布面上。刮刀将多余的浆料刮去(掉在浆槽内回用),以保持涂层所需要的厚度。

3. 罗拉涂层

罗拉涂层又称辊涂层。它利用圆辊给织物施加涂层剂,圆辊既可是光辊,也可以是刻有凹凸花纹的印花辊,辊的数量为3只或4只。根据辊的不同排列方式及滚动方向,可产生不同的涂层形式,涂层厚薄主要靠各辊间的距离控制。这种涂层的优点是生产速度高,涂层厚薄均匀,底布受力小(与刮刀涂层相比),其缺点是浆料的流动性要好,不能使用高黏度的涂层剂。

4. 圆网印花涂层

圆网印花涂层又称浆点法涂层。它最适于多孔的、组织结构疏松的非织造布黏合衬涂层复合,其涂层质量优于粉点法,大大优于撒粉法,但生产成本较粉点涂层和撒粉涂层高。在圆网的中心有一进粉斜管和一把刮刀与圆网壁紧贴着,外侧有一挤压辊。圆网回转时,压在非织造布上,织物与挤压辊相接触,浆料从进料管中流出,流到圆网与刮刀组成的楔形区,在刮刀与圆网壁相距最近的部位(即尖端),刮刀将涂料挤出网眼外而施加到非织造布上。其优点是织物上受到的压力和张力较小,织物不易变形,涂层量小,但浆料的黏度不宜过大,流动性要好,否则会堵塞网眼。

5. 撒粉涂层

撒粉涂层的原理与热黏合加固的撒粉法相似,属于热熔涂层中的间接法涂层。热熔高聚物粉末由加料半撒在不断回转的带粉辊(或针辊)的凹孔内,起到定量分布的作用。回转的振动毛刷从带粉辊凹孔内将粉末刷下,再经振动筛将粉末均匀地撒在底布上,底布由金属网帘输送,通过烧结区(加热装置)热熔粉末熔融渗入基布,再经冷却、压延、结晶形成热涂层非织造布,这种方法涂层的覆盖面可达70%~80%。适于加工一般非织造布黏合衬,用于服装的领衬、腰衬、袋口衬等小面积衬以及皮毛服装衬、鞋帽衬等方面。

6. 粉点涂层

粉点涂层是热熔涂层中的一种间接涂层法,它采用凹点刻花辊或圆网印花辊将热熔高聚物粉末以点状形式涂覆到非织造布上。导布辊将粉料从刻花辊的凹点处转移到热导布辊上,再经烧结、轧平、冷却结晶,便得到均匀分布的粉点黏合涂层复合非织造布产品。其特点是产品手感好,黏合牢度高。

7. 刻花滚筒涂层

刻花滚筒涂层是热熔直接涂层复合技术中的主要方法之一。基布由两只张力辊送入匹配辊(不锈钢或橡胶辊表面的冷辊),它托持基布使之与内部油热的刻花滚筒相接触。热熔胶施加装置是一个油加热的槽,使树脂熔融,热熔槽里的刮刀与刻花辊紧密接触,把热熔胶涂到刻花滚筒上,再靠压力转移到织物上。织物进入滚筒以后,喂入的另一种织物经预热区后与涂层后的织物叠加,制成涂层复合织物。滚筒可以是冷的,也可以是热的,根据要求而定。该法的特点是适用基布范围广,产量高,能耗低,品种多样,涂层复合质量好。

8. 喷丝涂层

喷丝涂层又称喷丝热熔涂层,复合涂层布可以是单层布,也可以是复合叠层布。涂层加工时,将热熔胶加热熔融后丛喷丝头挤出呈纤维状,在向下拉伸后呈螺旋式落到被涂织物上,可获得随机涂覆的效果。这种复合涂层的优点是喷涂均匀,产品外观性能好,对热敏性材料也可实施涂层,而且涂层定量范围大($3 \sim 30 \mathrm{g/m^2}$),是热熔涂层中较为理想的涂层技术。

(二)转移涂层复合工艺

转移涂层就是将涂层剂涂在片状载体(钢带或离型纸)上,使之形成厚薄均匀的薄膜,经烘干固化后,再将载体与薄膜分离,把用作涂层剂的膜与基布通过黏合剂黏合在一起,形成表面光滑并带有花纹的涂层复合面料。转移涂层主要包括钢带转移涂层、离型纸转移涂层、湿法涂层。聚氯乙烯和聚氨酯人造革一般都采用这种转移涂层方法制成,也可用来制造服装、鞋靴、箱包和家具面料等产品。

四、服用涂层面料

(一)仿皮革类涂层面料

仿皮革类产品是聚氨酯(PU)和聚氯乙烯(PVC)等人造材料的总称。它是在纺织基布或非织造基布上,由各种不同配方的 PU 或 PVC 等涂覆加工而成,可以根据不同强度、耐磨度、耐寒度和色彩、光泽、花纹图案等要求加工而成,仿皮革类涂层面料分为低档人造革、高档仿皮革和仿麂皮 3 类产品;仿皮革类产品具有花色品种繁多、形状规则、表面无伤残、花纹一致、质地均匀、防风防水性能好、边幅整齐、利用率高和价格相对真皮便宜等优点。外观风格有仿天然动物表皮纹理的仿羊皮、仿牛皮、仿猪皮、仿蛇皮等,有仿天然动物花纹产品的虎皮、豹皮等,有无光或有光柔软的皮革产品,有磨皮面的绒面革等。光面仿皮革类产品表面有高光泽、镜面、消光等类型,被人们称为"免洗面料"。仿麂皮表面有一层细密的绒毛,丰满细腻,手感柔软滑爽。超细纤维仿麂皮外观形态、结构极其类似真皮,是天然麂皮的理想代用品。

仿皮类涂层面料以优异的性能、外观的均一性、易清洁、易保养、价廉而受到消费者的青睐,可广泛用于服装、鞋帽及装饰等方面。PU 仿皮涂层面料被普遍用于制作各种秋冬季服装,用于制作羽绒服面料,既防风保暖,又防钻绒,而且穿着高贵典雅。仿麂皮涂层面料,纤维与聚氨酯的比例一般为 70/30,产品风格奢华、高贵,各种鲜明美丽的颜色是真皮所无法比拟的,作为服装面料曾一度风靡日本,售价是天然麂皮的 3~4 倍,穿着它华贵高雅,是身份和地位的象征。海岛型超细纤维仿麂皮柔软滑溜,弹性好,抗菌防霉,透湿透气性强,是一种抗皱性优良的仿真皮面料,适于制作男女上衣、风衣、马夹、女裙等服装面料和配套的鞋帽、手袋。

(二)光泽感涂层面料

光泽感涂层不仅赋予织物靓丽、多彩的外观,而且由于涂层加工所用涂层剂的成膜使该类产品同时具有表面光洁、反光隔热、抗酸碱、耐老化、防风防水、防钻绒等性能,根据处理工艺的不同还可具有遮光、抗紫外线及反射红外线等特点。若在树脂中掺入金属粉末,形成金属层,能反射人体的辐射热,向人体辐射远红外线,提高织物的保暖性,并有促进人体微循环的功能,产品手感柔软,弹性好,尺寸稳定性好。成品的风格主要体现在视觉效果上,在涂层剂中添加各种无机物粉末和金属粉末以涂层的方式施加到织物上,可增加织物亮丽的时尚元素,穿着时具有青春活力和光艳的新鲜感,尤其适合年轻人穿着和用于舞台服饰上,具有很强的视觉冲击力和光泽感。光泽感涂层产品除用于服装面料外,还大量用于装饰和雨具中,如遮阳伞、遮光窗帘、雨伞等,更能显现其独特的功效和风格特征。

(三)透明涂层面料

通过透明涂层处理,织物能保护织物本身的染色牢度,使织物挺括,同时还具有防风、防雨等功能,透明涂层增加了色彩的亮度,使产品格外光鲜亮丽。透明涂层面料保留了原来织物的色彩和风格,迎合了现代年轻人时尚、求新、求异的追求,更为独特的是,它具有常规纺织品要求的柔软悬垂感,手感挺括,穿着沙沙作响,成为目前时尚面料之一,主要用于年轻人的休闲夹克、时装裤、裙子等方面。

(四)功能性涂层面料

1. 防水透湿面料

防水透湿面料是 21 世纪科技的重大突破,被称为"可以呼吸的全功能面料"。它采用亲水性或微孔性高分子功能材料涂覆各种基布或采用透湿薄膜与织物层压复合,实现织物防水与透湿功能的统一。该产品具有防水防风、透湿的独特功能,穿着时不会感到闷热,并且能适量地调节体温,保持身体的干爽和舒适。

防水透湿涂层织物的加工工艺和工艺流程有 4 种。

(1)采用亲水性或烘干成膜产生微孔结构的高聚物涂层剂(亲水性无孔聚氨酯、聚四氧乙烯、微孔聚氨酯等)直接涂覆到织物上。其工艺流程为:

织物→防水→轧光→涂底层→烘干→涂面层→烘干→成品

(2)微孔涂层。一般采用湿法凝固工艺,将聚氨酯溶于易挥发溶剂中,在织物上涂上聚氨酯,相分离过程中聚氨酯凝聚形成微孔。其工艺流程为:

织物→防水→轧光→涂湿法聚氨酯→凝固→水洗→烘干→成品

(3)TPU 挤出流延涂膜加工。TPU 即热塑性聚氨酯,可加工具有防水透湿性能的产品。TPU 具有卓越的高强度、抗撕裂、耐摩擦、耐低温(− 40℃)、环保无毒、可生化降解及耐水解的特性,同时还具有橡胶的弹性,塑料的可塑性,能提供最佳的排汗、防风、抗水效果,保持穿着时干爽舒适。其工艺流程为:

织物→轧光→防水→底涂→TPU 挤出流延→冷却→打卷

(4)透湿薄膜层压复合工艺。采用透湿薄膜与织物复合的方法,如布与薄膜复合、布与膜与布三层复合,各层之间靠黏合剂黏合。该系列产品具有耐低湿、耐老化、优良的防水防风及透湿性能、优良的黏合牢度、撕破牢度好等优点,且手感柔软、挺括。其工艺流程为:

织物→轧光→防水→点状涂层→复合透湿薄膜→冷却→打卷

防水透湿面料主要用于服装,可制作风雨衣、夹克衫、休闲服、旅游服、羽绒服、滑雪服、登山服、自行车服、网球服、水上运动服、探险服等产品。

2. 定向反光涂层面料

定向反光服装面料也称回归反射服装面料,俗称反光面料。它将反光元器件(如玻璃微珠)施加于织物上,利用光线在玻璃微珠内折射反射后回归的光学原理,使反射光按入射光方向大部分返回光源方向。这是一种具有安全功能的产品。在夜间或黑暗处活动的人员穿着或携带此种回归反射安全材料,当遇到光线照射时,由于其回归反射的功能会产生醒目的效果,提高自身的能见度,从而使处于光源处的人员很快地发现目标,有效地避免事故的发生,从而保证人身安全。这种涂层方法有涂珠法、植珠法、转移法,这 3 种涂层方法各有优缺点。涂珠法产品反光强度偏低,外观不均匀、不细腻,手感粗糙;植球法产品反光强度中等,外观均匀、细腻,手感粗糙;转移法产品反光强度中、高、低都可做,外观均匀、细腻,手感滑爽、丰满,有弹性。

定向反光涂层面料属于高能见度的反光安全产品,用于提高人们夜间活动的安全性,适用于制作公路养路工、铁路工人、环保工作人员、警察、消防员、机场维修人员、医疗抢救服务人员、法务强制执行人员等专业人员的工作服,以及骑自行车人、行人、慢跑运动员、学生、滑雪者等普通人员的服装。

3. 抗紫外线涂层面料

将 PA、PU、PVC 和橡胶等涂层与超细陶瓷或金属氧化物,如氧化锌、氧化钛和氧化铁等混合后进行涂层整理,使紫外线屏蔽剂与涂层剂牢固地黏合在织物上,制成抗紫外线织物。它具有紫外线屏蔽性,防止紫外线对人体带来的伤害,如皮肤炎、色素性干皮症、皮肤癌、免疫功能低下、诱发白内障等。涂层后织物的手感较好,耐洗,白度较好,撕裂强度有所降低。其应用范围主要有以衬衫、罩衣、裙装为主的夏季女装和以衬衫、短裤、夹克衫、T 恤衫为主的男装,体育运动服是抗紫外线织物的重要应用领域,能减轻紫外线对运动员身体的损害,其制品有网球服、滑雪服、竞技服、高尔夫服等制品。

4. 远红外涂层面料

远红外涂层面料是将远红外纳米级陶瓷粉末制成涂层浆料,利用涂层的方法施加到织物上。用此种材料制作的远红外线服装具有以下功能。

(1)使服装内的温度比普通织物更高,具有保暖功能。

(2)穿这种服装有一种轻松舒适的感觉,具有消除疲功、恢复体力的功能。

(3)对神经痛、肌肉痛等疼痛症状具有缓解的功能。

(4)对关节炎、肩周炎、气管炎、前列腺炎等炎症具有消炎的功能。

(5)对肿瘤、冠心病、糖尿病、脑血管病等常见病具有一定的辅助医疗功能。

(6)具有抗菌、防臭和美容的功能。

开发远红外涂层面料所使用的远红外线放射性物质主要是陶瓷,其中的氧化铬、氧化镁、氧化锆等金属氧化物性能最好。通常是将 $1\mu m$ 以下的远红外陶瓷微粉、黏合剂和助剂按一定的比例配制成涂层整理剂,然后均匀地涂布于织物上,经干燥、热处理,使远红外陶瓷微粉附着于织物的纱线之间以及纱线的纤维之间。远红外涂层织物主要用于制作内衣,对人体有温暖舒适的作用,利用其医疗保健功能,除用于制绒衣、绒裤、内衣、内裤外,还广泛用于制作护颈、护肩、护腕、护膝、袜品、坐垫、被褥、床罩等制品,对体弱多病的人起到防病保健的作用。

第四节　复合织物面料的开发

复合织物是指由两层或多层质地相同或不同的织物或与其他材料复合而成的新型纺织材料,具有优良的综合性能。

一、黏合剂复合

黏合剂复合是通过直接使用液态黏合剂的涂覆、喷洒等方法在织物层间进行黏着。黏合剂复合是一种湿加工工艺,其优点是原理、设备简单,工艺较成熟,对材料的适应性强,操作方便,投资较少;缺点是产品的手感偏硬,生产效率低,干燥部分投资大,耗能高。

目前,对黏合剂的黏合原理有多种不同学说,如吸附理论、化学键理论、机械力理论、静电吸引理论和扩散理论等,但尚未形成公认的理论,虽然如此,各种学说对黏合剂的黏合作用仍具有一定的指导意义。在实际黏合过程中,常常是同时存在着物理力、机械力和化学力。所谓物理力是指黏合剂表面与织物表面发生的物理力,如吸附力、摩擦力等。机械力则是指由于黏合剂在织物纤维间的固结而形成黏结力。化学力是指由于黏合剂与织物纤维间发生的化学反应而形成的化学键。由此可见,黏合强度是由复合织物纤维表面的黏合剂强度、黏合剂与被黏织物表面的结合力大小来确定的,它不仅与黏合剂性能有关,而且与被黏织物的表面结构及形态有关。

织物使用黏合剂复合时,无论是采用点状施加,还是面状涂覆,都要求黏合剂分布均匀并达到满足使用要求的黏合强度,可承受一定的拉伸剪切力,复合层之间不产生滑移、不脱离,也不能起拱,而且还要具有较高的剥离强度,在使用过程中受工作环境(如温度、湿度、阳光照射、射线辐射等)的影响要小,要达到上述要求,除合理选用、正确使用黏合剂外,还必须选好、用好黏合设备和黏合工艺。整个黏合工艺由涂覆黏合剂、预烘层压和高温焙烘三部分组成。涂覆黏合剂的方法有刮除法、滚筒法、反转法、喷雾法。

二、热熔复合

(一)热熔复合黏合剂的性能

热熔复合使用的是热熔黏合剂是一种以完全不含溶剂和水分的热塑性高分子聚合物为基体的黏合剂。这种黏合剂是固态的,可以制成不同的形态。使用时,可通过加热熔融起到黏合作用,把非织造布或织物,或与其他材料黏结在一起,经冷却而固结构成复合材料。虽然热熔黏合剂的价格较高,但由于操作简单、无污染、加工速度快、复合的产品质量好,因而发展速度很快,得到了广泛应用。

(二)热熔复合的黏合机理

当热熔黏合剂加热到一定温度时,受热熔化而改变其物理状态。热熔复合是在热熔黏合剂处于这种黏流状态下进行的,其黏合机理与黏合剂复合相同。熔融复合主要是黏合剂与被黏织物之间范德华力的作用,也包括一部分氢键的作用。由于热熔黏合剂固化速度极快,因此黏合剂向织物内部渗透甚微,故可以考虑机械黏合作用。

(三)热熔黏合剂的组成及其性能

热熔黏合剂山基材、增塑剂、抗氧剂、增黏剂和填料5部分组成。其中,基材是热熔黏合剂的主要成分。要求其无毒、无臭、无色,而且要与辅料有良好的相容性,能在较宽的范围内保持黏性和韧性,并具有强度高、不易蠕度、耐化学腐蚀、耐水、耐老化等优良性能。另外,还要求它具有价格低廉、使用方便、可长期保存等性能。现在常用的有乙烯—醋酸乙烯共聚物、聚醋酸乙烯树脂及其衍生物、乙基纤维素、聚烯烃、聚氨酯。聚酯、聚苯乙烯及其共聚物、聚丙烯酸树脂以及改性共聚物、接枝共聚物等品种。增塑剂是热熔黏合剂的常用辅料,其主要作用是改进黏合剂的流动性,加快熔融速度,促进热熔黏合剂对被黏材料表面更好的浸润,提高耐冲击、耐剥离的性能。常用的增塑剂有石油树脂、聚异丁烯润滑脂等品种。抗氧剂是为了防止在预热工艺中长时间加热而使热熔黏合剂易发生分解、显色、黏合性能下降等变化。常用的抗氧剂主要有硬脂酸钙、安息香酸钠及十二烷基硫代双丙酸酯等。增黏剂的作用是增加热熔黏合剂的初期黏合力和长期黏合力,常用丁腈橡胶、丁苯橡胶和聚异丁烯等品种。填料的主要作用是减少热熔黏合剂的收缩率,防止黏合剂渗入多孔性被黏材料的内部,也可降低黏合剂的成本,但要考虑填料的相对密度,以防止树脂熔融时产生沉淀和分离现象。

(四)热熔黏合剂的分类

热熔黏合剂按其形态可分为粉末状、纤维网状和薄膜状3类。粉末状黏合剂一般加工成微细粉末或颗粒,其粒度小于$300\mu m$,也可以制成浆状、糊状、粉状。纤维网状黏合剂通常使用热熔性纤维或复合纤维(纤维的外层为可熔性组分)制成纤维网,该纤维网可热熔黏合。薄膜状黏合剂是将热熔性材料制成薄膜状,其厚度可根据使用功能的要求来确定。它不仅可以起到热熔黏合的作用,而且也可以作为一层材料贴附在织物上。这种薄膜又有多种类型,既可以是成卷的成品膜,也可以是刚挤压出来的熔融状态膜,还可以加工成开有无数裂缝的裂薄膜。

三、焰熔复合

(一)焰熔复合的应用

焰熔复合主要针对聚氨酯泡沫塑料而言,也称火焰复合,实质上也是热熔复合的一种。它不需要黏合剂,而是利用可燃性气体的火焰加热,使聚氨酯泡沫塑料表层物质受热降解而生成黏性异氰酸酯基团,从而与织物起到黏合作用。这为复合技术提供了物质基础和非常适宜的黏合材料,并为发展织物复合技术奠定了基础。由焰熔复合制得的产品适于制作高档面料,其应用领域也在不断扩大,可用于制作窗帘、地毯、贴墙布等装饰材料,也可用于制作手套、箱包,特别是在制鞋业和汽车内部装饰材料中,显示出越来越重要的作用。

（二）焰熔复合的机理

聚氨酯塑料泡沫通过焰熔方法与织物黏合时，在火焰加热的过程中，当聚氨酯泡沫塑料被加热到 280 ~ 300℃时，发生热降解，释放出挥发性物质并生成黏滞状游离的粒状异氰酸酯（该物质在黏合中具有很强的活力和高度黏缩的性能）。在黏合过程中，异氰酸酯基团与织物纤维上的反应性基团发生化学反应而形成化学键结合（化学黏合），其结合力相当大。同时，黏稠的异氰酸酯层在压力的作用下，也产生流动，渗入到织物的细小孔隙之间，固化后形成许多微小的机械连接（机械黏合）。此外，黏稠的异氰酸酯基团在与被黏织物间形成的范德华力也会产生较大的黏合作用（物理黏合）。所以焰熔复合黏合作用是化学黏合，机械黏合和物理黏合三者共同作用的结果。

（三）焰熔复合织物的性能

焰熔复合织物质地柔软、手感好。在复合织物的各种结构中泡沫塑料占据了主要部分。其结构多孔、质地轻、密度为 $0.018 ~ 0.045 \text{g/cm}^3$，相当于软木的 10%，穿着轻软舒适。而且保温性强，透气透湿性能好，形态稳定性好，黏合强度高，不易发生剥离现象。

四、其他复合

（一）机械复合

机械复合是指未用针刺、射流喷网（水刺）等机械方法进行的非织造布的复合，其目的是提高非织造布的强度，以满足产品的不同要求。机械复合通常是采用在一层或两层纤维网中加入机织网布或长丝纤维层，通过针刺或水刺的作用使纤维网与增强材料缠结在一起。它常用于针刺过滤毡、增强地毯和增强土工布等制品的加工中。

（二）静电植绒复合

静电植绒是指将已刮涂过黏合剂的非织造布经带负电的输送帘喂入静电场，而在输送帘上方的植绒材料（纤维绒头）经过电极上正电荷后落向非织造布。由于植绒材料在静电场中呈垂直状态，致使绒头下端被黏合剂黏住，然后经焙烘使黏合剂固化，绒头便挺立在非织造布上，形成绒状外观。黏合法非织造布经过静电植绒复合可用于贴墙布、家具装饰布、地毯、喇叭布、工业用衬料等方面，针刺法非织造布经静电植绒复合后可用作仿麂皮、地毯等方面。

第六章　数字化技术在服装面料开发中的应用

计算机的普及和互联网的发展将人类带入了信息时代。数字化技术的普及极大地促进了各行各业的飞速发展。随着纺织品的个性化、小批量、高精度、绿色环保和快速环保等成为时尚，传统的来样加工生产方式已越来越不能适应市场的发展，设计创新已经成为纺织产品立足市场的根本。在面料设计和开发领域，如何快速开发出独具特色的花样图案，如何紧跟面料流行趋势，已经成为面料开发人员与设计师们的重要课题。而数字化技术恰恰在这些方面能够体现出计算机的巨大优势，通过数字化技术的帮助，面料设计和开发人员能够大大提高纺织品的设计效率，降低设计成本，缩短设计周期，拓展设计花色品种。数字化技术还可以帮助设计开发人员从那些烦琐和重复性的工作中解脱出来，全力投入设计和创意工作。

目前，用于辅助面料设计和开发人员进行面料开发的软件品种很多，如法国力克公司的 Kaledo 软件、斯洛文尼亚 arahne 公司的 arahWeave、美国格伯公司的 EasyWeave 及中国的艺丰彩路软件等。不同软件的功能都有偏重，面向的用户群体也略有不同。但总的来说，这些软件的功能已经渗透到从纱线设计、织物设计到面料印染的面料开发的整个过程中。

第一节　数字化技术在纱线设计中的应用

利用计算机进行纱线设计可根据纱线的色泽、混纺比、纱线捻度和捻向、毛羽密度、毛羽长度和伸展角度、合股纱的股数自动设计纱线的外观轮廓。也可以用鼠标直接编辑纱线的外形，或者通过扫描纱线图像再经过图像处理的方法得到纱线的外观轮廓。比较先进的系统可以自动设计出竹节纱、彩点纱、圈圈纱等花式纱线。目前的趋势是进行纱线的三维设计，可以根据原料材质生成具有逼真毛羽、有一定捻度并带有光照效果的纱线。

纱线设计一般为织物设计的一部分，不同的织物设计软件在纱线设计方面有不同的功能，但都具备纱线设计的一些基本功能，下面以 arahne 的 ArahWeave 软件为例简单介绍纱线设计的基本功能。ArahWeave 的纱线设计主要通过如图 6 - 1 所示的窗口实现。

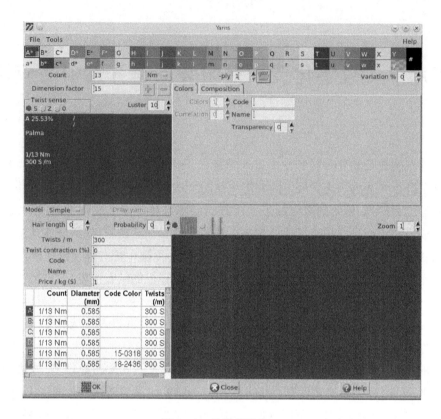

图 6-1　纱线设计窗口

一、编辑纱线参数

图 6-1 窗口中已经预设了 25 种经纱(A-Y)和 25 种纬纱(a-y)。选中某根纱线,可以直接按照自己的需求,编辑纱线参数。主要的纱线参数包括纱线线密度(Count)、捻向(Twist sense)、单位长度的捻数(Twists/m)、捻缩(Twist contraction)、光泽(Luster)等基本参数。

对于复合纱线,还可以设置不同纤维的颜色。图 6-2 所示为使用两种颜色设计的复合纱线。

图 6-2　两种颜色的复合纱线

二、创建纱线

一般软件系统都具备用户自己创建纱线的功能。ArahWeave 提供了用户创建纱线的窗口,如图 6 - 3 所示。用户可以用画笔的方式选择纱线的颜色,并在绘制区域画出来。

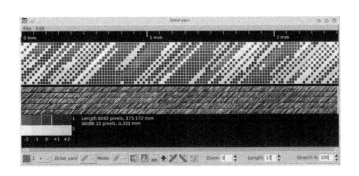

图 6 - 3　画纱线的窗口

三、特殊纱线效果

实际纱线生产中有很多特殊效果的纱线(如竹节纱)很多软件系统也提供了这方面的功能。这些特殊效果的纱线生产工艺复杂,但软件能够在很短的时间内模拟出最终的纱线效果,节省了部分样品的制作成本。图 6 - 4 所示为使用 ArahWeave 制作的 chenille 纱线。

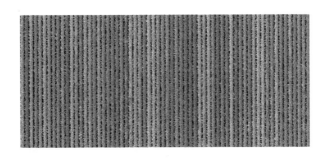

图 6 - 4　chenille 纱线效果

第二节　数字化技术在面料设计中的应用

一、机织面料的设计

机织面料 CAD 系统主要有小提花和大提花织物(包括地毯织物)设计系统,大提花 CAD 系统又称纹织物 CAD 系统。与大提花相比,小提花织物的经纬纱组织循环较小,主要应用于复杂组织及色织物中。小提花 CAD 的主要功能是设计上机图和模拟织物外观。小提花 CAD 系统的主要功能一般包括组织设计、边字设计、纹织图案的编辑,各种组织(原组织、变化组织、联合组织、复杂双层组织)的自动生成、分解及手工编辑,组织图、穿综图和纹板图的三图互求等。有的系统可以根据织物截面图生成组织图,有的系统还有浮长的自动校正功能,即采用浮长跟踪技术自动判断组织设计是否合理并消除过长的浮长。

系统还可以模拟生成各种图像并打印,包括织物结构的三维模拟、织物正反面外观的模拟、多种设计效果对比、织物参数动态修改与显示(包括颜色、纱线、织物密度变化)、织物截面图变化后组织的动态修改等。部分系统甚至可以提供后整理效果(如起毛、起绒及起皱)的模拟。

系统还有其他辅助功能,如根据采用的纱线价格、织物密度等参数自动计算出设计织物的成本。

下面以 arahne 公司的 ArahWeave 软件为例,简单介绍机织面料设计的基本功能。

(一)经纬纱排列设计

在图 6 - 5 所示的编辑窗口中,A - Y 代表可供经纱选择使用的颜色,a - y 代表可供纬纱选择使用的颜色。在输入栏中可以输入不同颜色纱线的根数,如"13A 28B 17A 41C 18A 17D 40E 14F"表示织物中的经纱排列由 13 根 A 颜色纱线、28 根 B 颜色纱线、17 根 A 颜色纱线、41 根 C 颜色纱线、18 根 A 颜色纱线、17 根 D 颜色纱线、40 根 E 颜色纱线和 14 根 F 颜色纱线组成。纬纱排列为"5a 14b 21c 29d 14e 22a",表示织物中纬纱排列由 5 根 a 颜色纱线、14 根 b 颜色纱线、21 根 c 颜色纱线、29 根 d 颜色纱线、14 根 e 颜色纱线和 22 根 a 颜色纱线组成。

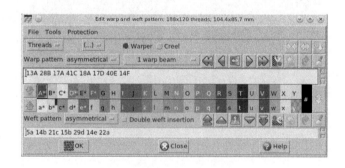

图 6 - 5　经纬纱排列设计

(二)织物组织设计

经纬纱排列组合确定后,可以在织物组织窗口中设计织物组织。一般软件都会把常用的织物组织保存为文件或者保存到数据库中,用户使用时,可以直接调出。图6-6所示为 ArahWeave 软件中调出的织物组织。当然,也可以通过织物组织编辑窗口中的工具直接设计出自己想要的织物组织。

(三)织物模拟效果

织物组织或纱线设计完毕后,软件一般会自动生成织物的最终模拟效果。图6-6所示的织物模拟效果是在 ArahWeave 软件中使用图6-7中的织物组织模拟出的效果。

图6-6　织物模拟效果

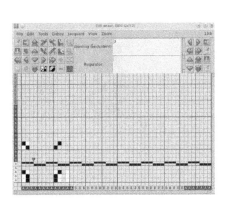

图6-7　织物组织设计

(四)复杂组织的模拟

复杂组织是由简单的三原组织通过构成变化实现的,使用复杂组织织造的织物具有特殊的外观效果,布面美观别致。计算机软件同样能够在很短的时间内完成复杂组织织物的模拟,与织机实际织造小样相比,优势更加明显。图6-8所示为一个复杂组织,是将一个完全组织分成左右两个区域,两个区域的组织左右对称。图6-9所示为织物的模拟效果。

二、针织面料的设计

目前,辅助针织设计的 CAD 系统有两类,一类侧重外观设计和模拟,如力克软件中的 Kelado Knit;另一类除了具备简单的外观设计外,还包括工艺计算,甚至直接将设计文件上机编织,如 Stoll(斯托尔)公司的 M1 花样设计软件。总的来讲,针织物 CAD 系统可以实现针织花型设计、针织组织设计、工艺计

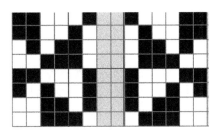

图6-8　复杂组织

算和织物外观模拟。图6-10所示为使用力克的 Kelado Knit 软件所做的针织设计。针织 CAD 系统的一些具体功能如下。

图 6 – 9　复杂组织模拟效果

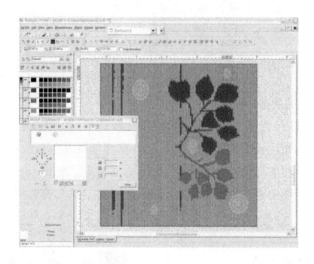

图 6 – 10　Kelado Knit 软件设计的针织物

（1）设计人员可以实际画出花型，然后通过扫描仪把花型图案输入到针织 CAD 系统中，或者将针织物、针织服装的图片直接扫描到针织 CAD 系统中进行再创造，也可以使用系统提供的工具直接绘制设计针织物花型，并可利用填色、换色、复制、移动、拷贝等工具，变化出各种花型。

（2）设计人员可以通过针织 CAD 系统中的组织库调出基本组织，或者使用系统提供的工具设计出织物组织。

（3）针织 CAD 系统的工艺计算功能可以根据款式和织物密度计算出工艺针数、收放针数、总转数等参数，并绘制出上机工艺图和工艺单，根据所设计花型排出提花片和钳齿图。

（4）针织 CAD 系统一般都具有织物外观模拟和打印的功能。以线圈结构为单位，根据针织物组织、纱线细度、色泽、捻度和毛羽，采用二维或三维计算显示织物效果。

毛衫设计在针织设计中占较大的比重，因此大部分针织设计软件都能实现毛衫的设计，部分软件能够实现毛衫工艺的设计，并能直接连接到织机上制作出成品。下面以 SmartKnitter 软件为例简单介绍针织服装的面料设计。

（一）设置款式

在软件系统中建立新文件后，设置款式的描述，系统提供了部分款式信息，如款式种类、领型、袖长等，用户可以直接选择，然后在生成的款式上进行修改，这样大大缩短了设计制作的时间。图 6 – 11 所示为系统提供的描述选项。

图 6 – 11　SmartKnitter 提供的款式描述

（二）设置尺码等制单资料

选择好款式后，需要选择毛衫的原料、织机的针号（如 7 针），并输入款式的尺寸，如图 6 – 12 所示。

（三）设置下数

根据毛衫的尺寸等信息，设置每个样片下数的各项参数，图 6 – 13 所示为前片的下数设置。各样片设置完毕后，得到整个款式的总的下数图，如图 6 – 14 所示。

（四）设置织机参数

根据用户选择的不同织机，设置好织机的参数，如图 6 – 15 所示。

（五）生成文件

设置所用纱线的不同颜色及织法，如图 6 – 16 所示，得到模拟效果。如果模拟效果满意，可以直接生成可织造的文件，然后直接拿到织机上制作。

图 6 - 12　设置毛衫尺寸等内容

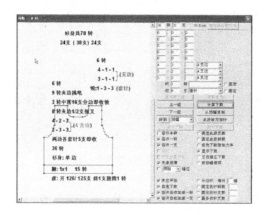

图 6 - 13　前片的下数设置

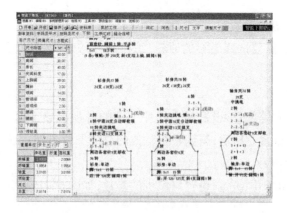

图 6 - 14　总下数图

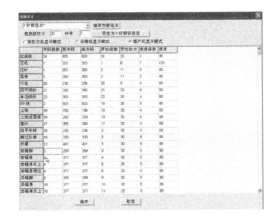

图 6 – 15　设置织机参数

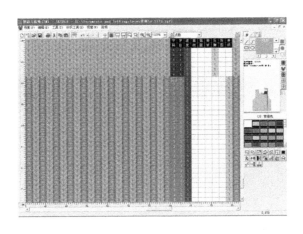

图 6 – 16　纱线颜色及织法设置

三、面料数据库的使用

纺织面料的种类越来越多,消费者可以挑选的范围越来越大,但对企业和研究机构来说,增加面料种类对面料信息管理是个挑战。建立面料数据库及检索系统可以在很大程度上解决大量面料的管理问题,同时还可以为设计者提供新型面料的信息,为设计师获取设计灵感提供一定的帮助。

样品管理系统的功能主要包括样品信息的录入、修改和删除。样品信息一般包括织物原料、品种、花色、外观肌理和材质风格等织物的属性,同时还包括纱线细度、成分等纱线的属性。图 6 – 17 所示为北京服装学院使用的面料样品管理系统界面。

查询系统可以根据不同的查询方式返回查询结果。图 6 – 18 所示为北京服装学院使用的面料查询系统界面,其中提供了三种查询方式,用户可以按关键词进行查询,也可以按目录树查询,还可以按多个织物属性进行组合查询。

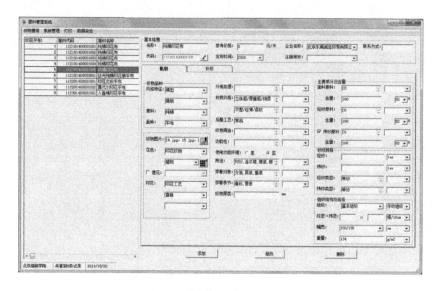

图 6-17　面料样品管理系统界面

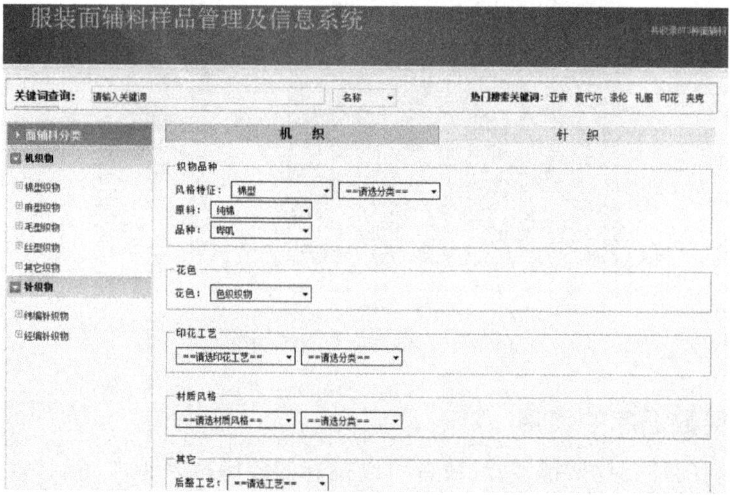

图 6-18　面料查询系统界面

第三节　数字化技术在印染方面的应用

目前,计算机在印染企业的应用也比较广泛。在印花方面主要是计算机辅助印花图案设计。在染色方面主要是计算机辅助颜色测量及颜色分析、色彩管理和颜色控制等方面。

印花就是将染料或涂料制成色浆,施覆于纺织品上印制出花纹图案的加工过程。

印花流程一般包括图案设计、分色描样、制网雕刻、仿色打样、色浆调制、印花及其前、后处理等工序,各个环节密切联系,相互配合。图案设计是印花流程中的第一步,也是非常重要的一步。分色描样是由图案转变为印花成品的第二步,也是非常关键的一步。

传统的手工制版速度慢,受花型难度和精度的限制,并需要庞大的照相、连晒设备。所以计算机分色取代手工制版势在必行,对于激光直接制网和无版喷射印花系统来说,电子印花分色描稿系统应运而生。系统将彩色画稿扫描输入,或由计算机直接生成图案,再进行图像处理,调配色彩,产生出满意的图案,然后由激光照排机输出满足各种要求的用于印花生产的高精度分色胶片,或者直接根据电脑图案在数码印花机上直接印花。电脑分色不仅效率高,而且操作便捷,能够满足纺织行业"批量小、花样多、质量高、交货快"和强调图案的创新设计、协同设计的要求。

印花 CAD 是许多印染企业进行技术改造的重要内容。印花 CAD 系统除了具备一些基本的图像处理功能外,一般还具有一些特殊功能,如减色功能、颜色自动替换和图案自动循环等功能。下面以 arahne 公司的 ArahPaint 系统为例,简单介绍下计算机辅助印花图案设计的基本功能。

一、样稿分析

样稿是指准备进行分色制版处理的原始图案,一般分为布样和纸样两类。布样一般会有折痕,需要熨烫处理;而纸样的画稿一般比较平整,且图案清晰。不管是布样还是纸样,在描稿之前都要先进行样稿分析。

样稿分析非常重要,它直接影响描稿的速度和质量。正确的分析对以后的描稿有事半功倍的效果。但如果分析错误,不但会影响工作效率,还会影响后续的工作,导致错误的结果。所以样稿分析一定要非常仔细,通过样稿分析可以获得以下信息。

(一)布纹经纬向

对于布样来说,可以通过观察布丝分辨出经纬向,一般经线密,纬线疏,经向弹力小,纬向弹力大。

(二)印花工艺

需要了解样稿采用的是圆网还是平网印制工艺,这可以从花回(连续纹样的最小单位)尺寸中观察出来。圆网尺寸一般是 640mm,所以如果采用圆网印的话,花回尺寸一定是 640mm 的倍数。而平网对尺寸没有严格要求。

(三)印花染料

需要了解样稿是采用何种染料印制的,不同的染料渗透程度不一样。一般活性染料和分散染料的渗透程度比较大,而涂料相对较小。

(四)花回连晒方式

观察样稿的花回是否完整,寻找出最小花回及接回头(也称连续)方式。如果没有最小花回,就说明样稿的花回不全。这就需要按原样的设计,补出完整的花回。

(五)图案规律

观察图案的组成颜色数,从而决定用几套色印制。尽量通过减色的方法,用最少的颜色印制出最接近原样的风格,排列出各种颜色间的深浅(明度)关系。确定颜色后,还要仔细观察,找出原样的描图规律,然后决定用什么方法描稿。

二、样稿输入

样稿一般可通过扫描仪扫描输入计算机。为保证获得高品质的扫描效果,应预先确定图像要求的扫描分辨率和动态范围。扫描精度一般至少设置为300dpi,也可以根据要求调整扫描精度。这些步骤可以防止由于扫描而产生的不想要的偏色。应确保扫描仪的相应驱动程序是最新的版本,应保持布样平整,最好用硬纸板固定好后再扫描。

如布样太大,而且精度并不是很高,可用数码相机拍照后输入计算机。

三、格式转换

样稿扫描输入计算机后通常为24位或32位真彩色RGB格式,它拥有上千万种颜色,且文件占用空间相当大。所以应将RGB格式的文件转换成8位索引格式。8位索引格式最多由256种颜色显示图像文件,它是描稿时常用的格式。

四、色彩处理

色彩处理功能可以帮助设计人员完成加减色、色彩反转、色彩互换和色彩统计等工作。设计人员使用这些功能,可以将扫描进计算机的一幅真彩色图片处理成可以直接输出,又能反映设计师意图的图片。例如,减色功能可以帮助设计人员将真彩色图片的色彩数目减少到可以打印的范围,图6-19为ArahPaint系统打开的一幅图片,图片中的颜色会自动显示在右下侧的颜色栏中,设计人员可以通过减色功能,按自己的需要,删除不需要的色彩。

五、图像处理

图像处理功能可以帮助设计人员完成图像的自动循环、放缩和旋转等内容。图像处理功能中用得比较多的是拼接和接回头。当来样最小花回尺寸大于扫描仪尺寸时,需经分多次扫描完成,然后将扫描的几幅图像拼接成一幅完整的图像。图像拼接可以在通用的图像处理软件(如Adobe PhotoShop)中完成,也可以在ArahPaint系统中完成。

一个图案单元需要上、下、左、右互相拼接(连续),才能满足整幅面料的印花要求,因此图案设计必须保证图案在经向和纬向都能互相衔接而成为一个整体,这就是所谓

图 6 - 19 ArahPaint 系统打开的图片

的"花回接头",也称连续图案。为了使图案花型不致呆板,接头有水平接、1/2 水平接、1/3 水平接、1/4 水平接、垂直接等多种方式,图 6 - 20 为 ArahPaint 系统将原始图片进行缩小,然后进行水平接和垂直接后形成的连续图案。

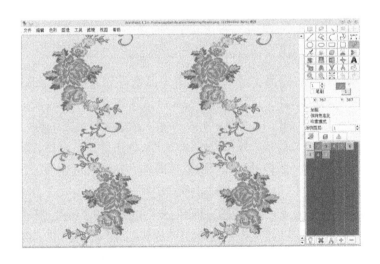

图 6 - 20 水平垂直接后的图案

六、其他功能

除了上述功能外,有些印花 CAD 系统还有矢量绘图、滤镜等功能。设计人员可以在一定程度上,使用这些功能手绘图案,并添加一些特殊图案效果。

第七章　服装面料新风格、特性的开发

第一节　服装面料的风格与服用性能

一、面料的风格特征及影响因素

（一）面料风格特征的基本概念

20 世纪 80 年代以前,面料设计主要集中在色彩和图案上,近年来发生了巨大变化,设计者更多地重视通过纤维、纱线、织物组织设计、应用新型编织技术以及后整理而获得风格设计。这是一个大的变化,也是一种大的进步。所以服装面料的风格设计与开发显得越来越重要。

对面料风格有不同的理解,通俗地说,是人的感觉器官对面料所作的综合评价,它是面料固有的物理机械性能作用于人的感觉器官所产生的综合效应,是受物理、生理和心理因素共同作用得到的一种评价。依靠人的触觉、视觉及听觉等方面对面料作风格评价时,称为广义风格(目前可以用专门的仪器测试评价,称客观评价);仅以触觉,即手感来评价面料风格时,称为狭义风格。

风格一词在文学艺术中是常用概念,含义是许多特点的综合表现。服装面料的一些特征往往需要运用综合性概念来表示,如毛型风格、棉型风格等。所以应把面料风格定义为众多特点的综合表现。但面料的特征可以从各个不同角度评价,因此面料风格也可以分为视觉风格(如仿毛、仿丝、仿麻、仿棉、仿皮等)、触觉风格(如刚柔、粗细、滑爽、滑糯、身骨、冷暖、丰厚等)、外形风格(如轻飘、细洁、粗犷、光亮、漂亮、时髦、立体感、厚实感等)、材质风格(如轻重感、软硬感、厚薄感、光滑感、粗细感、凹凸感、透明感、蓬松感等),此外还有艺术风格和时代风格等内容。

由于面料风格涉及物理方面、生理方面和心理方面的许多特性,其内容比较复杂,概念比较模糊,评价方法不一,至今还没有一种统一的、公认的标准。例如,材料的轻重感、软硬感等,并不是简单的轻重、软硬,除了物理上的实际轻重、软硬外,还有心理上的内容,如色彩、花型、造型、式样等方面的影响。有些风格则是复合性的,而且内容错综复杂,甚至难以用确切的语言表达,如手感中的常用语滑爽、滑挺、滑糯之类。为此对于风格特征的设计开发,应力求做到深刻了解特性的成因与之有关的因素,再针对重点风格特征,采用多方位、多途径、多方法综合进行。

大多数消费者选购服装和衣料时,先通过眼睛观看外观,如光泽明亮或暗淡、柔和或刺眼;颜色是否鲜艳、纯正、匀净、流行还是过时;面料表面纹路清晰或模糊、平整与凹凸、有无杂疵等,这样得出第一印象。再以手触摸面料的感觉,以对面料作进一步的评价,如面料身骨的挺括或松弛(弹挺性)、面料表面的光滑与粗糙(表面特征)、面料的柔软与坚挺(软硬度)、面料薄与厚(体积感)、面料的温暖与阴凉(冷暖感)以及面料对皮肤刺激与否的感觉。由于不同面料与不同物体之间摩擦会发出不同的声响,在穿着过程中,人身体运动,衣料摩擦会发出声响,当风吹拂时,面料飘动也有声响。声响有大与小、柔和与刺激、悦耳与烦躁、清亮与沉闷之分,所以也可以利用人的听觉器官耳朵对面料摩擦、飘动时发出的声响作出评价。一般长丝面料较短纤维面料声响清亮、悦耳,如真丝绸有悦耳的丝鸣声。此外,还可以利用人的嗅觉器官对面料发出的气味作出评价。当然清洁、干燥、无污染的面料大多无特殊气味。但有些面料有气味,如羊毛面料略微带有动物毛气味,有些带有樟脑精气味;棉、麻、黏纤面料染料味较重。随着人们对服装卫生保健方面的要求越来越高,各种香味面料应运而生,进一步满足了消费者生理和心理舒适方面的需求。实际上,消费者大多是通过判断面料的风格特征,分析是否符合穿着和使用要求的。

(二)影响面料风格特征的主要因素

面料风格特征是一项综合性感觉特征,特别是视觉和触觉效应并非孤立存在,而是相互融合、彼此渗透,单评某方面的判断是不够的。如有些面料的某项特征,从视觉角度和触觉角度感受不同,表面上也许看似硬挺,却手感柔软;表面上也许看似纹理饱满,却手感平坦,这些往往是利用人们的视错原理进行设计的,可见面料所表现的是一种综合而复杂的风格效果。

影响面料风格特征的主要因素概括起来有光泽感觉、色彩感觉、质地感觉、形态感觉和舒适感觉。

1. 光泽感觉

光泽感觉是面料表面的反射光形成的视觉效果,取决于面料的颜色、光洁度、纱线性质、组织结构和后整理、使用条件等因素。长丝面料、缎纹面料、细密的精纺呢绒等光泽较好。常用柔光、膘光、金属光、电光、极光等来描述面料的各种光泽感觉。

2. 色彩感觉

色彩感觉是面料的表面色彩形成的视觉效果,与原料、染料、染整加工和穿着条件等因素有关。色彩感觉给人以冷暖、明暗、轻重、收缩与扩张、远与近、和谐与杂乱、宁静与喧嚣的感觉,对服装的整体效果起重要的作用。

3. 质地感觉

质地感觉是面料外观形象和手感质地的综合效果。质地感觉包括面料手感的粗、细、厚、薄、滑、糯、弹、挺等,也包括面料外观的细腻、粗犷、平面感、立体感及光滑、起绉等织纹效应。质地感觉取决于纤维的性质、面料组织的纹路和后整理加工。如蚕丝面料大多柔软、光滑,麻类面料则比较硬挺、粗犷;提花组织、绉组织面料立体感强,缎纹组织面料光滑感强;起绒、起毛、水洗、仿丝等整理均可改变面料的质地感觉特征。

4. 形态感觉

形态感觉是面料通过多方面因素的作用反映出的造型能力,如面料悬垂性、飘逸感、褶裥能力、线条表现能力等,形态感觉对服装造型影响较大。

5. 舒适感觉

舒适感觉是面料的光泽感觉、色彩感觉、质地感觉、形态感觉等因素带给人们心理和身体上的舒适感觉,如冷、暖、闷、爽、涩、黏等感觉。

(三)不同服装材料的风格特征

不同的服装材料可以表现出不同的风格特征。

1. 天然纤维

天然纤维面料都具有各自独特、自然的风格,如毛型面料手感柔和、弹性丰富、挺括抗皱、身骨良好、丰满滑糯、光泽自然。但因毛型面料的类型不同,其表现出的面料风格特征也不尽相同。例如,精纺毛型面料大多为光面,注重表现其纹理效应,其纹面清晰、布面滑爽、挺括;在精纺毛型面料中也有少数经轻缩绒工艺而成的绒面效果的面料,其注重滑糯、温和、朦胧感觉;粗纺呢面的面料注重丰满平整,质地紧密;粗纺绒面的面料注重柔软丰厚,突出绒毛特色;粗纺纹面的面料也追求纹面清晰、匀净的感觉。可见精纺毛型面料要突出线与面的效果,粗纺毛型面料则表现厚重的立体效果。丝绸面料则注重表现柔软细腻、轻盈飘逸、光滑爽洁、悬垂流畅、光泽柔和悦目、色彩鲜艳明快的感觉。

2. 化学纤维

化学纤维能加工成各种面料,其面料表现出复杂、多样的风格特征。如再生纤维面料悬垂、光亮;涤纶面料硬挺、坚牢;腈纶面料丰满、膨松。总的来说,一般化学纤维面料缺乏自然感与柔和感,但可以通过各种差别化、仿真加工使之表现出棉型面料、麻型面料、毛型面料或丝型面料的各种风格。人们一直希望化学纤维能够完全取代天然纤维,实际上差距较大,主要是纤维的性能与结构不同。随着化学纤维天然化的深入,正在对纤维、纱线、面料和后整理等各工序进行仿真加工。但从物质属性上讲,化纤面料永远不可能成为真正的天然纤维面料,所谓仿真,实际上就是风格、性能的模仿。目前也在进行化纤面料超天然的努力,即不但追求外观上的以假乱真,而且要达到天然纤维面料的舒适效果,并且还要在有些方面或整体超过天然纤维面料性能。

(四)服装面料风格的需求

不同用途的面料对风格特征可以有不同的要求。例如,外衣类面料要有挺括丰满的毛型感,内衣类面料要有柔软温和的棉型感,夏季面料应具有轻薄光滑的丝绸感或挺爽清凉的麻型感,冬季面料则应富有丰满蓬松的温暖感。时装表演或舞台装要比生活装的面料更注重外观表现风格,面料的光感、色感、形感和质感甚至声感对表演效果都有重大影响。现代装饰面料的风格要求也越来越高,要追求与环境的协调统一。如悬垂飘逸的帷幕、窗纱,平挺清爽的台布,温馨安逸的床上用品都应风格各异。

不同地域、不同气候、不同环境适应不同的面料风格。例如,南方夏季潮湿、闷热,可以多选择夏布、乔其纱、巴厘纱,突出凉爽透气的舒适之感;北方的冬季寒冷干燥,可以多选择呢面或绒面的面料,如啥味呢、法兰绒、麦尔登、粗花呢、中厚大衣呢,甚至羽绒、蓬松棉等复合面料,重点突出面料应有的丰满蓬松、温暖柔软的舒适之感。劳动服或工作服应以实用为主,对面料的形感与质感不必过分追求,但光感与色感要与工作环境相适应,耐用性和舒适性也要良好。

(五)面料风格特征的感受和评价

对面料风格特征的感受和评价随人的年龄、性别、个性、爱好、文化、修养、感觉等方面因素的不同而有所不同,并且也受时间、地区、流行等因素的影响。例如,女性温柔细腻,对丝绸的华丽飘逸十分钟爱,对绒毛型、立体浮雕型、色彩变幻型风格的衣料也饶有兴趣。男性刚强豪放,则偏爱呢绒、涤/棉、涤/麻面料的那种刚挺庄重风格。即使同一风格的面料,在不同人的眼里会有不同的描述,这就是人与人的感觉差异所在。当流行粗犷质朴风格的面料时,粗花呢、麻料、结子纱面料仍不显"粗"的味道;缎类、绸类面料则更显"细"的感觉。

二、面料的服用性能及影响因素

(一)面料的服用性能

除了面料的风格外,织物的优劣和特色还常常用织物的特性表示。织物的特性很多,有舒适性方面的、形态方面的、耐久性方面的、保健方面的、审美方面的、感觉方面的。例如,吸湿性、透气性、刚柔性、保形性、强度、弹性、色牢度、耐洗涤性和耐熨烫性等。在形容面料性能时,用得比较多的是面料的服用性能,主要包括面料的外观性、舒适性、耐用性。随着人们生活节奏的加快,根据不同的服装种类,对面料的某一性能也有不同的要求。面料服用性能直接影响服装的服用性能。

外观性包括表现性和保持性两方面。外观表现性是指审美效果。外观保持性是指服装在穿着过程中的稳定性。

从广义上看,舒适性包括心理方面和生理方面的舒适性。心理方面的舒适性涉及很多因素,包括时间、地点、场合以及个人喜好、心情等方面。服装面料开发中设计面料舒适性重点是指满足人体生理卫生和活动自如所需要具备的各种性能,具体包括面料的吸湿性、透气性、透湿性、保暖性、手感、伸缩性、绝热性等性能。

耐用性是指耐加工与应用性能,具体包括强度、耐磨、耐燃、抗勾丝、抗脱散、抗污、防尘和色牢度等性能。

在开发服装面料时,对面料风格和特性的设计、开发可以极大地丰富面料的品种,满足人们各方面的需求,目前已相继开发的新型面料有仿生风格,如仿毛、仿麻、仿棉、仿皮,还有用细特和超细特涤纶丝的仿黏纤风格(因这类织物外观上有丝绸风格,悬垂性好,手感挺爽,不粘身;吸湿透气,穿着舒适)、仿绉风格;新颖的桃皮绒风格以及轻薄型、柔软型、干爽型产品。

(二)影响面料服用性能的主要因素

1. 纤维的结构和性能

纤维的结构和性能是面料最基本的特性,对面料服用性能有至关重要的作用,包括机械的、物理的、化学的和生物的。如面料的耐酸、耐碱、耐化学品等化学性能,防霉、防蛀等生物性能几乎完全决定于纤维;面料大部分物理机械性能,如强伸性、耐磨性、吸湿性、易干性、热性能、电性能等,纤维的影响是主要的;面料外观方面的性能,如悬垂性、抗皱性、挺括性、尺寸稳定性、色泽、光泽、质感之类的外观,与纤维的线密度、断面形状和表面反射效应等因素有密切的关系。纤维的有些性能可以通过各种方法予以改善、提高,有些则很难做到。如天然纤维与合成纤维由于分子结构的原因,它们在吸湿性能上存在着本质差别。天然纤维面料易与水分子亲和,吸湿性好,舒适感强。合成纤维分子中无亲水基团,普通面料吸湿性差,穿这种面料的服装人体出汗时有闷热感,但可以通过对某种合纤进行改性处理来改变其吸湿性能。又如纤维的导热性直接影响面料的保暖性能,羊毛和腈纶的导热系数比棉花和锦纶小,因而羊毛和腈纶面料的保暖性优于棉和锦纶面料。

2. 纱线的结构和性能

相同原料的纱线,由于细度、均匀度、捻度、混纺比等结构因素不同,其面料在服用性能上也有差异。如细特高捻度纱线的织品,光洁、滑爽、硬挺;而粗特低捻度的织品则蓬松、温暖、柔软。短纤纱与长丝结构不同,短纤纱的面料有温暖感,强度不是很大,易起毛起球;光滑型长丝面料则有阴凉感,强度大,不易起毛起球,但易钩丝。变形长丝面料的服用性能则介于上述两类面料之间。可以通过改变纱线的结构、性能、花色,还可以通过混合、复合以及各种纤维不同的混纺比决定面料主要性能的侧重面。如涤/棉混纺纱,若涤纶占65%、棉占35%,其面料性能侧重于涤纶方面,光滑、挺括、不易折皱、坚牢;若棉占65%、涤纶占35%,其面料性能侧重于棉方面,略粗糙、暗淡、柔软,挺括性和抗皱性不够好,但吸湿透气,舒适感较强。正因为纱线的结构和性能影响到面料的服用性能,所以面料开发中对利用哪些纤维进行混纺、纱线混纺比例的应用等因素,都必须根据面料性能的需要,经过研究、实验和考虑性价比才能最后确定。

3. 面料组织结构

机织面料组织循环内,经纬纱的交织次数影响着面料的光泽、手感和耐磨性。如平纹组织交织次数最多,面料耐磨性好。缎纹组织浮线长而多,其面料光滑、明亮、柔软、不易折皱,但耐磨性不良,易擦伤、破损。双层组织和起毛组织的面料,厚实丰满,包含大量静止空气,保暖性较好。针织面料是以线圈的不同穿套形式形成不同的组织结构,相对机织面料来说,针织面料比较柔软,延伸度大,弹性好,这些都有利于面料的舒适性。机织面料的密度可改善面料的透气性、防风性。要求防风保暖或硬挺的服装面料一般密度要大些,如冬季面料;要求透气凉爽或柔软的面料一般比较稀疏,如夏季面料。面料密度过大过小都会对面料的坚牢度不利。针织面料密度的大小可以影响面料的手感,密度太大,面料硬,弹性差,针织面料应突出其柔软舒适性,一般应有适当的密度。不同结构的组织会有不同的花色,会有不同的厚度,不同的柔软度,除了影响外观外,更重要的是会影响面料的服用性能。

4. 面料后整理

面料后整理中的印染(除普通的印花、染色外,还包括扎染、蜡染、泼染等)加工对产品花色及服用性的影响早被大家公认。一块形如麻袋的呢坯经过整理以后,柔软、膨松、有弹性、光洁,令人爱不释手,这说明了后整理的重要性,即面料的后整理可以在一定程度上改善和提高面料的服用性能,并可获得附加价值。特别是现代新型后整理,如面料碱减量、牛仔布的酶—石洗处理、树脂整理、激光打孔、桃皮绒效果整理、阻燃、防缩、防水、防霉、抗菌、抗皱整理等,不仅可以使面料的面目改观,焕然一新,更重要的是给面料赋予了各种功能,进一步提高了面料的服用性或增加了其附加价值。

第二节　舒适型面料的开发

随着科技的发展,人们物质生活水平的不断提高和精神生活的不断丰富,现代社会已进入一个以"舒适、健康、生命"为主题的新时代。着装观念也发生了相应变化,人们着装由原来的注重保暖、实用到强调着装后的身体和心理的舒适感受,还要在着装方面体现个人的精神气质、品位格调。这一物质和精神结合的着眼点,正是人们关注并追求高质量生活的一种体现。开发舒适型服装面料正是为了适应新时代消费者着装观念更新的需求。

面料的舒适性有十分广泛的内容,包括触觉、视觉和生理感觉等方面,目前受到广泛重视的特性有:

(1)触觉方面,如干爽、凉爽、光滑、柔软、硬挺、蓬松、弹性等;

(2)视觉方面,如光泽柔和自然、深色、浅色、艳色、变色、悬垂飘逸、形态稳定等;

(3)生理方面,如吸湿、透湿、透气、保暖、轻柔等;

(4)健康方面,如抗菌、防臭、各种保健功能、各种益神益智香味等;

(5)安全性方面,如阻燃、抗紫外线、抗辐射以及在特殊环境下的各种工作服装所需要的特殊功能。

一、舒适合体的弹性面料的开发

随着社会进步,人们对服装的要求不仅仅是对人体的保护、装饰,更重要的是其舒适性和功能性,特别是生活节奏加快,人们越来越忙碌紧张而愈发渴望服装能减少对身体的束缚和压力时,弹性服装的舒适灵活性、适身合体性及洒脱自然的风格,就越来越受到消费者的青睐。于是服装潮流向着舒适健美的方向发展,弹力织物风靡国际国内服装市场。

在机织物中加入3% ~5%的氨纶弹力丝,就能赋予织物良好的弹性。面料具有弹性后服装能适应人体的活动,使人的肢体伸缩自如,轻快舒适,而且能保持服装的外部造型不变,即服装的肘部、膝部等部位不会因穿着时间长而变形起拱。机织面料通常有经向弹力、纬向弹力及经纬双向弹力之分,一般弹力伸长率为10% ~ 15%。目前市场上的弹性机织面料常常被称作"双面弹"和"四面弹"织物,所谓"双面弹"面料就是指弹性纱线仅在经向或纬向编织,即面料在经向或纬向有弹性,"四面弹"是经纬纱都使用了弹性纱线,面料纵横方向都具有弹性,舒适感更强。机织弹性面料使用的弹性纱线,可以是改性而成的高弹合成纤维纱线,也可以先把纱线与氨纶包芯纱合股加捻,制成有弹性的纱线在编织中使用。但纱线与氨纶包芯纱合捻时必须分别控制两者的喂入长度,以控制成纱弹力的大小。在织造和整理过程中要控制纱线和织物的伸长,以控制成品的弹力。

目前,有在机织面料中加入弹性纱线的,其大大提高了面料的舒适性、美感和使用价值。特别是提高了面料的附加值,大大提高了经济效益。针织物本身就具有伸缩性好的优点,再加入弹性纱线就更合体舒适,也进一步丰富了面料品种,提高了面料的附加值。

二、吸湿透气的凉爽面料的开发

(一)新型麻纤维面料

麻是天然纤维素纤维,其织物具有良好的吸湿散热、屏蔽紫外线、抗菌防蛀、抗电击等性能,并具有粗犷的外观风格,符合保护环境、回归自然的时尚。但麻织物弹性较差,易折皱,且面料表面粗糙,接触皮肤时会有不适感。为了提高麻织物的舒适性,除降低纺纱线密度外,近年来应用了生物技术,用酶剂、低温等离子体处理对麻纤维进行加工整理,使麻纤维柔软、光泽好、抗皱,并保持其耐热、耐晒、防腐、防霉及良好的吸湿透气性。

1. 罗布麻

以往服装面料通常使用苎麻、亚麻,近年对具有保健功能的罗布麻、汉麻(大麻)也加大了开发力度。罗布麻又称野红麻,夹竹桃麻、茶叶花、茶棵子,是夹草(竹)桃科罗布麻属的多年生宿根草本植物。它是一种野生植物纤维,最初在新疆罗布泊发现,故名。罗布麻最为突出的性能是具有一定的医疗保健功能,其纤维洁白、柔软、滑爽,含有黄酮类化合物、蒽醌、强心苷类(西麻苷、毒毛旋花子苷)、芸香苷、多种氨基酸(谷氨酸、丙氨酸、缬氨酸)槲皮素等化学成分,对降低穿着者的血压、强心、利尿等有显著的效果。穿着罗布麻与棉混纺的内衣,可有效地改善高血压症状,有控制气管炎和保护皮肤等作用,而且织物水洗 30 次后的无菌率仍高于一般织物 10~30 倍。据有关研究资料表明,罗布麻含量在 35% 以上的保健服饰系列产品具有降压、平喘、降血脂等保健功效,并能明显改善临床症状,具有一定保健功能。可将罗布麻加工成呢绒、罗绢、棉麻等织物。经烧毛上光后的呢绒型罗布麻服装,手感较苎麻服装柔软挺爽,风格独特。罗布麻与绅丝、羊毛、涤纶、棉混纺后,可加工成华达呢、凡立丁、法兰绒、派力司、花呢、海军呢及罗绢等织物,风格独特,穿着舒适,是男女夏装的优良面料。特别是罗布麻与棉的混纺织物,在 8℃ 以下时的保暖性是纯棉织物的 2 倍,在 21℃ 以上时的透气性是纯棉织物的 25 倍,在同等条件下的吸湿性是纯棉织物的 5 倍以上。我国近年开发的 24tex(42 公支)澳毛精纺纱和 18tex×2(32/2 英支)的罗布麻棉精梳混纺纱编织的毛盖棉,其外表具有澳毛织物的挺括和弹性,手感柔软,保暖性好,内层具有罗布麻的滑爽、柔软、透气、吸湿等优点。罗布麻与其他纤维混纺形成的面料,可加工成男装、女装、童装、内衣裤、护肩、护腰、护膝、袜子、睡衣、床上用品等织物,是优良的医疗保健产品。

2. 汉麻

汉麻又名大麻、火麻、魁麻、线麻、寒麻、杭州麻等,系大麻科,大麻属一年生草本植物。汉麻是我国最早用于纺织的麻类纤维之一,有早熟和晚熟两个品种。前者纤维品质优良,后者纤维粗硬。纯汉麻织物有平布、帆布、舒爽呢等。汉麻平布主要用于夏季衣着面料,还可制作抽纱底布、服装衬料、旗布以及丧服、葬布等,产品透气挺爽。帆布主要用于制作帐篷、盖布、包装袋、橡胶衬布、油画布等产品,具有抗腐、防霉、防蛀、吸湿放湿快、吸湿膨胀、拒水性良好等优点。舒爽呢主要用于服装面料,也可作席垫、工业箱包料。用舒爽呢制作的服装不仅有粗犷、高雅的风格,而且穿着挺括、透气、舒适、卫生。汉麻混纺、交织织物的主要品种有棉/麻混纺织物、涤/麻布、毛/麻/锦混纺呢绒及涤/毛/麻凉爽呢等。棉/麻混纺织物常作服装服饰用料,既有棉的手感,又有麻的风格。涤/麻布有涤/麻派力司和涤/麻花呢等产品,这种织物具有吸汗、不粘皮肤、不刺痒、易洗快干、抗皱免烫、穿着舒适等特点。当织物含麻量高时,挺括粗犷;当织物含麻量低时,则有丝绸的风格。麻丝绸是用涤纶长丝作经纱,涤/麻混纺纱作纬纱交织而成的,织物轻盈飘逸、吸汗透气,主要用于制作夏季服装。花格呢是由棉经、麻纬交织而成的,花型变化新颖,风格粗犷豪放,常用于制作时装、鞋帽、箱包布、沙发套等制品。麻/棉混纺针织衫作为内衣,穿着舒适滑爽,如制成春秋外衣,则风格粗犷豪放,并具有吸湿、保暖、透气等优点。由汉麻加工的织物具有独特风格和优异性能:手感柔软,穿着舒适,凉爽宜人;抑菌防腐、保健卫生;耐热、耐晒性能优异;隔音绝缘功能奇特;粗犷潇洒,高雅华贵。由于汉麻织物具有这些优良的性能,广泛用于制作 T 恤衫、内衣、内裤、运动服、练功服、劳动服、防晒服、高温工作服、西服、牛仔装等产品,还可以用作床上用品、食品包装、卫生材料、鞋袜、绳索、遮阳伞、帐篷、室内装饰布、油画布、车船飞机座椅罩、地毯等方面,产品符合当代人们返璞归真,回归大自然的潮流,实用价值越来越高。

(二)仿麻面料

麻织物是指用麻纤维纺织加工成的织物,也包括麻与其他纤维混纺或交织的织物。麻织物具有吸湿散湿速度快、断裂强度高、断裂伸长小、不霉不烂、穿着凉爽等特点,织物挺爽透气性好,适宜制作夏季服装、床上用品及国防和工业的特殊用途。化学纤维虽具有产量大、强力高、耐磨性好的优点,但服用性能差,于是纺织科技工作者进行了大量的研究,开发出一批化纤仿麻产品,受到广大消费者的青睐。

1. 涤纶仿麻丝面料

涤纶仿麻丝是一种新颖的、具有粗细节外观的变形丝。涤纶仿麻变形丝是由两种不同线密度或不同性能的涤纶长丝在不同超喂条件下进行假捻加工而制成的,由于张力平衡的关系,皮丝在芯丝周围间隔地形成两层或三层螺旋形卷绕,因此纱线沿纵向呈现出类似亚麻纱的自然规则的粗细节。经纬纱粗细应根据不同的用途和不同季节的要求进行配置。如厚型仿麻面料可选用 33.3tex(300 旦)的丝,中厚型仿麻面料可选用 16.7 ~ 20tex(150 ~ 180 旦)的丝,薄型仿麻面料可选用 11.1 ~ 15.6tex(100 ~ 140 旦)的丝。从风格特征上讲,厚型仿麻面料要求达到手感厚实,风格粗犷,此时也可将涤纶低弹丝与涤纶仿麻丝交织。薄型仿麻面料要求轻薄,手感挺爽,这时可选用全仿麻丝。如经纱采用 13tex(45 英支)涤/棉混纺纱,纬纱用涤纶仿麻丝,其织物除具有手感挺爽的特点外,其吸湿性、柔软性也可得到相应的提高。为了使仿麻效果达到外观效应,应采用易产生麻感的织物组织,对薄型织物而言,为了获得较好的透气性,可采用平纹变化组织、透空组织、绉组织及联合组织,但组织浮线不宜过长,以防止勾丝。织物的经纬密度配置也很重要,密度不宜过高或过低,应从织物的内在质量、服用性和外观风格等方面进行综合考虑。仿麻织物与麻织物相比较,具有强力高、弹性好、不起皱、洗可穿等特点,其外观风格与麻织物相似。可用作薄、中、厚型服装面料。

2. 绉组织涤纶仿麻面料

该面料采用普通涤纶与三角形涤纶混纺纱作经纬纱(经纱为 9.84tex×2 普通涤纶 70/三角涤纶 30 混纺纱,纬纱为 19.7tex 普通涤纶 70/三角涤纶 30 混纺纱),通过合理配置织物组织结构织制而成。织物具有手感滑爽挺括、弹性好、光泽自然柔和、透气性好、不易起毛起球等特点。可用作夏季衬衫、裙子等的面料。

3. 竹节形仿麻面料

竹节形仿麻面料是采用由平纹组织和经纬变化重平组织组合的所谓"竹节组织"编织而成。由于在平纹组织的基础上,双经变化重平组织的经纱并列众生,犹似竹竿外形,纬重平组织的纬浮长好像竹筒横节,而产生竹节外观。织物外观粗犷,手感硬挺,仿麻效果非常好。该方法可用于纯棉、涤/棉、中长纤维纱的仿麻面料设计中,织物可用作衬衫、外衣等面料,也可用作装饰织物。

4. 涤/棉/腈包缠线仿麻面料

该面料是以有色涤/棉混纺股线作芯线,用有色腈纶条作饰纱纺制包缠线织制的纺麻织物。织物手感硬挺,外观风格粗犷,仿麻效果非常显著,呈多色效果,经多次洗涤后,效果不变。可用作各种外衣面料。

(三)孔隙面料

所谓孔隙面料是指织物表面具有许多小孔的织物。织物孔隙对于某些用途的织物来说非常重要,如夏季服装面料表面的孔隙可以改善面料的透气性,穿着时感到凉爽、舒适。孔隙织物除用作夏季服装面料外,还可代替钩纱制品用作窗帘、家具的装饰布,还可以用作蚊帐以及筛绢等工业织物。

织物表面的孔隙通常是采用透空组织(假纱罗组织)和纱罗组织织制的,这是比较传统的常用组织。除此之外,也可以采用可溶性聚乙烯醇(可溶性维纶)纱间隔织入织物中,然后在后处理中将可溶性聚乙烯醇纱溶解,从而使织物形成孔隙效果,其孔隙的大小、形状及分布是由普通纱与可溶性聚乙烯醇的交织结构决定的。

衣料用孔隙面料的孔隙太大会使织物松软。一种细小空隙的形成方法是将左捻纱与右捻纱按一定规律排列,由于同捻向的纱有相互聚集,而反捻向纱有相互排斥的趋势,于是在左捻纱和右捻纱之间形成空隙,这种方法常在要求透气性好的凉爽呢的设计中采用。也可以在织前穿筘时采用隔筘齿或稀密穿筘法来增强织物的孔隙效果。

1. 仿抽纱织物

仿抽纱织物是将涤/棉混仿纱与可溶性聚乙烯醇纱按一定规律间隔排列于织物经纬向,然后在后处理加工中将可溶性聚乙烯醇纱溶解而成,得到的织物具有对称或不对称的空格。这种织物不仅具有薄、透、露的纺纱风格,而且还能改善涤/棉混纺织物透气性差和穿着闷热等缺点。可用作夏季服装面料和装饰用布。

2. 中厚型纱罗织物

常规的纱罗织物是细经细纬的薄型织物。中厚型纱罗织物是采用细经粗纬或粗经粗纬织制的织物。

细经粗纬类织物是以细特的涤/棉混记纱或纯棉纱作经纱,粗特的尘笼纺纱、腈纶膨体纱、空气变形丝或花式纱线作纬纱,采用纱罗组织织制。布面分布有均匀、清晰的小孔,花色新颖,具有透、凉的风格特征。织物可用作夏季服装面料以及窗帘、台布等装饰用品。

粗经粗纬类织物是以腈纶膨体纱作经纬纱,采用复杂纱罗组织织制,结合色纱配置,织物具有组织和色彩的综合效果。而且布面的小孔似有绒线的编结效果。织物手感柔软,毛型感强,风格独特,可用于制作妇女、儿童的服装以及围巾和装饰用品。

3. 化纤凉爽呢

凉爽呢是平纹薄型织物,其孔隙是由较大捻度的左右捻纱间隔排列而形成的。与透空组织、纱罗组织所形成的孔隙相比要小得多,属于微孔隙织物,具有服装面料所要求的尺寸稳定性。与一般的化纤薄型织物相比,具有较好的透气性,并采用了较高捻度的纱线,所以称为"凉爽呢"。该织物具有质地轻薄、不缩不皱、易洗快干等风格特征。织物可用于制作夏季服装。

(四)甲壳素吸湿面料

甲壳素是地球上存量极为丰富的一种自然资源,也是自然界中迄今为止被发现的唯一带正电荷的动物纤维素。其分子结构中带有不饱和的阳离子基团,对负电荷的各类有害物质具有强大的吸附作用。由于甲壳素的这种功能,它被欧美科学家誉为和蛋白质、脂肪、糖类、维生素、矿物质同等重要的人体第六生命要素。

纺织服装界用它作舒适性面料,又由于甲壳素本身的抗菌功能,所以穿这种面料的服装时,汗液中的蛋白质和脂肪就不能得以分解,臭味就不会产生,起到防臭的作用。既是舒适保健面料,也可视为绿色面料。目前用甲壳素纤维与棉、毛、羊绒、绢丝、罗布麻、大豆蛋白纤维、化纤混纺织成的高级面料,具有坚挺、不皱不缩、色泽鲜艳、光泽好、不褪色、吸汗性能好,对人体无刺激以及无静电等特点,制成的内衣保健、舒适。

(五)吸湿排汗的合成纤维面料

普通的合成纤维截面多为圆形或近似圆形,表面光滑或呈树皮状。其纤维强度大,但形成的织物手摸有蜡状感,光泽不佳,吸湿透气性较差,特别是夏季穿着,不透气,有闷热感。近年国内外开发出异形截面的吸湿排汗纤维,包括纤维横截面环形(中空)、"十"字形、"Y"形、"H"形、"W"形和五叶形涤纶、丙纶,这类纤维的表面不同形式地存在凹槽,具有特殊的排汗功能,形成的织物可以产生高密度排气孔,构成吸湿去湿的快速通道,产生"汗不湿"效果。用这类吸湿导湿纤维织制的织物被称为会"呼吸"的织物,广泛用于内衣、夏季服装和运动服装中。

随着消费者对服装舒适性要求的提高,吸湿排汗功能纤维的织物越来越受到欢迎。国外大公司对其制品全方位的研究开发,包括从纤维、染色、织布、整理和应用,进一步推动了生产技术的发展和完善,产品的性能和品质也不断提高,逐渐推出升级换代产品。吸湿排汗聚酯纤维在国内也得到快速发展,可以预见,新型吸湿排汗聚酯纤维的开发及其相关织造技术的发展为设计舒适服装提供了更多选择,吸湿排汗聚酯纤维及其面料可以被拓展至中高端市场。尤其是吸湿排汗聚酯纤维还可以通过与抗菌纤维、抗紫外线纤维、棉、远红外线纤维等混纺,使吸湿排汗的合成纤维面料具有多种功能,可获得更广阔的应用空间。

三、恒温、保暖舒适面料的开发

(一)恒温舒适面料

美国新奥尔农业研究所化学家蒂龙·维戈研制发明了具有调试温度的面料,他用聚乙二醇处理纺织品制成的面料在体温和周围气温升高时能吸收并储存热量,当体温或气温下降时,面料又能将储存的热量释放出来,人体就会保持恒温的舒适感觉。

(二)柔软保暖的绗缝面料

夹层绗缝织物是近年国际上较流行的织物。它在双面机上编织,采用单面编织和双面编织相结合,在上、下针分别进行单面编织而形成的夹层中衬入不参加编织的纬纱,然后由双面编织成绗缝。双面编织的绗缝可以根据设计的花纹图案编织,形成多样的外观效应,不同的图案决定一个循环成圈系统数的多少。这种面料由于中间有较大的空气层,保暖性好,大量用于制作保暖内衣。针织成形服装编织时常用空气层提花组织形成类似绗缝面料效果,织制内穿或者外穿针织服装。

柔软保暖的绗缝面料还包括由内外两层织物,中间加絮料,通过热熔压合或绗缝将它们结合在一起形成的复合织物,可以应用各种流行色彩,热熔压合或绗缝在表面形成各样图案、花纹,这样形成的复合面料既美化了外观,又简化了保暖服装的制作流程,是近年非常受欢迎的保暖外衣面料,可以制作各类外穿保暖服装。

四、高级纯棉服装面料的开发

所谓高级纯棉服装面料是指特细纯棉并经丝光处理的面料,特细纯棉织物是采用线密度小于7.3tex(大于80英支)纱线织造的织物。其品种有府绸、细纺、巴厘纱、麻纱、纱罗、罗缎等织物,这些织物的风格特征类似于丝绸中的绸、纺、纱,其主要特点是具有薄、软、滑的仿丝绸感。"薄"是指布身轻薄如绸,这是由于采用特细纱织制的缘故,也是特细纱织物最根本的风格特征。"软"是指织物手感柔软,这与纱线的线密度和整理方法有关。"滑"是指手感滑爽,这与纱线的线密度、捻度、单纱与股线的捻向配置有关。故此,薄、软、滑是所有特细纱织物的共性,但织物品种不同,其风格特征也不尽相同。如府绸织物应具有布身紧密轻薄、颗粒清晰饱满、手感滑爽细腻、布面光洁匀整等风格特征。细纺织物应具有结构紧密、布面光洁、手感柔软、轻薄似绸的风格特征。巴厘纱应具有质地轻薄、手感挺爽、布孔清晰、透气性好、富有弹性、穿着凉爽等风格特征。麻纱织物应具有布面光洁匀净、条纹清晰、布身轻薄、滑、挺爽、成衣挺括、透气性好、外观和手感如麻织物、穿着舒适凉爽等风格。纱罗织物应具有清晰而均匀的纱孔、透气性好、轻薄凉爽、结构松软、手感疲软等风格特征。罗缎织物应具有布面细致美观、有花纹、布身紧密、质地厚实、色泽鲜艳匀净、富有光泽等风格特征。

从服用性方面考虑,高级纯棉服装面料还应具有不缩不皱、洗可穿等优良性能。因此,对其进行特殊的染整加工是必要的,如树脂整理、液氨整理、有机硅整理等。从加工方法上看,高级纯棉服装面料可以色织、漂白、染色和印花,为了保证织物的质量,一般都需要进行烧毛和丝光处理,使织物的外观满足不同的需要。

丝光是在一定的张力下,使用冷而且浓的烧碱处理棉纤维或棉织物,使其微结构发生变化。丝光分为冷丝光(10～20℃)和热丝光(60～70℃)两种工艺,我国常用冷丝光的方式。丝光后棉纤维发生剧烈溶胀,直径增大,横截面由腰圆形变为圆形,而特有的胞腔和天然卷曲消失,表面光滑。因而提高了光泽,增强了化学反应性,提高了对化学品和染料的吸附能力。织物的强力、延伸度等物理机械性能和尺寸稳定性都得到了改善。处理后的棉纤维的结晶度由70%下降到50%～60%,纤维组成也由纤维素Ⅰ变为纤维素Ⅱ。改善了织物的手感和外观,较大地提高了织物的品质和服用性能。

高级纯棉纱线除用于机织物外,在针织物中也有广泛应用,目前广泛使用的有细特纯棉丝光T恤、汗衫、衬衫等,这些产品具有丝的光泽,用优质柔软剂整理后,穿着轻爽、光滑而舒适。

五、心理舒适性面料的开发
(一)心理舒适性的理论基础

开发这种新型织物的技术源于"1/f 起伏"理论和"生物声"理论。这一理论认为,自然界存在的物体或现象,至少在人眼见到的范围内,全是不规则的,如图7-1所示。

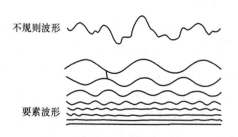

图7-1 "1/f 起伏"的波形分析

所谓"1/f 起伏",是指波的振幅和频率 f 成反比,振动频率大的起伏其振动的幅度就小。换言之,小的起伏频繁出现,大的起伏仅仅是偶然事情。"1/f 起伏"是自然界广泛存在的现象,称为自然节律,就是具有一定节律性并能给人带来一种心理舒适感觉的不规则性。迄今为止,已知的"1/f 起伏"现象很多,如银河系磁场、地球自转速度、真空管中流过的电流、石英钟的振动数、树木的年轮、小河的流水、小鸟的鸣叫、轻风的拂动、海洋的波涛、心脏的跳动、安静时的脑波、手打拍子的节奏、美妙的音乐,如此等等。

在这些现象中，大到宇宙，小到细微，无不体现"1/f 起伏"的变化。树木的年轮与其成长中每年的气候相关；风拂杨柳、小河潺潺、星光闪烁、涛声激荡与包围地球的空气相关；小鸟的鸣叫、手打拍子、心脏跳动、脑波发出与其神经系统传递的电信号相关；美妙的音乐更是"1/f 起伏"振动数的变化。因此"1/f 起伏"不仅仅是简单的普遍现象，而且与舒适性和美学意识有密切联系。自然界诸多现象中存在的节律也存在于人的身体中，当外界节律变化与人体节律发生共鸣，人们就会感到舒适和亲近，人们一旦欣赏自然美景就会心情舒畅，就是这个道理。"1/f 起伏"生物体内信息传递顺利，生物体能吸收"1/f 起伏"，这也是某类织物具有心理舒适性的神秘之所在。

支持心理舒适性织物开发的技术还有"生物声"理论，这一理论与"1/f 起伏"相近。日本信州大学工学部信息工程学科的理学博士中村八束教授认为，自然界不能皆有节律，从生物得到的节律信息，形同声音，有音乐感。人体在接触这些信息时，能和自然界的生物声发生共鸣，产生愉快的心情。提取生物和生物周围外观中的节律信息用于绘画、印花和提花，能产生与自然和谐的感觉，用这种方法可以赋予织物较高的附加价值。

（二）心理舒适性织物的设计

现代科技的发展已达到实现"1/f 起伏"控制的水平。但是，认识和选取自然节律是一个复杂的过程，只有凭借计算机技术的发展，才能得以实现。实际开发这类产品，是针对不同产品的用途，采用广泛调查的方法收集主题画面，然后从关心度、通用性等角度选择和规范画面的内容和含义，由设计师完成基本设计。在服装面料生产中，印花花纹最早使用了"1/f 起伏"理论开发的"无痛印花"不是以几何学的等距离反复出现固定的图案，而是适度地将具有不规则配置的自然感的花纹印在织物上。以"1/f 起伏"理论与面料生产的多种工艺相结合，有望开发出不同的心理舒适性织物，用于保健服装的面料。

第三节　生态环保型面料的开发

近年来，在"保护环境，绿色消费"浪潮的冲击下，世界各国都在开发有利于人体健康，有利于生态和环境保护的产品。最早出现的是绿色食品，人们逐渐地发展到注重生活环境及纺织品和服装的生态环保健康性。为消费者提供安全的、有利于生态和环境保护的服装面料已成为一种世界性潮流。

环保型面料应符合生产生态学、消费生态学和处理生态学的要求。生产生态学指面料生产采用天然无污染的材料，在纺织印染加工过程中不使用对人体或环境有害的化学药品，而是采用无氯漂白工艺，严格选择无害染料及助剂进行染色、印花，以天然功能整理剂洗涤面料，使面料上不会有化学品的残留物。消费生态学指面料在使用过程中,对消费者不带来任何有害的影响,如对皮肤无刺激,不放出甲醛等有害气体。处理生态学指处理废弃的面料时,若采用土埋,必须能生物降解,对土壤无害,若焚烧,不放出有害气体污染空气,灰烬少且无害,或废弃品能够回收再生,循环使用。

一、环保型纤维素纤维面料的开发

(一)改良的棉纤维面料

有的人会因为服装而产生过敏反应,甚至引起哮喘等疾病。为了免除来源自农药、杀虫剂、机械收摘棉花而喷洒的脱叶剂、化学染料、整理剂及其他化学物质的毒物对普通棉纤维在生产服装面料及家用纺织品时产生的污染以至于对人体的危害。有关专家培育出改良的棉纤维。

1. 天然彩色棉面料

传统的棉花是白色的,经纺织加工后,织物才有五彩缤纷的色彩。但印染、整理剂绝大部分是化学物质,不仅增加了织物的加工成本,而且还产生了大量污染废液。不但造成环境污染,还可能影响人体健康,对皮肤造成伤害。

天然彩棉是利用生物基因工程等现代技术培育出来的新型棉花,即由农业育种专家和遗传学专家给棉花植株插入不同颜色的基因,从而使棉桃生长过程中具有不同的颜色。目前美国、英国、澳大利亚、秘鲁、乌兹别克、中国等国家,已栽培出浅黄、紫粉、粉红、奶油白、咖啡、绿、灰、橙、黄、浅绿和铁锈红等颜色的彩棉。我国引进了三种颜色彩棉,但目前用得比较多的是咖啡色,少量浅绿色。

彩棉织物不再需要染色,它使用机械方法预缩,不再使用化学整理剂,并配用再造玻璃扣,或木质、椰壳、贝壳等天然材料的纽扣,缝纫中也采用天然纤维缝纫线,成为环保型服装,具有很高的经济效益和社会效益,因而也得到国际服装市场的青睐。但彩棉在强度、色牢度等方面还需进一步改进,这成为开发彩棉服装的科研课题。可以利用彩棉与白棉、远红外纤维、抗静电纤维、罗布麻等的混纺纱,开发多种新型服装面料,可以用于制作婴幼儿服装及童装系列产品,可以制作内衣、内裤、T恤衫、文化衫、文胸、背心、衬衫、睡衣、孕妇装、产妇服、连衣裙、男女夹克、便装、休闲服、牛仔装、运动服及床单、毛巾、童毯等家用纺织品。

2. 无公害的"生态棉"面料

为了防止农药、杀虫剂等对人体的危害,农业科学家竭力培育不施化学药剂而抗虫害的生态棉花。他们将从天然细菌芽孢杆菌变种中取出的基因,成功地植入棉花中,该细菌产生对抗毛虫类的有毒蛋白质,可使毛虫在4天内死亡。转变基因后的棉株不再有虫,不需喷洒杀虫剂,而且这种棉花只对以棉花为食的昆虫有毒,而对人和益虫无害。还培育出不需人工脱叶的棉花,使其具有遗传性地早期自然脱叶特性,在棉花成熟前两个月,叶子开始变红并逐渐脱落,自动去除了棉纤维中的杂质。由于利用无公害的"生态棉"面料制成的服装对人体无害,受到服装界的重视和消费者的欢迎。

(二)绿色时尚的原生竹纤维面料

竹子是一种速生丰产的植物,不仅栽种成活率高,而且2~3年即形成一个生长周期,即使砍伐也不会对生态环境造成大的影响。我国竹子种植面积达420万公顷,分布范围广,种类多,竹资源的丰富可谓世界第一。竹纤维可按加工方法分为原生竹纤维和再生竹纤维两种。原生竹纤维是利用物理方法制得的,再生竹纤维是以化学方法制得的。

原生竹纤维应根据各纺织厂不同的纺纱系统,将天然竹材锯成生产所需的长度,经前处理工序→纤维分解工序→成形工序→后处理工序→纤维成品等特殊、复杂的工艺制成。前处理工序包括整料、制竹片及浸泡三个工序。纤维分解工序分三步进行,每一步都包括蒸、煮、水洗及分解四个过程。成形工序一般要经过蒸煮、分丝、还原、脱水及软化五个步骤。后处理工序一般分为干燥、梳纤、筛选及检验四个步骤。竹纤维是同时采用机械、物理的方法将竹材中的木质素、多戊糖、竹粉、果胶等杂质除去后,直接获取的纤维,即原生竹纤维是经独特的工艺从竹子中直接提取分离出来的纤维,不含化学添加剂,整个制取过程对人体无害,加之竹材本身具有天然的抗菌性,不生虫,自身可繁殖,生长过程中既不需农药,也不需化肥,使得原生竹纤维成为新型纯天然绿色环保纤维。原生竹纤维本身具有天然的中空结构,可以在瞬间吸收大量的水分和透过大量气体,被誉为"会呼吸的纤维",用该纤维形成的面料具有良好的吸湿性和放湿性,还具有手感柔软、穿着舒适、光滑、耐磨、悬垂性好等特点。此外,原生竹纤维还具有天然的抗菌、杀菌作用,有良好的除臭作用,其面料具有较好的防紫外线功效。

(三)天然环保的桑皮纤维面料

桑皮纤维是利用天然桑树皮经过一系列加工提取的纤维。桑皮具有较好的柔韧性,树胶含量比其他树种低,木质素的含量仅为7%,为竹纤维的1/3,因此桑皮纤维的光泽、柔软性、弹性、可纺性均比竹纤维好,而且桑树易存活,可利用时间长。在工艺上,生产桑皮纤维比生产棉、麻的成本低。在原料来源上,我国有大面积桑田,此前农户种植的桑树夏、冬季修枝后,焚烧树枝时还污染环境。现在作为生产桑皮纤维的原料,变废为宝。桑皮纤维本身具有光泽柔和、挺括坚实、保暖透气、舒适柔韧、密度适中和可塑性强等特点。单纯的"桑衣"不仅具有蚕丝的光泽和舒适度,还具有麻制品的挺括,并且既保暖又透气,是极佳的绿色生态纺织品。同时,桑皮纤维还可以与棉、毛、丝、麻、涤等常用纺织纤维混纺成为桑棉、桑麻、桑毛、桑丝等风格不同的新型纺织面料,适合各类服装。

(四)色白柔软、光泽柔和的菠萝叶纤维面料

菠萝叶纤维又称凤梨麻、菠萝麻,取自于凤梨植物的叶片,由许多纤维束紧密结合

而成,属于叶片类麻纤维。目前,世界上有不少国家正致力于菠萝叶纤维开发利用的研究,并将其誉为继棉、麻、毛、丝之后的第五种天然高档纤维。菠萝叶纤维表面比较粗糙,可纺性和柔软度优于黄麻和汉麻而次于苎麻和亚麻。单纤维长度很短,不能直接用于纺纱,必须采用工艺纤维(束纤维),即在脱胶时应用半脱胶工艺,以保证有一定的残胶存在,将很短的单纤维粘连成满足工艺要求的长纤维(工艺纤维)。该纤维的强度较高,断裂伸长率较小,弹性模量较大。可纯纺,也可与其他纤维混纺。全手工菠萝麻纱(线)可织制菠萝麻布、菠萝麻与苎麻交织布、菠萝麻与芭蕉麻交织布、菠萝麻与土蚕丝交织布、菠萝麻与手工棉纱交织布、菠萝麻与棉混纺布、菠萝麻与绢丝混纺布、菠萝麻与涤纶、羊毛、丙纶等混纺布等品种,其制成的织物容易染色,吸汗透气,挺括不起皱,具有良好的抑菌防菌性能,适宜制作高中档的西服和高级礼服、牛仔服、衬衫、裙裤、床上用品及装饰织物(如家具布、挂毯、地毯等),也可用于生产针织女外衣、袜子等产品。

二、改良的蛋白质纤维面料的开发

(一)彩色羊毛面料

俄罗斯戈尔斯基畜牧研究所人工培育彩色绵羊已基本成功。现在,只需给绵羊在饲料中添喂不同配方的微量金属元素,就能改变绵羊的毛色,收获彩色羊毛,如图7-2所示。如铁元素可使绵羊毛变成浅红色,铜元素能使绵羊毛变成浅蓝色等,通过不同的配方,现在已可以培育出浅红色、浅蓝色、金黄色及浅灰色等奇异颜色的彩色绵羊。

图7-2 彩色羊毛

澳大利亚也培育了产蓝色羊毛的绵羊,蓝色羊毛包括浅蓝、天蓝和海蓝。成功开发彩色羊毛,使直接生产彩色纯羊毛面料成为现实。而且用这些彩色绵羊毛制成的毛织品经风吹、日晒、雨淋后,其毛色仍然鲜艳如初,毫不褪色,彩色羊毛的纤维因不需要染色,不会有染料残留的化学物质,未被腐蚀,因此韧度很强,质地坚实,耐磨耐穿,使用寿命更长,比后期加工染色的羊毛的性能更加优越。

(二)彩色兔毛面料

法国、美国和中国都培育出了多种彩色长毛兔,颜色有棕、黑、灰、黄、红、驼、蓝等十几个天然色系,属于天然有色特种纤维,由它加工的毛织品色调柔和、持久、天然,在加工生产工程中无需染色,缩短了工艺流程,节约了能源,提高了生产效率和产品附加值,是典型的绿色环保纤维材料。我国彩色兔毛的特点是背部、体侧毛的颜色较深,腹部毛色较浅。彩色兔是极佳的毛用型珍稀动物,色彩迷人,绒毛细密,质地致密。彩色兔毛与人类使用的所有天然纤维相比,具有最轻的体积质量、最好的保暖性、最小的摩擦因数、最高的吸湿性,并且具有保持或释放一定量水分的特殊能力。彩色兔毛的保暖性比羊毛高,吸湿性是羊毛的两倍。彩色兔毛制成的服装美丽如花,轻柔如棉,保暖如鸭绒。但彩色兔毛也存在着可纺性差、毛质脆、易断、穿着时容易掉毛、单强低、静电大等致命弱点。开发彩色兔毛面料时,应尽最大可能扬长避短,使这些彩色动物毛对环境保护和人体健康做出应有的贡献。

(三)彩色蚕丝面料

天蚕丝是一种天然的绿宝石颜色的蚕丝,在国际上享有"钻石纤维"和"金丝"的美称,是一种珍贵的蚕丝资源,价格昂贵,国际上售价达 3000 ~ 5000 美元/kg,产量极低。天蚕生长于气温较温暖的半湿润地区,也能适应寒冷气候,能在北纬 44°以北寒冷地带自然生息。主要产于中国、日本、朝鲜和俄罗斯的乌苏里江等地区。1988 年我国成功地将天蚕引入江南落户,由以往单靠收集野生天蚕茧的阶段跨入人工饲养的崭新阶段。实际上早在 20 世纪 50 年代初期,广东省曾饲养过黄色多化性蚕茧,但由于茧层薄、丝质粗、质量不高而被淘汰。后来在浙江、四川等地利用基因技术试养的蚕能吐有色蚕茧,生产的夏茧产量与白色蚕茧不相上下,缫生丝品质达到 3A 级以上。在河南省嵩城县境内也发现一种名叫"龙载"的天蚕,它吐彩丝,有绿、黄、白、红、褐 5 种颜色,为多层结彩,如图 7 - 3 所示。另外,安徽省蚕业研究所也采用生物工程中的基因工程培育出的蚕能吐多种颜色的彩色蚕丝。总之,目前获得彩色蚕丝的途径除了利用现代育种技术获得彩色蚕茧品种以外,再一种方法就是对桑蚕添食生物有机色素获得彩色蚕茧。彩色蚕丝不经过染色,没有任何染料残留的化学物质,未被腐蚀,强度、韧度、光泽度不受损伤。天然彩色蚕丝的手感和羊绒差不多,是蚕丝中的精品,形成的彩色蚕丝面料主要用作晚礼服、医疗用袜子、内衣、护膝、护腹等产品。

图 7 - 3　彩色蚕丝

三、新型生态环保的再生纤维素纤维面料的开发

(一)竹浆纤维面料

原生竹纤维属于天然纤维,竹浆纤维则是将竹子切片、风干,采用水解—碱法及多段漂白将竹片精制成符合纤维生产要求的浆粕,经人工催化将竹浆中的纤维素纤维提纯到93%以上,再由化纤厂加工制成竹纤维。所以竹浆纤维是以竹子为原料,用化学方法把竹子中的纤维素提取出来,再经制浆、纺丝等工序制造的再生纤维素纤维。在

原料提取、制浆、纺丝过程中全部采用高新技术生产,属于新型再生纤维,填补了国内、国际空白。竹浆纤维面料具有吸湿透气性好、穿着凉爽舒适、悬垂性佳、手感柔软、光泽亮丽、强力高、耐磨性能好等特点。此外,它还具有天然抗菌效果。由竹浆纤维纯纺、混纺纱线织造的各种面料广泛应用于内衣裤、衬衫、运动装、婴儿服装,以及夏季各种时装和床单、被褥、毛巾、浴巾等产品中,受到越来越多消费者的青睐。

(二)竹炭纤维面料

竹炭纤维是采用我国南方优质的山野毛竹制成的竹香炭纳米级微粉为原料,经过特殊工艺加入黏胶纺丝液中,再经近似常规纺丝工艺纺制出的纤维新产品。竹炭纤维能充分体现出竹炭所具有的吸附异味、散发淡雅清香、防菌抑菌、遮挡电磁波辐射、发射远红外线、调节温湿度、美容护肤等功效。竹炭纤维作为一种自然、环保、给人以健康的纺织新材料,必将拥有更广阔的发展前景。

竹纤维面料和竹浆纤维面料可用于内、外衣和床上用品,竹炭纤维面料可用于运动服装、保温袜、围巾、窗帘、床上用品及鞋垫等保健用品中。

(三)Tencel 纤维面料

Tencel 纤维是由英国 Courtaulds 公司研制的一种学名为 Lyocell 的新型纤维素纤维,中文名称为"天丝"。它是一种由木浆通过溶剂纺丝方法萃取出的介于再生丝与天然纤维间的环保型新纤维,其溶剂不含有毒成分,对人体及生态环境不构成污染,并可回收进行循环利用,生产过程没有废弃物,最终产品废弃后可以生物降解,不会造成环境污染,所以被誉为"绿色纤维"。用该纤维织制的面料具有天然纤维面料的柔软、舒适性,吸湿性能好,有较好的染色性及丝绸般的光泽,还拥有 Tencel 纤维独有的悬垂性、耐洗性,其缩水率低,它还具有化纤高强度、高刚度的特点。特别是经过酶处理或树脂处理,织物可获得独特的美感及桃皮绒风格,洗可穿性能良好。应用 Tencel 纤维纯纺或混纺可织制各种内、外衣面料,目前用得比较多的是生产牛仔布、非织造布、女装面料、家用纺织品面料,并不断向装饰和产业用织物领域拓展,是比较有发展前途的新型面料。我国已经在上海等地建成 Lyocell 纤维的生产线。世界纺织品权威机构预测,未来 Tencel 纤维将取代半数以上的棉花及黏胶纤维,成为消费量最大的纺织纤维,成为继棉、毛、丝、麻四大天然纤维之后的第五大纤维素纤维。

(四)莫代尔纤维面料

莫代尔纤维是奥地利 Lenzing 公司生产的超强吸湿再生纤维素纤维。莫代尔纤维系第二代再生纤维素纤维,其价格是 Tencel 纤维的一半。这种纤维原料采用欧洲的云杉、榉木,先将其制成木浆,再纺丝加工成纤维。因该产品原料全部为天然材料,是100% 的天然纤维,对人体无害,并能够自然分解,对环境无污染,属于绿色环保纤维。莫代尔纤维具有高强力,高湿模量,质地柔软、顺滑,色泽鲜艳,并有丝质感,不但具有天然纤维的吸湿性,合成纤维的强伸性,而且具有良好的可纺性,可以用传统的方法进行加工染色。可见莫代尔纤维的特点是将天然纤维的豪华质感与合成纤维的实用性合二为一。其面料具有棉的柔软、丝的光泽、麻的滑爽,而且其吸水、透气性能都优于棉,具有较高的上染率,织物颜色明亮而饱满。由于莫代尔纤维可与多种纤维混纺、交织,如棉、麻、丝等,可以提升这些织物的品质,使其能保持和发挥各自纤维的特点,不但达到更佳的服用性能,又大大提升了服装的档次,是非常健康环保的面料。莫代尔纤维面料具有丝绸般的光泽,良好的手感和悬垂性,可以大大提高服装舒适性和档次,主要用于内衣和家用纺织品中,其柔软光滑的特性宛如人体的第二层肌肤。目前 Lenzing 公司已开发出 ModalMICRO(莫代尔超细纤维)、ModalCOLOR(莫代尔彩色纤维)、ModalSUN(莫代尔抗紫外线纤维)等产品系列,使莫代尔纤维面料更加丰富多彩。

四、新型再生蛋白质纤维面料的开发

(一)大豆蛋白纤维面料

被誉为"人造羊绒"的大豆蛋白纤维是目前唯一由我国自主研发并在国际上率先取得工业化试验成功的再生蛋白质纤维。大豆蛋白纤维是从豆粕中提取植物蛋白质和聚乙烯醇共聚接枝,通过湿法纺丝生成大豆蛋白纤维。大豆蛋白纤维是一种性能优良的新型植物蛋白质纤维,其表面光滑、柔软,具有羊绒般的手感、蚕丝般的光泽和棉纤维的吸湿性能(但保湿性不是很好),纤维本身呈淡黄色。在高温高湿环境中,该纤维具有良好的内部吸湿效果而使纤维表面保持干燥,从而使服装在潮湿的环境中穿着非常舒适。

1. 抑菌抗衰老功能

在大豆蛋白纤维中,大豆蛋白质含量在纤维中占 15% ~ 35%。大豆中含有的成分几乎都是人体所需的有效成分。大豆异黄酮对人体具有特殊的抗氧化(抗衰老)功能;大豆低聚糖可使双歧杆菌增殖,双歧杆菌可产生一种名叫双歧杆菌素(bifidin)的抗生素物质,它能有效抑制沙门菌、金黄色葡萄球菌、大肠杆菌等微生物;大豆皂苷是一种强抗氧化剂,抗自由基,能够抑制肿瘤细胞的生长,增强肌体的免疫力,能抗病毒,可有效地抑制各种病菌的感染和细胞生物的活性;大豆蛋白纤维还含有 20 多种氨基酸,大豆蛋白质与人体皮肤具有良好的相容性。

2. 防紫外线功能

大豆蛋白分子结构中的芳香族氨基酸,如酪氨酸和苯丙氨酸,对波长小于300mm 的光具有较强的吸收性。

3. 远红外功能

由于大豆蛋白纤维中的 ZnO 微粒和"蛋白质功能催效素"的共同作用,致使纤维具有很高的远红外发射率。

4. 负氧离子功能

负氧离子与人体健康密切相关,是人类延年益寿的重要因素之一,人体每天吸入一定量的负氧离子,对健康大有裨益。

大豆蛋白纤维可以纯纺,也可以与棉、羊绒、羊毛、绢丝、涤纶、黏胶纤维、天丝、莫代尔等原料混纺。纯大豆蛋白纤维面料,具有棉型或毛型的风格;真丝/大豆蛋白纤维面料,具有色泽鲜艳、手感滑糯、轻盈飘逸等特点,加工成提花闪色、缎纹双色、平纹闪色或同色风格,可作高档服装面料;羊毛/大豆蛋白纤维面料有色呢、薄花呢、女衣呢、哔叽、板司呢等品种,可以色织、条染、匹染,产品具有弹性优良、手感滑糯、光泽持久、色泽坚牢等特点,适宜加工高档西装和女套装,也可以加工成交织面料。由于大豆蛋白纤维中含有较多的大豆蛋白质,纤维柔软、吸湿导湿性好,特别适于加工针织内衣、T恤衫、羊毛衫、外衣及披肩、围巾等产品。

(二)牛奶蛋白纤维面料

牛奶蛋白纤维又称牛奶丝,是高科技生态环保纤维,它将液状牛奶脱脂、去水后得牛奶蛋白,再由牛奶蛋白和丙烯腈接枝共聚,进行纺丝加工而成,被誉为"绿色环保产品"。该纤维形成的面料被称为"润肌养肤的牛奶丝面料",该面料轻盈,具有天然丝般的光泽和柔软的手感,有较好的吸湿性和导湿性,由于其主要原料是牛奶蛋白质,贴身穿着有润肌养肤、滋滑皮肤的功效,牛奶丝还具有天然持久的抑菌功能,据上海市卫生防疫站检测,其抑菌率达到80%以上,对有害皮肤的杆菌、球菌、霉菌均有抑制作用。由于牛奶丝比棉纱、真丝强度高,防蛀、防霉,故而更加耐穿、耐洗、易贮藏。此外,牛奶丝面料与染料的亲和性使颜色格外亮丽生动,只要在合适的条件下,即使面料经多次洗涤颜色仍能鲜艳如新。由于牛奶丝是牛奶蛋白和丙烯腈接枝共聚纺丝而成,不像其他的动物蛋白纤维,如羊毛、真丝那样容易霉蛀或老化,即使放置几年仍能保持亮丽如新,使之穿着方便,容易打理。牛奶蛋白纤维可以纯纺,也可以与羊绒、羊毛、桑蚕丝、天丝、包芯氨纶等原料混纺,制成的面料有身骨,有弹性,尺寸稳定性好,耐磨性好,光泽柔和,质地轻盈,给人以高雅华贵、潇洒飘逸的感觉,加之其有柔软丰满的手感、良好的悬垂性能、丰满自然,因而具有一定的美感。其产品爽滑、轻盈、细腻、手感柔软,导湿透气性好,且具有丝绸般的质感。

纯牛奶蛋白纤维面料以及与其他纤维混纺或交织的面料广泛用于制作各种服装服饰,可用于制作儿童服饰、内衣、睡衣等贴身衣物,用于制作高档时装(如针织衫、T恤衫、女式衬衫、男女休闲服装及牛仔裤等)、床上用品和日常用品(如手帕、围巾、浴巾、毛巾、装饰线、绷带、纱布、领带、卫生巾、护垫、短袜)及连裤袜等功能型产品。

(三)蚕蛹蛋白丝面料

蚕蛹蛋白丝是一种新型的蛋白质纤维,利用复合纺丝技术纺制(综合利用高分子改性技术、化纤纺丝技术、生物工程技术),将干蚕蛹制成蛹酪素,再制成蛹蛋白纺丝液,然后与黏纤纺丝原液共混,经湿法纺丝,醛化后处理而制成的具有皮芯结构的纤维。是我国在化纤产品开发中独有专利的奇葩。是具有稳定皮芯的蛋白纤维。

蚕蛹蛋白丝在特定的条件下形成蚕蛹蛋白质与纤维素皮芯分布的结构。主要是由于蚕蛹蛋白液与黏胶纤维的物理化学性质不同,使蚕蛹蛋白主要聚集在纤维表面。蚕蛹蛋白丝外表呈淡黄色,有真丝般柔和的光泽和滑爽的手感,有良好的物理性能,蚕蛹蛋白丝集真丝和黏纤丝的优点于一身,兼具真丝与黏胶纤维的优良性能,并在一定程度上优于真丝,具有舒适性、亲肤性、染色鲜艳、悬垂性好等优点。其织物可达到高度仿真的效果,且在很多方面比真丝更具优势,光泽柔和,手感滑爽,吸湿性和透气性好。蚕蛹蛋白丝面料适合制作高档衬衫、内衣和春夏季服装及家用纺织品。

蛋白改性纤维作为一种新型纤维,由于既有蛋白纤维的特性,又兼有化学纤维的优点,舒适、健康、环保又耐穿耐用,非常适合现代消费者快节奏生活的服饰需要。

(四)蜘蛛丝面料

蜘蛛丝是目前世界上最坚韧且具有弹性的纤维之一,尤其是它的牵引丝在力学性能上具有其他纤维所无法比拟的突出优势,蜘蛛丝光滑闪亮,耐紫外线性能强,其强度与 Kevlar 纤维相似,断裂功却是 Kevlar 纤维的 1.5 倍,断裂伸长率达 36% ~50% ,是一种性能十分优异的材料。随着现代基因工程技术以及生物材料技术的迅猛发展,科学家们利用基因和蛋白质测定等技术,解开了蜘蛛丝的奥秘,在人工生产蜘蛛丝方面也取得了突破性进展。加拿大 Nexia 生物技术公司(NXB)将能产生蜘蛛丝蛋白的合成基因移植给某些哺乳动物,如山羊、奶牛等,从其所产的乳液中提取一种特殊的蛋白质,并用这种蛋白质与水体系完成了环境友好纺丝过程,于 2002 年 1 月生产出世界上首例"人工蜘蛛丝"。上海生化研究所利用转基因技术中电穿孔的方法,将蜘蛛"牵引丝"部分的基因注入只有半粒芝麻大的蚕卵中,使培育出来的家蚕分泌出含有"牵引丝"蛋白的蜘蛛丝。杜邦公司运用生物工程研究 DNA 的重新联合仿造蜘蛛丝,首先运用计算机模拟技术建立蜘蛛丝蛋白质各种成分的分子模型,然后运用遗传学的基因合成技术,把遗传基因植入酵母和细菌,仿制出蜘蛛丝蛋白质,再溶解纺丝。由于蜘蛛丝优良的力学性能,它在军事(如用于制作防弹背心,制造战斗飞行器、坦克、雷达、卫星等)、航空航天(用于制作结构材料、复合材料及宇航服等)、建筑(用于桥梁、高层建筑等方面的结构材料和复合材料)、医疗保健(用于制作人工筋腱、人工关节、人造肌肉、人工韧带及人工器官、假肢)等领域有美好前景。

五、再生动物毛蛋白质纤维面料的开发

再生动物毛蛋白质纤维是指从猪毛、羊毛下脚料等不可纺蛋白质纤维或废弃的蛋白质材料中提炼出的再生动物毛蛋白与黏胶纤维共混纺丝制得的纤维,它具有两种聚合物的特性,属于复合纤维的一种。蛋白质主要分布在纤维表面,属于皮芯结构。它

集蛋白质纤维和纤维素纤维的优点于一身,具有优良的吸湿性、透气性以及较好的断裂伸长率。纤维中含有多种人体所需氨基酸,并具有独特的护肤保健功能。

再生动物毛蛋白质纤维在毛纺系统可纯纺加工成毛型织物面料,各项性能指标均较好,具有较高的断裂强度和断裂伸长率,同时具有良好的透气性和悬垂性。再生动物毛蛋白质纤维与羊毛纱、绢纺纱交织的面料既有羊毛面料的手感,又有桑蚕丝面料的光泽,风格独特。在棉纺系统加工时,具有较好的可纺性,它与棉混纺的纱线织制的织物的各项性能良好,具有纤维素纤维和蛋白质纤维织物的手感与特征。

六、可完全生物降解的合成纤维——聚乳酸纤维(PLA 纤维)面料的开发

聚乳酸纤维是由玉米淀粉发酵制得乳酸,再经过聚合、熔融纺丝,生产出聚乳酸纤维,又称 PLA 纤维或玉米纤维,是生物体(包括人体)中常见的天然化合物,也是一种新型的可完全生物降解的合成纤维。日本钟纺公司的聚乳酸纤维的商品名为 Lactron,美国杜邦公司生产的该产品商品名为"Sorona"。该纤维能生物分解,其燃烧热较低,而且燃烧后不会生成氮的氧化物等气体,使用后的废弃物埋在土中,可分解成碳酸气和水,在光合作用下,又会生成起始原料淀粉。从环保的观点看,该纤维能以低原料能源取胜于合成纤维,并且在生物降解方面获得极高评价,是一种极具发展潜力的生态纤维。这种纤维具有与聚酯纤维类似的性能,即聚乳酸纤维具有与聚酯纤维几乎同等的强度和伸长率,有良好的耐热性、热定型性和丝绸般的光泽,其弹性模量较低,其织物比聚酯纤维织物手感柔软,并具有优良的形态稳定性、干爽感和抗皱性。可以采用分散染料染色,并可以染比较深的颜色。

聚乳酸纤维可以加工成短纤维、复丝和单丝的形式,与棉、羊毛或黏胶纤维等可分解性纤维混纺,可制得具有丝质外观的面料,制成内衣、衬衫、T 恤、运动衣、夹克衫等内、外衣服装,不但耐用,吸湿性好,而且通过加工能具有优良的形态稳定性和抗皱性。

第四节　功能型面料的开发

由于高科技与高创意的融合,给服装面料赋予了各种各样的特殊功能,更完美地适应着衣环境与需要,使人们的生活变得更健康、更舒适、更环保。而且功能型面料本身所具有的高科技含量与高附加值受到面料、服装界的重视,功能面料的开发已成为我国面料与服装行业的一个新的经济增长点,是加强国际竞争力的潮流所在。

一、保健卫生功能面料的开发

(一)远红外线保温保健面料

远红外线纤维是指具有远红外线放射性能的纤维。远红外线有较强的渗透力和

辐射力,具有显著的温控效应和共振效应,它易被物体吸收并转化为物体的内能。远红外线被人体吸收后,可使体内水分子产生共振,使水分子活化,增强其分子间的结合力,从而活化蛋白质等生物大分子,使生物体细胞处于最高振动能级。由于生物细胞产生共振效应,可将远红外热能传递到人体皮下较深的部分,使其深层温度上升,产生的温热由内向外散发。远红外纤维不仅可以吸收太阳光,而且可以在绝对零度以上的任何温度发射出波长和功率与其温度相应的远红外线。这种作用强度可以促进毛细血管扩张,改善微循环系统,促进血液循环和组织之间的新陈代谢,从而起到保温和保健的作用。

远红外线保温保健面料的开发途径有两种,其一是将陶瓷粉末等远红外线微能辐射体混入合成纤维纺丝原液进行纺丝,得到远红外纤维,然后再将远红外线纤维加工成面料即成为远红外线保温保健面料;其二是在整理加工时将微能辐射体以涂层、浸轧、印花等方法施加到织物上。远红外线能激活生物大分子的活性,补充生物能量,形成调节机体代谢和免疫功能的能力,而织物产生的远红外线可渗透于人体皮肤深部,被皮肤吸收转化成热能,促进微血管扩张,增进血液循环,加速皮肤和内脏等的新陈代谢,并产生体感升温效果,起保温保健作用。因此,远红外线纤维是一种积极的保温材料,不但可以使服装达到轻薄的目的,也具有一定的保健作用。

远红外微能辐射体一般由多种金属(如二氧化钛、三氧化二铝、四氧化三铁、二氧化硅、氧化锆和碳化物、硼化物、硅化物、氮化物等)按一定比例混合。使用最多的是金属氧化物和碳化物,其中以氧化锆、氧化镁、氧化铬、碳化锆等金属化合物性能最佳,有时也使用二氧化钛和二氧化硅。把远红外微能辐射体经粉碎研磨至粒径为微米乃至纳米级。粒径越小,纤维保温性能越优异,但纤维中的微粉越容易团聚,所以微粉的分散性也是一个不容忽视的问题。用于织物后整理的远红外粉的粒度要求略低,一般平均粒径在 $5 \sim 10 \mu m$ 即可,用于纤维的远红外粉的粒度最好在 $0.1 \sim 1 \mu m$,其纺丝时不易堵塞喷丝口。最新研究表明,纤维的远红外发射率与远红外陶瓷粉末的含量呈现复杂的曲线关系。曲线存在极值,在极值之后纤维的发射率迅速下降。极值一般出现在纤维中远红外陶瓷粉含量为 4% ~15% 时。对采用涂层法加工出的远红外织物进行测试也发现有类似的规律存在,因此,纤维中远红外陶瓷粉末含量一般控制在 4% 左右。

国内在 20 世纪 90 年代就推出了微元生化纤维和阳光蓄热纤维。

微元生化纤维是国内高科技企业研制开发的能够改善人体微循环的一种纤维。这种纤维是将含有多种微量元素的无机材料(铝、硅、钛、锆等元素)通过高技术复合,制成超细微粒再添加到化学纤维中形成的。将这种纤维与棉纤维混纺再织成的织物,穿用时微元生化纤维与人体肌肤接触后能在短时间内激发人体生物微元活化,从而使人体产生特殊的生理效应,可以改善人体微循环,对相应的疾病有辅助康复作用。

阳光蓄热纤维即是具有吸收外界光线和热量并能产生远红外线的涤纶。该纤维的升温可达 2～5℃,对金黄葡萄球菌、白色念珠菌的抑菌率达99%。用这种远红外纤维与棉、羊毛、黏胶纤维混纺成纱,织制针织、机织面料制成服装对多种病菌有抑制作用,并能促进血液循环。这种远红外涤纶的外观(除色泽)、手感、耐洗性能、纺织加工等性能均与常规涤纶无明显差异。目前,除了最早生产的远红外涤纶面料外,已经开发了远红外丙纶面料、远红外腈纶和远红外锦纶面料。天然纤维的远红外处理主要通过涂层来获得,已开发了远红外棉纤维面料和远红外羊毛纤维面料。目前有采用纳米级远红外陶瓷粉进行整理的织物面世,这种织物增加了远红外保健功能,其面料的吸湿性、外观和手感都能保持原有面料的风格,其强力、抗起毛起球性和悬垂性能都比整理前有所改善,进一步提高了织物的附加价值。

(二)抗菌消臭功能面料

将纳米级抗菌消臭剂添加到纤维之中或者用后整理的方法将抗菌消臭剂加到织物表面而得到抗菌消臭功能面料,该织物除了具有抑制细菌滋生、防止病毒交叉感染、消除环境中或人体散发的异味外,还可以减轻人体皮肤瘙痒,提高睡眠质量。由 Noble 纤维技术公司研发生产的镀银纤维 X—Static,将纯银材料耐久、牢固地涂镀在常用纺织纤维的表面制成防菌抗静电纤维;英国 Acordis(阿考迪斯)公司推出的 Amiccor 抗菌纤维与其他抗菌纤维的最大不同是采用内置式设计,如同在纤维内部有个抗菌仓库,通过浓度梯度的作用原理,抗菌剂源源不断地溶到纤维表面,这使得用 Amiccor 抗菌纤维制成的抗菌纺织品可以经受 200 次以上的洗涤而不降低其抗菌性能。在安全性方面,Amiccor 抗菌纤维也堪称一流,因为其抗菌理念是抑制有害菌繁殖,而不是杀死细菌,因而对人体也就无损害可言。所以该产品具有对人体安全性高、耐洗性好、抗菌针对性强等优点。该织物一般作内衣面料和床上用品、或公共纺织品。上海石化腈纶事业部和合成纤维研究所也成功开发了一种防螨腈纶,韩国开发出抗菌防臭聚酯棉,是利用具有抗菌防臭效果的阳离子型化合物对纤维表面进行加工处理后制成。阳离子型化合物能与微生物细胞膜上的阳离子物质产生化学反应,从而有效地起到抗菌、防臭作用。人体的汗液、脂肪、蛋白质及其他有机物质会使纤维中的微生物繁殖,而抗菌防臭聚酯棉通过抑制纤维制品中微生物的繁殖,达到抗菌、预防恶臭和防治过敏性疾病的目的。

(三)负离子多功能面料

空气是一种混合气体,主要成分是氮气和氧气。在正常状态下,气体分子中的原子处于最低能级,电子在离核最近的轨道上运动。但空气中的各种分子或原子在机械、光、静电、化学或生物能作用下能够发生电离,其外层电子脱离原子核,使这些失去电子的分子或原子带正电荷,人们称之为正离子或阳离子,而脱离出来的电子再与中性的分子或原子结合,使其带有负电荷,人们称之为负离子或阴离子。研究表明,空气中的负离子对人体有很好的保健作用。空气中负离子的浓度与环境密切相关,森林、海滨、瀑布等污染少的地方含有大量的空气负离子,其浓度为污染严重的都市的几百倍。在这里人们会感到呼吸舒畅、心旷神怡。因为负离子具有较强的生物波发射功能,当人们通过呼吸将负离子空气送进肺泡时,能刺激神经系统并产生良好效应,经血液循环把电荷送到全身组织细胞中,改善心肌功能,增强心肌营养和细胞代谢,减轻疲劳,使人精力充沛;水合羟基离子$(H_3O_2)^-$通过呼吸进入人体后,能调整血液酸碱度,使人的体液变成弱碱性。弱碱性体液能活化细胞,增加细胞的渗透性,提高细胞的各种功能,并保持离子平衡,抑制血清胆固醇形成,提高氧气转化能力,改善心血管功能,加速新陈代谢,调节人体生理功能,防止人体老化和早衰。水合羟基离子$(H_3O_2)^-$还能与空气中的臭味分子反应,消除臭味,能与空气中被污染的正离子中和,起到净化空气的作用;负离子还可以活化脑内荷尔蒙β^-内啡肽,具有安定自律神经,控制交感神经,防止神经衰弱,改善睡眠,提高人体免疫力的功能。负离子含量与人体健康的关系见下表。

负离子含量与人体健康的关系

环境	负离子含量($个/cm^2$)	关系程度
森林、瀑布区	100000 ~ 500000	具有自然痊愈能力
高山、海边	50000 ~ 100000	杀菌、减少疾病传染
郊外、田野	5000 ~ 50000	增强人体免疫力和抗菌力
都市公园里	1000 ~ 2000	维持健康的基本需要
街道绿化区	100 ~ 200	诱发生理障碍边缘
都市住宅封闭区	40 ~ 50	诱发生理障碍,如头疼、失眠、神经衰弱、倦怠等
装空调的室内	0 ~ 25	引发"空调病"

开发负离子多功能面料,就是要使人们在穿着负离子多功能面料服装时,局部改善人体周围的环境,使人神清气爽。该面料除了具有抗菌、抗病毒功能外,还可以促进血液循环,增进心肺功能,并能提高睡眠质量,消除疲劳,是具有较高附加值的保健功能面料。负离子面料的开发途径一是开发负离子纤维编织面料,二是对已有面料进行涂层和复合加工整理。

生产负离子功能纤维主要有共混法和共聚法。共混法是将负离子母粒与普通聚酯切片混合均匀后通过螺杆挤出进行纺丝;共聚法是在聚合过程中加入负离子添加剂,制成负离子切片后再纺丝。现在使用的负离子发生材料主要是天然矿石和海底材料,最常见的是电气石。用化学和物理的方法将电气石制成与高聚物材料具有良好相容性的纳米级粉体,经表面处理后,与高聚物载体按一定比例混合,熔融后挤出制得负离子母粒,将其进行干燥,再按一定配比与高聚物切片混合进行纺丝而获得负离子纤维。近年国内外已经将电气石复合粉添加到涤纶、丙纶等纺丝液中,生产相应的负离子纤维。也有将电气石微粉与活化剂和分散剂均匀配制成乳化料,按一定比例通过特殊方法加入黏胶纤维的纺丝溶液中,使其均匀分散,再进行纺丝,得到具有负离子功效的黏胶纤维。该负离子纤维服用性能好,亦可用于机织和针织生产各种面料,前景广阔。

20世纪80年代,日本就发表了利用涂层和复合加工整理生产负离子多功能面料方法的相关专利。表面涂覆改性法(负离子涂层纤维)是在纤维后加工的过程中,利用表面处理技术和树脂整理技术将含有电气石等能激发空气负离子的无机物微粒的处理液固着在纤维表面。如日本将珊瑚化石的粉碎物、糖类、酸性水溶液再加上规定的菌类,在较高温度下长时间发酵制成矿物质原液,涂覆在纤维上。因该矿物原液中含有树脂黏合剂,得到了耐久性良好的负离子纤维,后整理加工及时将含有无机物微粉的处理液固着在织物表面,从而使织物具有负离子功能。可以采用喷雾法、循环浇淋法、上胶涂布法、挤压法、层压法和浸轧—烘燥等方法生产负离子多功能面料。

(四)免洗涤面料

亲水(光催化)整理是基于光活性物质(如锐钛矿纳米二氧化钛)的光催化性能,可与纤维表面的污渍产生光催化净化反应。在含紫外线的光源照射下,锐钛矿纳米二氧化钛通过对纤维表面的灰尘或污渍的氧化降解,促使其发生分解,从而起到自清洁作用。

自然界中很多植物的叶子具有自清洁现象,通过荷叶和水稻叶片表面微观结构的观察表明,自清洁表面需要微米和纳米的结构有机结合形成复合结构,而且表面微观结构的排列方式会影响水滴的运动趋势。受荷叶微纳多级结构致自清洁的启发,人们设计了具有自清洁功能的聚乳酸织物,该设计方法不仅适用于聚乳酸织物,还可推广到其他不同织物的拒水拒污设计中。

马萨诸塞大学的生物技术研究小组将一种大肠杆菌植入衣物纤维,利用它吞食污物来清洁衣物。他们培养不同的寄居在衣物纤维上的细菌,分别以灰尘、散发异味的化学物质和汗渍为食,并且让这些以污渍为食的细菌分泌出性感香水的芳香。人们穿上这种面料的衬衫,稍稍出点汗,就可以使那些细菌活动起来,帮助清除衬衣上的污渍,并散发香气,既舒适,又免洗涤。

(五)防止皮肤干燥面料

防止皮肤干燥面料是日本开发的一种保持皮肤湿润、防止皮肤干燥的新型"生命纤维"面料。"生命纤维"是通过纤维改良技术增强纤维的融水型,并通过化学反应将磷酯聚合物固化在纤维表面,减少肌肤的水分蒸发,从而起到维持皮肤湿润、防止皮肤干燥的保护皮肤作用。常用于运动服、内衣、防护用品中。

(六)吸汗、排汗加工内衣面料

现代医学美容中常用一种骨胶原,即和人体皮肤结构最接近、极易被人体皮肤吸收、能直接作用于真皮层受损的胶原纤维,使其迅速恢复横向纤维结构。骨胶原蛋白独特的三螺旋结构及胶原蛋白分子中的亲水基,强化了肌肤原发性水动力,保证水分在肌肤表面和深层的循环,能改善淋巴循环,使肌肤水润、饱满、有活力。面料开发中利用这一原理,采用含有骨胶原(纤维状蛋白质)的纤维加工剂,经特殊的柔软加工制成内衣面料,该面料贴身服用吸汗、排汗性能优良,并具有良好的润滑、保养肌肤的作用。

(七)生物谱内衣面料

生物频谱即生物自身物理信息的频率和光谱称为生物频谱。生物体自身是一个天然的辐射源,向周围发射频谱信号,其所覆盖范围是由紫外线到微弱波。人体的生物频谱主要是在红外线至微弱波(毫米波)。这种频谱的特征由构成人体组织的各种物质的内部结构和生命活动特征、温度所决定。周林频谱仪是一项生物工程技术的产物,主要通过模拟人、动物、植物、微生物的生物频谱,对人、动物、植物、微生物的生长发育、生存状态进行良性调节。生物谱内衣面料(也称周林频谱内衣面料)是将一种特制的"无机复合材料"添加到纤维原料中纺制,并经加工而成。它在常温下能吸收外界和人体自身辐射的能量,然后再以同样的频率反馈于人体,对人的生长、发育及生存状态进行调节,能增加人体细胞的活力,改善人体末梢循环,抑制细菌繁殖,可以融透气性、除湿性和保暖性于衣物中,达到保暖、保健的功效。

(八)磁性面料与电疗面料

地球是一个磁场包围的球体,人类靠地磁保护生存与进化。如果没有地磁,来自宇宙的射线会烧尽地球上所有东西,地球会和月球一样连水都不能存在。人体也具有一定的磁性,现已发现人脑、心脏、皮肤和其他器官的电流活动都产生磁场。科学实验发现,磁性物质和磁场对生物学的生理机能都有一定的作用和影响,这种作用和影响叫生物的磁效应。磁性物质和磁场对生物的分子、细胞、神经、器官等均显示不同的影响。所以磁作为一种理疗因素,具有物理能量作用于人体后,可以产生一系列生物效应的功能。磁性面料就是将具有一定磁场强度的磁性纤维编织在织物中,形成的面料带了磁性,利用磁力线的磁场作用与人体磁场相吻合,促进人的血液流量,降低血液黏度,提高氧量,从而具有保健功能。该磁性面料加工成服装对风湿病和高血压等病症有一定的辅助疗效。

用于面料的磁性纤维是一种兼具磁性和纺织纤维特性的材料,既具有其他纺织纤维所没有的磁性,又具有纺织纤维的长度、细度(直径几微米到几十微米,长度大于10mm)、可纺性、柔软性及弹性等性能。形成磁性纤维的方法有金属纤维传统的拉丝法(金属丝在400~600℃下,以适当的速度或张力做冷延伸,使之形成所需细度)、纺丝法(将金属丝原料在1400~1450℃下熔解,由熔融挤压法将压出的金属丝在气流或液流中形成)和切削法(利用切削器将运动中的钢丝切削成金属短纤维),还有共混纺丝法(将粒径小于 $1\mu m$ 的磁性物理粉体经包覆、分散处理后制成磁性母粒,再混入成纤聚合物中进行熔融纺丝制成磁性初生纤维,再经过拉伸、变形加工工序制成弹力丝,用于磁性纤维棉料生产)。共混纺丝法的优点是混入纤维的磁粉可以是硬磁材料,可以是充磁良好的锶铁氧体,组合随意性强,添加量也可以根据需要改变。可以采用熔纺,也可以在某些湿法或干法场合下使用,甚至可以制备复合纤维或异形纤维。

电疗面料是采用改性氯纶制成的弹性织物。当这种织物贴服人体皮肤时,能产生微弱的静电场,可以促进人体各部位的血液循环,疏通气血,活络关节,并可预防和辅助治疗风湿性关节炎。

(九)利用药物或植物制成的保健面料

药物是人类对付细菌、病毒最重要的手段。我国传统医学除了内用药物外,还通过针灸、推拿和外用药物等内病外治的疗法来活血行气,治疗疾病。现代科学尝试直接将具有一定作用的材料以高科技手段加入到服用纤维中相继推出多种利用药物或植物制成的保健面料,使人们通过日常穿用服装即可达到保健作用。目前常用的药物织物已经形成一系列产品,其中以消炎止痛、促进血液循环和皮肤止痒织物最为常见。为满足消费者崇尚自然和卫生保健的要求,近年又开发出天然植物制成的保健面料。

1. 橄榄油加工内衣面料

橄榄油是日常生活中经常食用的十分有益健康的一种油,因为橄榄油中的 $\omega-3$ 脂肪酸能增加氧化氮这种重要化学物质的量,可以松弛动脉,从而防止因高血压造成的动脉损伤,还可以降低血小板的黏稠度,降低纤维蛋白原的量,大大减少了血栓形成的概率,预防心脑血管疾病。此外,橄榄油中含有比任何植物油都要高的不饱和脂肪酸,还含有丰富的维生素 A、D、E、F、K 和胡萝卜素等脂溶性维生素及抗氧化物等多种成分,并且不含胆固醇,因而人体消化吸收率极高。橄榄油富含与皮肤亲和力极佳的角鲨烯和人体必需的脂肪酸,它能被人体迅速吸收,有效保持皮肤弹性并使之润泽;是可以"吃"的美容护肤品,用橄榄油涂抹皮肤能抗击紫外线,防止皮肤癌。橄榄油的微小粒子能渗透到皮肤毛孔及天然纤维中去,利用这一特性加工成针织面料再制成内衣,穿用时织物中橄榄油的微小粒子作用于肌肤,能达到柔软皮肤、清洁舒适、促进健康的目的。

2. 芦荟加工内衣面料

天然植物芦荟是一种多年生百合科多肉质的草本植物,我国利用芦荟植物有数千年的历史。历史上曾用芦荟治疗各种疖症、湿症、风疹、癣疮、便秘、烧伤、烫伤等多种疾病。现代民间利用芦荟治疗烧伤、烫伤、蚊虫叮咬、痱子、皮炎等积累了丰富经验。近年采用在化学纤维纺丝液中加入芦荟保湿因子(保湿因子的粒度可以达到微米级水平)材料的方法,生产出芦荟保湿纤维,并用此生产内衣面料,因其保湿因子含有丰富的聚胺基葡萄糖、山梨糖醇酐及脂肪酸,对人体具有美化、滋润、保湿的功效,对人体具有保健延年及消炎作用,对烧伤、烫伤也具有辅助治疗作用。加入0.5%~1%的保湿因子,可以使化学纤维的回潮率提高4%~5%,对提高化学纤维面料的舒适性具有重要的意义。对天然纤维面料也可以进行浸轧整理。即提取、精炼芦荟保湿因子及其他具有保健作用的物质,加工成微胶囊涂层整理剂,然后通过浸轧加工整理到天然纤维面料之上,获取保健功能,使织物成为具有高附加值的保健面料。

3. 森林浴抗菌加工内衣面料

森林浴抗菌加工内衣面料是从天然柏桧中提取的柏硫醇成分加工而成,这种保护身体的天然成分可抑制臭味的发生源——微生物的繁殖,具有抗菌的效果,着装者还可体验到森林浴的感觉,清神醒脑、舒适健康。日本钟纺公司把从木材中提纯的香料油包存于高分子膜中,制成微胶囊涂于织物表面,织物与人体皮肤摩擦时,微胶囊破裂,散发出木材特有的香味,使用者有置身于森林中的感觉。其香气可保留1~2年。

4. 芳香型功能面料

利用芳香纤维或芳香后整理而制成的芳香型功能面料,具有优化环境和促进人体健康的功能,有的香型能提神醒脑、使人感觉激动兴奋;有的香型能安定神经系统,促进睡眠;有的能持久地散发天然芳香,给人轻松愉快之感。我国古代就有在衣服上缝缀香囊的习惯,后来发展到用浸香和涂香的办法把芳香传给织物,真正打开芳香纺织品市场的是把香料微粉包含在微胶囊内,通过黏合剂的作用,以印花或后整理等方式涂于织物,但一般随着洗涤次数的增加,香味会逐渐淡薄。在不断完善微胶囊涂层技术的同时,又发展了新型芳香后整理技术。美国采用环糊精为整理剂的主要成分,使芳香物质包含在其中浸涂到织物上;日本以乙基硅酸酯为整理剂的主要成分,把芳香物质容纳在织物涂层的皮膜晶格结构中取得了成功。近年又生产了香味合成纤维,即合成纤维在生产过程中加入香味剂,香料与聚合物融为一体,香味由纤维内部向外释放,从而延长了香味散发的时间达一年以上,最长的还可以保持5~7年的时间。香味合成纤维的生产有共混型(即在切片合成过程中加入香料或在熔融纺丝过程中加入香料)、包芯型(一般选用熔点低且耐水解的聚合物作芯层,香料加在芯层,外层为涤纶或锦纶,香味纤维保持了涤纶、锦纶的性能。香料与芯层高聚物紧密结合,且不能透过纤维皮层,只能从纤维的端头向外散发,可以保香持久)、中空型(香味不仅由纤维截面逸出,还可从中间空腔逸出,增加纤维香气浓度)、吸入型(将乙烯—醋酸乙烯共聚物加入化纤纺丝液中纺丝,由于其具有很强的吸油性,纤维在油型芳香剂中保留一定时间,就可以吸入足够的芳香剂而获得香味)。这些方法都使织物得到长效芳香效果。芳香型面料多用于制作服装、床上用品等。随着纺织技术的快速发展和芳香心理学的形成,还有将面料与香味、负离子融为一体,其面料的香味和其释放的负离子有助于人们在生理和心理上处于放松、舒适状态,也可提高工作效率。

5. 中草药型内衣面料

日本钟纺公司推出多种中草药、植物香料、薄荷、啤酒花、茶叶树茎、肉桂香料等制成的天然染料和处理剂,处理天然纤维(棉或毛)制成的内衣裤、袜子、床上用品等织物,从而形成抗菌、防臭、防螨虫、防霉、防病的系列卫生保健用品。虽然这种产品比化学处理的产品售价要高出 10% ~ 20% ,但颇受消费者欢迎。

二、阻燃与隔离功能面料的开发

(一)热防护功能与阻燃防护功能面料

随着社会的进步,人们安全意识的增强,需要服装面料在多种场合具备阻燃和热防护功能。其中阻燃和热防护服品种和用量较多,如救火员防护服、煤矿工人防护服及钢铁、浇铸、电焊、切割、玻璃、锅炉等操作人员的工作服装,还有海军防护服、宇宙服等品种。

1. 热防护功能面料

(1)人体对热的防护。人体对热的防护主要包括避免直接与火焰接触(对流)、直接与热源接触、高温热源辐射的隔离、火花和熔融金属喷射物及各种热蒸汽冲击的防护。因为人的皮肤对热非常敏感,在 44℃ 以上会出现烧伤,因此纺织品的隔热功能,历来是人们非常重视的功能之一。热防护功能面料的特点是能够屏蔽、反射高温热源发出的热量,从而保护人体不受伤害。由于热源性质和热转移与接触的方式不同,对防护服的要求也不同,包括纤维材料、织物组织结构、加工处理方法和防护服的制作所采用的方式都不同。

(2)热的防护方式。热的传递有传导、对流和辐射三种方式。

①热传导防护。一般是指对铁、铝、镁等熔融金属的防护。热传导防护的隔热性能十分重要,面料要有尽量低的导热系数,以降低热量从织物的一侧传到另一侧的速度,减少受防护对象接受的热量,减慢升温速度,还要求热防护材料具有较大的比热容,热防护材料自身温度每升高 1℃ ,吸收的热量相对较多,一方面能降低材料温度升高的速度,另一方面能减轻材料自身的热负荷。羊毛绝缘性好,对金属黏着力也低,总体防护性能较好。羊毛厚织物($540g/m^2$)可防护 350mL 熔融钢铁或矿渣,羊毛薄织物($270 ~ 350g/m^2$)适用于对铝、镁等熔融金属的防护。对于热传导的防护一般采用羊毛和阻燃棉纤维制作的防护服,且织物结构疏松,疏松的织物结构含有较多的静止空气,就降低了热量的传播速度,隔热效果好。不宜用热塑性纤维和导热性能优良的纤维,要求纤维在高温焦化后也不导热。

②对对流热的防护。实际上是指对火焰的热防护。气体从火焰或高温物体获得能量后密度发生变化,产生对流运动,温度高的气体携带着能量流向温度低的区域,实现热量传递,这一传递过程变成了对流热。防护对流热比较有效的方法是采用双层结

构织物,外层机织物(采用阻燃、隔热的材料)内层疏松的针织物(可以存有较多静止空气)具有较好的对流热防护效果。

③热辐射防护。辐射热传导即热量以辐射的形式传播,是一种非接触式导热方式,不需要任何物质作为媒介,热量以电磁波的形式传递。减少辐射热对人体造成伤害的最佳方法是提高防护织物表面的反射性能,铝反射效果较好,可反射90%的热量,采用在面料表面镀铝方式较合适。

(3)热防护面料的功能要求。热防护面料首先应具有阻燃性能,救火员防护服面料要特别降低纺织材料在火焰中的可燃性,以减慢火焰蔓延速度,当火焰移去后能很快自熄,不再燃烧;其次相关防护面料遇热或熔融后应能保持原有形状,不收缩,焦化后不散裂,以避免接触和损伤皮肤;再次具有较好的阻燃或绝热作用,以使穿着者有时间避免热源直接伤害,同时要求燃烧时不产生煤焦油或其他导热熔融物质,以免伤害皮肤;最好还要具有防水、防油或其他液体的性能,阻止高温水、油、溶剂以及金属融体或其他液体溅射而透入织物,损伤皮肤。

2. 阻燃防护功能面料

国内外开发阻燃面料有三种方法,即开发阻燃纤维编织面料、对已有织物进行阻燃整理、将阻燃纤维与阻燃整理相结合。开发阻燃纤维包括提高成纤高聚物的热稳定性和原丝阻燃改性两种。应利用纤维本身化学结构固有的热稳定性来达到阻燃的目的。

(二)防紫外线功能面料

太阳光中的紫外线对生物界既有利,又有害。紫外线可促进维生素D合成、促进人体骨骼组织的发育且有杀菌消毒等作用。但紫外线也可诱发皮肤病,如皮肤炎、色素性干皮症、皮肤癌,可促进白内障,降低免疫功能,紫外线还会使海洋生物中的浮游生物和贝类减少,影响植物的光合作用和生长。

防紫外线功能面料的开发是在面料上施加一种能反射或吸收紫外线的物质,穿用这种面料的服装在户外时身体不受紫外线的伤害。当然施加这些物质后,应对织物各项服用性能无不良影响,并达到使用要求。开发防紫外线功能面料一般采用两种方法,其一是在合纤纺丝原液中加入紫外线屏蔽剂或紫外线吸收剂进行纺丝,得到防紫外线纤维,然后再加工成织物;其二是在后整理加工时将紫外线屏蔽剂或紫外线吸收剂以涂层、浸轧、吸尽等方法施加到织物上,特别是天然纤维用后整理方法较多。防紫外线功能面料既可用于制作服装,也可用于帽子、遮阳伞和窗帘等方面。

(三)防辐射功能面料

1. 防电磁波辐射功能

目前电磁波在军事、航空、航海、交通、通信、医疗、家居生活的方方面面的应用日益增多,在给人们带来便利和享受的同时,也带来了越来越大的电磁波辐射问题。电磁波辐射分强电磁波、低周波和微波等类型,主要来自于身边的电器产品,如电视机、影碟机、电子游戏机、计算机、复印机、传真机、手机、微波炉等家用电器,还有电讯系统、雷达系统、气象系统、人造卫星发射等设备。据资料介绍,长期接受电磁波会引起脑神经、内分泌、心血管、生殖、免疫等系统的生理病变。经试验,在5kV以上电流下产生的微波就有必要加以防护,故微波医疗人员和病人、办公室电脑操作员、电讯发射台、火箭发射地面站、微波或磁场作业人员以及使用微波炉者等人员必要时都应穿着防护服。电磁波辐射防护有两种方法,一是距离防护,二是屏蔽防护。环境中电磁辐射强度随距离增大迅速衰减,与辐射源保持较大的距离,可起到一定的保护作用。电磁波辐射防护面料主要是利用吸波材料的屏蔽作用对人体进行保护。

开发电磁波防护服面料通常是用屏蔽的方法实现的。电磁波屏蔽实际上是为了限制从屏蔽材料的一侧空间向另一侧空间传递电磁能量。电磁波传播到达屏蔽材料表面时,通常有三种不同的衰减机理,一是在入射表面的反射衰减,二是未被反射而进入屏蔽体的电磁波被材料吸收的衰减,三是在屏蔽体内部的多次反射衰减。所以可通过防护层表面的金属将辐射波屏蔽,实现防护作用。防护材料可用金属网保护层,也可在织物上镀银、镍、铜或用这些金属粉涂层,还有将具有电磁屏蔽功能的纤维加工成织物,成为防辐射功能面料。

2. 防原子能射线辐射功能面料

原子能射线穿透力强,能量大,有很大的杀伤力。需要对相关的设备和人员进行防护,以避免放射性物质的污染和穿透。

防护服常采用多层织物,外层要求价格低、制作方便、质轻,可用聚乙烯纤维织物或非织造布制成,内层主要可用聚乙烯或聚丙烯纤维织物。γ 国外将铅粉或铅化合物用橡胶黏合制成有 γ 射线防护功能的面料,国内也有将纯棉细布喷涂45%~60% $BaSO_4$,或将 $BaSO_4$ 添加到黏胶纤维中,也有采用后整理方式进行加工的。

3. 防X射线功能面料

X射线穿透力很强,仅次于 γ 射线,医学方面应用较多,从事这方面工作的人,除在设备上加以防护外。防护服和对人体敏感部分的防护也很重要。经实验,铅、钡、钼、钨等金属及其化合物重量大,防护性能好,可与织物黏合或纤维混合作为防护材料。据介绍,将直径1μm以下的 $BaSO_4$ 粉末加入黏胶液中纺丝,也可得到防X射线的纤维。

(四)化学防护面料

化学防护面料可以有效地阻止日常工农业生产中各种已知的液态和气态化学有害剂对人体的影响。化学防护面料的阻挡材料有三类:一是橡胶类,包括丁基橡胶、氯丁橡胶、氟橡胶(如杜邦的Viton)和人造橡胶;二是在织物上涂覆阻挡的涂层材料,包括绿化聚乙烯、含氟聚合物等;三是双组分结构的材料,包括氟橡胶/氯丁橡胶、氯丁橡胶/PVC等组合。雾化的化学和生物剂是对作战人员的最大威胁,所以化学防护面料也是部队的防化作战需要,目前已经应用纳米材料进行化学防护服的研究。即在防护服的衬层中加入一种直径在200~300nm的纳米纤维,通过纳米纤维的作用,提高防护服对雾化化学浮粒及干燥气浮粒的捕捉能力,对雾化化学有害的防化能力达98%。

三、防水透湿功能面料的开发

服装的舒适性是近年来人们越来越关注的,特别是对工作服、运动服、消防服等舒适性的改进更为重视。防水透湿织物是集防水、透湿、防风和保暖性能为一体的功能面料。防水是指织物具有阻止外界环境中的液态水等透过织物的功能;透湿是指织物一侧的水蒸气,如人体皮肤蒸发的汗液蒸汽,能通过织物扩散到另一侧的外界环境中,不会引起汗液蒸汽在织物内部凝结而使人感到闷热不适。防水透湿织物实际上是将防护性与舒适性有机结合的功能性面料。其原理主要是利用外界水滴的最小直径(20~100μm)与人体湿气分子直径(0.0003~0.0004μm)之间的差异,使设计织物的结构孔隙既可以阻止外界最小水滴的进入,又可以使人体汗气通过织物散发。根据织物防水透湿的机理,防水透湿织物从高密度编织(用微细纤维将织物制造成高密织物,使纱线间几乎无间隙,但它对水蒸气的透过性是高的)产品、聚四氟乙烯微孔薄膜的层压产品、聚氨酯湿法涂层产品,一直到当今的超细特纤维的超高密织物,都可以作为发展过程的里程碑。上述几种代表性的产品既能阻止水的渗透,又能使人体散发的湿气逸出。可是,在长期使用过程中,由于经受摩擦尤其是洗涤等作用,高分子膜破裂,影响防水透湿功能,雨滴在织物表面的滚落速度变慢,甚至在织物表面形成水膜,结果使织物失去透湿性,导致影响穿着舒适性。

最近对自然界中荷叶上水滴滚动现象的研究表明,荷叶表面呈微细的凹凸结构,而其表面的最外层又覆盖薄薄一层蜡质,使水滴在其上仅与凸出部分接触,凹陷处由空气封闭,即水滴实际接触部分大为减小,类似荷叶结构的模型如图7-4所示,非光滑表面如图7-5所示。

文册尔(Wenzel)提出具有凹凸表面的接触角θ′的解释,如图7-5所示。即:

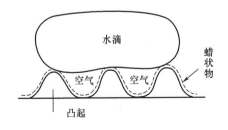

图7-4 类似荷叶结构的模型

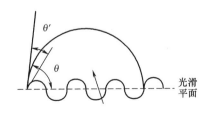

图7-5 非光滑表面的接触角

$$\gamma = \frac{\cos\theta}{\cos\theta'}$$

式中:γ——相对光滑表面(图中虚线)的面积;

　　θ——光滑表面的接触角;

　　θ'——凹凸表面的接触角。

表面越粗糙,则 γ 值(Wenzel 系数)越大。由上述关系可知,对于亲水性材料的表面,其水滴在光滑表面上的接触角小于90°,而在粗糙表面上的接触角将更小。相反,对于拒水材料,其水滴在光滑表面上的接触角大于90°,在粗糙表面上的接触角会更大些,而且物质表面上贮存的空气越多,表观的接触角就越大,拒水性越强。

根据以上对自然界中荷叶为代表的拒水作用的解析,利用超细特纤维的微细卷曲和高度收缩性,其高密度织物染色后进行超级拒水整理,就可以使织物表面形成类似荷叶的均匀而有微细凹凸结构,如图 7-6 所示,成为新一代的防水透湿织物。

试验结果表明,新一代类似荷叶结构的织物,经 10 次洗涤后,其水滴开始滚动的角度仍在 10°以下。而传统的高密织物洗涤 5 次后为 30°,即拒水性降低较多。

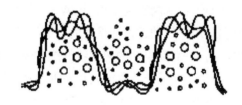

图 7-6　新型拒水性织物具有的均匀而微细凹凸结构

四、拒水拒油功能面料的开发

织物的拒水拒油功能是以有限的润湿为条件的,表示经处理的织物在不经受任何外力作用的静态条件下,抗液体油污渗透的能力。织物的拒水和防水概念是有区别的,防水整理是在织物的表面涂上一层不透水的化合物,如油脂、蜡、石蜡或各种橡胶及多种热塑性树脂,以充填织物表面的孔隙,达到防水的目的,但它同时也不透气,常用作工业用品及装饰物,如帐篷、各种篷盖布及帷幕等方面。织物的拒水整理是在保持织物较高透气性的前提下,对其进行表面整理,使水滴在一定时间内不易渗透至织物反面,从而具有拒水功能,但该整理并不封闭织物的孔隙,空气和水汽还可透过,使其既拒水又透气,常用于制作雨衣、雨帽。

拒水整理剂一般是具有低表面能基团的化合物,用其整理织物,可使织物表面的纤维均匀覆盖上一层由拒水剂分子组成的新表面层,使水不能润湿。荷叶结构效应表明,利用微米和纳米的结构有机结合形成表面微观结构贮存的空气越多,则表观的接触角越大,拒水性越强。

拒油整理即织物的低表面能处理,其原理与拒水整理极为相似。只是经拒油整理后的织物要求对表面张力较小的油脂具有不润湿的特性。在拒油整理的初期,发现若干有机氟化物对织物进行整理后具有防油性,这说明氟聚合物的表面自由能比其他聚合物低,因而能拒油。拒水拒油功能面料主要应用于专业劳动保护用品中。

五、防静电功能面料的开发

静电是指绝缘体上所带的电荷积聚在物体表面不能泄露而产生的电荷积聚现象,并且静电的带电体会产生相应的静电场。纺织材料一般为绝缘物质,具有较高的电阻率,特别是吸湿性能差的合成纤维会因摩擦而产生静电,影响使用。

静电问题可以通过增加电荷的逸散速率或抑制静电的发生予以控制。当材料中加入抗静电剂后,通过提高聚合物材料的导电性能或电子的传递能力,提高其抗静电作用。疏水性合成纤维(如聚酯、聚酰胺、聚丙烯腈等纤维)都是绝缘材料,其体积比电阻比纯水高 10^8 倍。因为水具有相当高的导电能力,所以只要吸收少量的水就能明显地提高聚合物材料的导电性。天然纤维(如棉、羊毛和蚕丝)都是亲水性纤维,能以氢键方式结合一部分水,如处于绝对干燥的情况时,也是绝缘体,同样可以带静电。

在已知的用以改善织物导电性能的抗静电剂中,大部分是吸湿性的化合物,即通过吸附水分,以及通过溶解于水中的离子而提高其导电能力,如聚乙二醇、山梨糖醇、甘油等多元醇以及吸湿性强的氯化钠无机盐等。

通常,离子型抗静电剂比仅有吸湿作用的非离子型抗静电剂更为有效。离子型抗静电剂是导电性高的离子型聚合物或离子交换树脂,如季铵盐聚合物。离子型基团具有高吸湿性,即使在相对湿度较低的情况下,也能吸收较多的水分,因此通常被公认是优良的抗静电整理剂。

导电纤维既可以通过将导电性碳粒分散于合成高聚物中,也可以用金属涂层,如硫酸铜、银、钴、金和镍粉等涂布于纤维表面,或用金属(如不锈钢或铝)制造纤维,这些方法的不足是大部分导电性组分都是有色物质,即使用量很少还有色素影响,限制了扩大使用。

近年广泛应用聚环氧乙烷与聚对苯二甲酸乙二醇酯的嵌段共聚物作为聚酯纤维织物的抗静电和易去污整理剂,效果良好。

六、形状记忆面料的开发

形状记忆纤维是指纤维在第一次成型时,能记忆外界赋予的初始形状,定型后的纤维可以任意发生形变,并在更低温度下将此形变固定下来(二次成型)或者是在外力的强迫下将此变形固定下来。当给予变形纤维加热或水洗等外部刺激条件时形状记忆纤维可回复原始形状,也就是说最终产品具有对纤维最初形状记忆的功能。应用形状记忆纤维形成的织物,具有这些材料所具备的形状记忆功能,即当织物定型后,织物记住了定型时的形状,在低于激发温度的环境下,织物可以任意变形或折皱,当织物处于激发温度环境时,织物自动回复到定型时的形状,被称为形状记忆纤维面料。目前,研究和应用最普遍的形状记忆纤维是镍钛合金纤维。在防烫伤服装中,镍钛合金纤维首先被加工成宝塔式螺旋弹簧状,再进一步加工成平面,然后固定在服装面料内(形成形状记忆纤维面料)。用该面料做成的服装接触高温时,形状记忆纤维的形变被触发,纤维迅速由平面变化成宝塔状,在两层织物内形成很大的空腔,使高温远离人体皮肤,防止烫伤发生。

除了形状记忆纤维面料外,还有形状记忆整理面料。香港理工大学形状记忆研究中心开发的水基形状记忆聚氨酯乳液及水基防水、透湿性膜材料,用于织物层压或整理,其织物具有防水、保暖、透湿等功能。用形状记忆聚氨酯乳液整理的织物当受到外力的作用而发生变化时,形状记忆高分子也随着一起变化;但是当外界的温度升高到可以使高分子可逆产生移动时,高分子力图回复到初始的形状而拉动织物也回复到原始的状态。棉织物具有优良的吸湿性、透气性和穿着舒适性,深受人们的喜爱。但是,天然纤维织物在服用和洗涤时易收缩变形,抗皱性差。如何使棉织物既有良好的服用性,又有化纤织物在穿着过程的抗皱性、在洗涤后不需熨烫,而织物能保持平整状态,形态稳定,唯一的方法是对其进行免烫整理。即用形状记忆整理液对棉织物进行整理,整理后的织物具有了形状记忆功能,此时织物不但具有优良的弹性,而且在相应温度下可回复原始形状。当整理后织物原始形状定型平整后,穿着、洗涤或长期储存中产生的折皱、起拱或其他变形将随环境温度升高到变形回复温度以上而消除。形状记忆研究中心开发的形状记忆乳液的形变回复温度为60℃,整理后织物手感柔软,在穿着、水洗或储存中产生的折痕或变形时,只要放入60℃温水中或常规水洗后在60℃左右烘干,折痕和变形就会自动消失,回复到定型(记忆)的形状。形状记忆织物可用于衬衣、内衣、外套、领带及家用纺织品中。

七、安全反光面料的开发

安全反光面料是利用高感性发光或反光材料与面料结合所形成的面料,这种面料日夜都能显示出目标,特别是灯光照射时更能显示出耀眼的光亮,起到提示作用,能提醒行车人员注意,避免交通事故。安全反光面料根据材质的不同分为反光化纤面料、反光单面弹力布、反光双面弹力布等品种。安全反光面料根据反光亮度的不同分为普亮反光面料、高亮反光面料、亮银反光面料、金属光反光面料等品种。安全反光面料加工的服装具有一定的防护功能,主要用于和道路交通安全相关的防护产品,如提示注意安全的反光防护服、各类职业服、工作服、时装、鞋帽、手套、背包、个人防护用品、户外用品等,也可制作成各类反光制品、饰品。

八、高性能纤维面料的开发

高性能纤维是指强度和模量极高,几乎接近高分子链极限值的一类力学特性高超的纤维,也有人称之为超级纤维。其开发面料的动机几乎都是为满足产业用纺织品,尤其是国防工业和军事领域的需要,其制品性能达到史无前例的高度。作为服装面料也是用于军事上的防弹衣或者特殊行业的保护型服装。

(一)防弹衣面料

新技术与新材料对提高防弹织物的防弹性能有决定性的作用。过去防弹装备经历了由金属防护板向非金属合成材料的过渡,又由单纯合成材料向合成材料与金属装甲板、陶瓷片等复合式防弹系统发展的过程。高性能纤维形成的织物具有较高的防冲击能力,成为防各种碎片、子弹袭击的理想材料,而且可以减轻防弹服装的重量,提高防护能力。在应用上有多层高性能形成的织物制成的防弹衣,受到射击时,通过使防弹衣中的纱线伸长或断裂将子弹或碎弹片的能量消耗。每层织物都会降低射击物的能量,直至其能量消失殆尽。一般制作防弹面料的高性能纤维必须具有强度高、模量高、断裂伸长低和韧性高、能量吸收性好的特点。目前用于防弹织物的高性能纤维主要有芳香族聚酰胺材料芳纶 1414(商品名 Kevlar)、超高相对分子质量聚乙烯(UHM-WPE)纤维、芳族聚酯纤维、芳杂环纤维、高强 PVA 纤维、高强玻璃纤维等。常用和较新的纤维品种有芳族聚酰胺材料,杜邦公司的 Kevlar29、Kevlar129、KevlarKM2,Akzo 工业纤维公司的 Twaron,日本帝人公司的 Technora;超高相对分子质量聚乙烯材料有 Allied Signal 公司的 Spectra,荷兰 DSM 公司的 UHMWPE、Dynema,日本三井 Petro 化学公司的 Tekmilon;液晶聚合物基纤维有 Hoechst Celanese 公司的 Vectran 等产品。

(二)耐高温面料

耐高温面料是应用芳香族聚酰胺纤维中的芳纶 1313(商品名 Nomex)纤维形成的面料。芳纶 1313 耐高温性能突出,熔点 430℃,在 260℃下持续使用 1000h,强度仍保持原来的 60%~70%;阻燃性好,在 350~370℃时分解出少量气体,不易燃烧,离开火焰自动熄灭;耐化学药品性能强,长期受硝酸、盐酸和硫酸作用,强度下降很少;具有较强的耐辐射性,耐老化性好。耐高温面料广泛用于航空航天及特种防护服装中。

(三)超高强面料

超高强面料是应用芳香族聚酰胺纤维中的芳纶 1414(商品名 Kevlar)纤维形成的面料。芳纶 1414 具有超高强和超高模量,其强度为钢丝的 5~6 倍,而重量仅是钢丝的 1/5,而且耐高温和耐化学腐蚀能力较强,广泛用于耐高强防护服装等领域。

(四)PBO 纤维面料(防冲击、防切割等创伤,耐高温)

PBO 纤维是聚对苯撑苯并双噁唑纤维的简称(商品名 Zylon),最初主要用于航空航天事业的增强材料,被誉为21世纪超级纤维。PBO纤维的强力是凯夫拉(Kevlar)纤维的2倍,一根直径1mm的PBO纤维细丝可吊起450 kg的重量,它同时兼有耐热阻燃性、耐冲击、耐摩擦和尺寸稳定性优异,质轻,柔软,应用领域十分广阔。在服装领域,长丝面料可用于防弹衣、防弹头盔和高性能航行服等领域,短纤维面料可用于消防服、炉前工作服、焊接工作服等耐热服装,还可用于防切伤的保护服、防割破装备,如防刺背心、安全手套、安全鞋、赛车服、骑手服、各种运动负荷活动性运动装备、飞行服等领域。

(五)PBI纤维面料(高温防护)

PBI纤维面料是聚苯并咪唑纤维的简称(商品名Togylen),是典型的高分子耐热纤维,最初主要用于宇航密封舱耐热防火材料。20世纪80年代又开发了可用于高温防护服装的民用产品。该纤维面料强度高,手感较好,吸湿率高达15%,穿着舒适,而且还具有阻燃性、尺寸热稳定性、高温下化学稳定性。

九、变色面料的开发

变色面料是指其颜色随外界环境条件(如光、热、湿、电、压力等)的变化而发生变化的面料。其变色机理为当外界条件发生变化时,面料对可见光的吸收光谱发生改变,从而导致面料颜色变化。一般变色材料分不可逆变色和可逆变色两类,服装面料用变色材料(染料)主要是指可逆形变色的。

(一)热敏变色面料

热敏变色面料是指面料的颜色随温度的变化而变化。热敏变色面料的变色原理是在面料内附着一些直径2μm左右的微胶囊,胶囊内贮有因温度而变色的液晶材料或染料。无数微胶囊分散于液态树脂黏合剂或印染浆液中,进一步加工将它们涂覆于纤维或面料上,当环境温度变化时,便会出现颜色变化的现象,而且这种变色是可逆的。英国伦敦的一家时装公司目前开发了一种含液晶感温变色材料的面料,这种面料的颜色会随着人体体温的变化而变化。在28℃的时候,面料是红色的;在33℃时,它又变成黄色;在28~33℃时,还可以幻变出其他各种各样的色彩。日本的一家人造纤维公司还研制出一种变色游泳衣,这种泳衣面料是采用感温变色纤维织制的,它对温度的变化十分敏感,人穿在身上和下到水中,就会看到泳衣颜色的变化。

(二)光敏变色面料

光敏变色面料又称光致变色面料,是指在光的刺激下,面料发生颜色和导电性可逆变化。其原理是根据外界的光照度、紫外线受光量的多少,使面料色泽发生可逆性变化来实现的。可以采用在纺丝溶液中加入具有光敏变化性化合物的方法,或合成能变色的聚合物进行纺丝的方法进行纺丝织布。日本研究的防伪纤维就是在聚酯纤维中加入特殊的发色剂,只要激光一照,发色剂就会发生变化,面料的颜色也就随之变化了。还可以利用微胶囊技术,将可变色的光敏液晶材料涂覆在面料上,光线的明暗变化(如从室内到室外、从背阴处到阳光下或舞台灯光的变化等)便会使面料颜色发生明显变化或使面料表面巧妙地浮现出各种图案花纹。目前正在研发用光敏变色纤维制成能自动改变颜色并能与环境保持一致颜色的被称之为"变色龙"的伪装迷彩面料,用于制作军事上的迷彩伪装服,这对于军用制服来说,无疑是一种理想的伪装材料。

(三)湿敏变色面料

湿敏变色面料也称"水现织物",是指因水的润湿或随空气中湿度变化而改变颜色的面料。这种面料看起来与普通面料没有差异,但是当它潮湿时就会显示出花纹、图案。由钴盐制成的无机涂料,其中含有六结晶水的氯化钴配合物,加热时失去部分水分后变为二结晶水氯化钴,由于配合物配位数目的变化和配合物几何形状的改变,引起吸收光谱的变化而改变颜色。这种无机涂料的使用与普通涂料一样,与胶黏剂混合后用于纺织品的印花加工,印花涂膜。这种面料非常适合制作泳装或雨衣、雨伞。穿上这种材料的泳装或雨衣,在入水的瞬间或雨水浸湿雨衣时,泳装和雨衣上斑斓的图案渐渐显示出来,引人注目,令人遐想。

(四)生化变色面料

生化变色面料是生产面料时添加一些材料,使该面料在接触某些生物体或化学物质(有毒、有害物质)后会改变颜色,以利用其起到提醒、防护作用。这种面料的变色与其他变色面料的不同点是,它是不可逆的。

(五)电致变色面料

电致变色材料是一类能随外界电场有无或改变而发生颜色变化的材料。电致变色面料是指染料分子在电压作用下在介质中发生电子的得失,从而引起面料变色。染料呈色是由于它吸收了白光中一定波长的光波而显出被吸收光波的补色的缘故。比如吸收了656nm左右的红光,则显出它的补色492nm的蓝绿色了。基于聚苯胺的变色性和导电性,可以用类似电镀的方式镀在纤维或织物上,制成各种变色纤维和导电、抗静电织物。

第五节　新视觉面料的开发

一、仿麂皮面料

麂是一种小型鹿类动物,麂皮是一种绒面革,是一种名贵皮革。麂皮的原意是指用金刚砂纸磨皮革反面,使其上面产生耸立的毛羽。由于它柔软、舒适、暖和,因此深受人们的喜爱,但其数量有限,于是人们就用羊皮、牛皮、猪皮作绒面加工,并将这些皮革也称为麂皮。之后人们用人造革取代皮革加工制成"麂皮",这种"麂皮"被称为人造麂皮或仿麂皮。由于麂皮珍贵而且人们十分喜爱,因此纺织界科技人员利用纺织物经起毛后使其具有麂皮样外观和手感的整理后得到的纺织品,也被称作仿麂皮织物。严格说来,这种织物应称为仿麂皮绒织物比较确切。

仿麂皮绒织物是将聚酯纤维、聚酰胺纤维等细合成纤维原料加工成机织物、针织物或非织造布,以这些布为基布经聚氨基甲酸酯树脂浴液处理后,用机械式起毛和磨绒机进行起毛磨绒加工,再进行染色整理而成。利用海岛型或菊花型超细纤维制成的仿麂皮绒织物和天然麂皮极为相似,其形成的开放式三维微孔网络结构不仅防风、透气、透湿、柔软而有弹性,而且具有天然皮革的绒毛根梢效果,其产品色彩亮丽、高雅、大方,手感柔润、丰满、飘逸,悬垂性好,耐穿、耐洗,完全可以与天然麂皮相媲美,是制作风衣、夹克、休闲时装、套装的时尚面料,也是沙发、窗帘、装饰布等家用纺织品的理想面料,还可用于贵重商品的包装等。

(一)仿麂皮机织面料

用作仿麂皮织物的基布有天缕纤维和合成纤维的机织物、针织物和非织造布。绒毛多为黏胶纤维或合成纤维。仿麂皮绒生产是将绒毛在高压静电场的作用下植入涂有黏合剂的基布,通称静电植绒。生产仿麂皮织物的工艺流程为:

基布→烫平→涂黏合剂→植绒→预烘→焙握→刷毛→打卷→成品

仿麂皮织物的基布应先经 CR 防水剂轻微处理,以防止黏合剂渗透到基布的背面而使织物变硬。黏合剂采用聚丙酸酯乳液。使用时应避免在绒毛植入前乳液表面形成黏膜,否则不利于植绒。拷花仿麂皮织物是将已植绒的基布在加热至 120~130℃ 的表面刻有花纹的钢辊与纸质或棉质辊之间轧制而成。仿麂皮织物除采用植绒工艺制成外,还有采用拉毛剪毛工艺的,这两种织物均属中低档产品,高档仿麂皮面料是采用超细纤维基布制成的。

(二)仿麂皮绒针织面料

仿麂皮绒针织面料一般采用涤纶长丝为地组织原料,细或超细纤维的涤纶低弹丝为绒面原料,其单丝线密度一般为 0.1~5.5dtex。仿麂皮绒针织物有经编与纬编两种,由于该织物要求结构紧密、尺寸稳定,故以经编居多,常采用经平绒组织,即地组织为结构紧密的经平组织,绒面为易于磨绒的经绒组织。仿麂皮绒针织物的短绒毛是在后整理中在涂聚氨酯后磨毛形成的。

织物也可形成花色效应,花色麂皮绒主要有两类。一类是编织成提花坯布再进行起毛、磨绒等整理,毛绒面形成提花的花色;另一类是编织成本色坯布后进行染色、印花,然后再进行磨毛等整理,毛绒面形成印花的花色。布面有密集柔软的短绒毛,外观酷似麂皮,不仅具有细密的绒毛、柔软而富有弹性、尺寸稳定性好、悬垂性佳等天然麂皮的特征,而且还具有不发霉、易洗快干、不易脱毛、手感柔软、抗折皱、耐磨等天然麂皮无法比拟的优点。适于作外套、运动衫、春秋季大衣等服装面料,也可用于制作鞋面、帽子、沙发套、箱包面料等用品。

二、砂洗面料

砂洗是采用化学和物理相结合的方法,使被加工织物表面均匀起绒的整理方法,这实际上是一种化学砂洗方法,其原理如下:加工织物或成衣处于松弛状态下,用砂洗化学助剂(含有膨化剂与柔软剂)使纤维膨化、疏松,再借助织物与织物,以及织物与机械之间的动态阻尼摩擦,使织物起绒;再辅之以特殊的柔软剂,使裸露于织物表面的绒毛挺起、丰满,从而使织物获得松软、柔顺、抗皱及悬垂性较佳的效果。由于棉、麻、黏胶纤维以及聚酯等纤维具有的性能与蚕丝不尽相同,仅靠膨化剂很难形成像蚕丝那样细密的绒毛,于是在加工中常辅之以特殊的砂粉乃至金刚砂,或使之与砂磨、钢丝起绒相结合,以弥补单纯砂洗的不足。混纺织物砂洗的效果取决于混纺织物的纤维组成及组成纤维所占的比例。

砂洗有不同的工艺路线,因而可获得各种不同视觉风格的砂洗产品。就砂洗与染色的次序而言,有染色前砂洗和染色后砂洗之分。先砂洗后染色,织物色泽鲜艳,有人称为仿新砂洗产品。先染色后砂洗,织物色泽似旧犹新,所以也称仿旧砂洗产品。也有的在印花前后分别进行一次砂洗,第一次砂洗的主要目的在于使织物产生预缩,防止印花时花型变形;第二次砂洗的目的则以起绒为主。

(一)常用砂洗工艺

目前常用的砂洗加工工艺主要有以下几种。

(1)白坯布直接砂洗→染色或印花→砂洗→柔软处理→烘燥→打冷风→定形→成品检验。

(2)染色或印花(砂洗前印花宜固色)→砂洗→柔软处理→烘燥→打冷风→成品检验。

(3)白坯布砂洗→染色→柔软处理→烘燥→打冷风→定形→成品检验。

(4)采用中性砂洗膨化起绒剂 SA 的工艺流程:真丝绸装袋→砂洗→水洗→脱水→柔软(柔软剂 SL—1 或 SL—2)处理→脱水→松式烘干。

(5)采用碱性砂洗剂 SA 和酸性砂洗剂 SB 加工绢纺绸的工艺流程:砂洗剂 SA 砂洗(用量 12 ~ 20g/L,30℃,20 ~ 45min)→水洗→砂洗剂 SB 砂洗(用量 14 ~ 20g/L,50℃,30 ~ 60min)→水洗→脱水→柔软处理(柔软剂 50C)→脱水→松式烘干。

(6)柞丝绸砂洗工艺流程:装袋—砂洗(砂洗剂由纯碱加适当表面活性剂复配,用量 10 ~ 20g/L,pH 值 10.5 ~ 12,80 ~ 85℃,90 ~ 120min)→水洗→脱水→柔软处理(柔软剂 Sapamine OC)→脱水→先紧后松干燥。

(7)棉、黏胶纤维、麻织物等砂洗工艺流程:织物装袋→膨化→水洗→砂洗粉 A 砂洗→水洗→脱水→柔软处理(柔软剂 SL—1 或 SL—2)→脱水→松式烘干。

(8)丝/麻、丝/棉等混纺织物的砂洗工艺流程:织物装袋→砂洗(纯碱24g/L,烧碱2g/L,45℃,40min)→水洗→脱水→柔软处理(SunSilky505 为 2.5mL/L,SunSoflon·077 为 2.5mL/L,45℃,5min)→脱水→烘干及打冷风。

(二)砂洗的作用

真丝绸经过水洗后,织物的外观与服用性能发生了很大变化,主要表现在以下几方面。

1. 外观大有改善

经过砂洗后,织物的表面覆盖一层匀称的绒毛,色泽和光泽变得柔和自然,悬垂性良好,给人以丝感之感。

2. 手感好

砂洗后的织物手感轻盈、柔软、滑爽、蓬松、弹性好,不易产生折皱,手感厚实。

3. 服用性能改善

砂洗后的织物不仅茸效应优良、丰满、活泼、柔软、舒适,而且透气性有所提高,并略呈绉纹状,穿着舒适,潇洒。

4. 洗涤性能改善

砂洗后的织物具有易洗快干的特点,而且洗后能保持原有的色泽和形态,基本上不用熨烫。如果采用干洗,则效果更佳。

5. 缩率大大降低

各类织物经过砂洗后,缩率可达到最佳效果,在砂洗过程中,一般素绉缎缩率为7%~8%,电力纺类缩率为8%~9%,双绉类可达9%~11%,黏胶纤维织物的缩率更大。因此,织物经过砂洗后做成服装,其尺寸稳定性好,基本上不存在缩水现象。若在成衣后再砂洗,则在裁剪时必须留出砂洗的缩率。

6. 强力下降

砂洗后织物的强力都有不同程度的下降,但下降后的强力必须控制在国家规定或客户要求的指标范围内。

砂洗织物是国际流行的高档服装面料,一般用于制作高级时装、夹克衫等。

三、起绉织物面料

"绉"不同于"皱",纺织品的"皱"是人们不愿意看到的,它使穿着者感到不舒服,这是纺织品在设计和生产加工中应努力避免的,而"绉"却是人们有意识地采用某种方法而产生的一自然化绉纹,是人们希望和追求的一种视觉风格。

起绉织物是指布面呈现凹凸不平类似胡桃外壳效应的织物,也称胡桃呢或绉纹呢。它与一般织物相反,不具有光滑、平整、挺括的外观,布面上分布错综的小颗粒,表面有不规则的绉条或绉纹,具有绉缩不平的特殊效应。

（一）起绉原理与加工方法

1. 起绉的原理

织物组织中不同长度的经纬浮线在纵横方向错综排列。由于结构较松的长浮点分布在结构较紧的短浮点之间,于是长浮点微微凸起,形成细小的颗粒状,均匀地分布在织物的表面,从而形成绉效应。这些细小颗粒状的组织点,对光线形成漫反射,所以光泽暗淡柔和。绉组织织物比平纹织物手感柔软,质地厚实,弹性好。

2. 起绉的加工方法

（1）设计不同经纬纱浮长的组织,即绉组织,如色织物中的涤/棉树皮绉,丝织物中的四季呢、特纶绉等。

（2）利用强捻纱在后整理中的收缩形成绉纹,如棉织物中的绉布,丝织物中的双绉、乔其纱等。

（3）利用凹凸轧光机械生产拷花仿波纹织物。

（4）利用两组经纱的不同送经量产生的泡泡织物。

（5）对纤维素纤维织物进行化学处理,使织物部分收缩,从而得到泡纹织物。

（6）在湿热条件下,对涤/棉混纺织物或纯棉织物进行树脂整理,从而产生不规则的拆绉或绉向自然的绉纹。

（7）利用不同纤维原料的收缩性能不同,在织物中间隔交替使用,经后整理产生绉纹。

（二）绉布

绉布又称绉纱,属于薄型平纹棉织物。采用一般经纱与定形的高捻纬纱（公制捻系数常用665）交织成织坯,经烧毛、松式退浆、煮、练、漂白和烘干等前处理,再经一定时间的热水或热碱液处理,使高捻纬纱收缩（收缩近1/3）,布面形成绉纹效应的织物,然后进行印花或染色,有时还要经过树脂整理。按织物外观形态分为条形绉和羽状绉,又有纹路有规则与无规则之别,无规则的绉纹又有深和浅之分。按条形的宽窄又可分为宽条形绉和窄条形绉。按染整工艺则可分为漂白、染色、印花和色织等产品。绉布具有质地轻薄、手感挺爽、柔软、绉纹持久、富有弹性、类似丝绸、风格别致、穿着舒适等特点。除纯棉绉布外,还有涤/棉混纺绉布、纯涤纶绉布等产品。绉布宜作衬衫、儿童服装、睡衣裤、浴衣等产品,也可作窗帘、台布等装饰织物。

（三）绉纹布

采用绉组织织制。绉组织又称呢地组织,是小花纹组织的一种,织物呈现绉缩的外观效应。它利用两个不同组织而在某一组织的循环面积上重合另一个组织,构成绉组织。构成绉组织的完全经纬纱数等于被重合的两个组织的最小公倍数。也可以原组织或变化组织为基础组织,用增减或调移原有组织点或插入其他组织构成。主要在织物组织中出现不同长度的经纬浮线,在纵横方向错杂排列,形成织物表面具有错综浮沉,且分散规律不明显的细小颗粒外观。也有加大普通纬纱的捻度,使捻系数超过临界点形成强捻纬纱,再放入水中浸水收缩,形成绉纱,以平纹组织织制成绉纱坯布,经后整理加工成为质地柔软、轻薄、布身有绉感的织物。

起绉织物具有手感滑糯、质地松软、轻薄、美观大方、穿着舒适等风格特征。适于制作衬衫、裙子、睡衣裤、童装以及窗帘、台布等装饰品。

(四)纯棉泡纹织物

将一定浓度的烧碱局部地印在纯棉织物上,遇碱部位的棉纤维吸碱后会收缩,而使未接触碱的部位因受邻近收缩纤维的影响而隆起形成起伏,这种形状俗通泡泡。起泡的加工方式有两种。

1. 直接印碱法

使用一定浓度的烧碱局部地直接印在已经过漂白、染色或印花的纯棉织物上,由这种加工方式形成的泡泡称为传统泡泡纱。

2. 树脂防碱法

采用拒水性能较强的树脂对纯棉织物进行局部印花,然后再浸轧在一定浓度的烧碱溶液中,织物上未印到防水树脂的部位收缩,而印有防水树脂的部位起泡,这种加工方式形成的泡泡称为树脂泡泡纱。这种泡泡纱又分不对花和对花两种。前者的生产方式与传统泡泡纱基本相同,仅将直接印烧碱改为直接印防水树脂,然后再浸轧烧碱成泡;后者是在印花时一次印上防水树脂及其他可以搭配的染料色浆,然后再浸轧烧碱起泡。因此,只要花型图案和受碱部位配合适宜,就可印制出多种泡形的产品。

纯棉泡纹织物具有泡纹稳定、自然大方、透气透湿、手感柔软、穿着舒适等特点,适宜制作睡衣、夏季裙料、儿童服装以及装饰织物等产品。

(五)轧纹织物

合成纤维纯纺及混纺织物受热和机械力的作用时,由于合成纤维具有热塑性,所以在玻璃化温度以上进行轧绉加工时,其分子链得以重新排列,降低外加温度后,合成纤维的分子链得以固定,此时织物出现轧绉效应,这就是轧纹整理。经过轧纹整理,织物上就产生了不同光泽和不同深浅程度的凹凸花纹,而且立体感很强,悬垂性良好,凹凸花纹的保形性好,织物耐水洗和拉伸。该织物是夏季裙子和时装的理想面料。

四、高收缩面料

高收缩纤维是在热的作用下能产生较大收缩的纤维。目前已开发成功的高收缩聚丙烯腈纶(高收缩腈纶)、高收缩聚酯纤维(高收缩涤纶)、高收聚乙烯醇纤维(高收缩维纶)和高收缩聚丙烯纤维(高收缩丙纶)等产品。其中最常用的是高收缩腈纶和高收缩涤纶,有长丝,也有短纤维。制造高收缩纤维的方法大致有三种,即化学改性法、物理改性法以及两者相结合的方法。不论采用哪种方法,都是基于降低纤维的结晶度、增加非晶区的比例这一出发点来开展工作的。纤维有高收缩性,主要是纤维中非晶区作用的结果,这是由纤维中具有低取向度、低结晶度的结构形态造成的。在热或溶剂的作用下,非结晶区存在的取向力被逐渐消除,在分子链由高序态变成低序态过程中产生了热收缩效应。

因此,根据高收缩纤维在热的作用下可产生较大收缩的特点,在应用上可用高收缩纤维与低收缩纤维(即其他普通纤维)混纺生产膨体纱;将高收缩丝(纱)与其他普通丝(纱)交织,从而使其织物产生泡绉效应;也可将少量高收缩纤维用于仿毛织物中,以获得优良的仿毛风格。

(一)纯腈纶彭体纱织物

通常将高收缩腈纶(45%)和低收缩腈纶(55%)的混纺纱热湿处理,使纱线膨体化。由这种膨体纱织制的织物具有结构蓬松、质轻、手感柔软、保暖性和覆盖性好、色泽鲜艳、穿着舒适等特点,可加工成粗花呢、大衣呢等仿粗纺面料和童装面料,适宜制作西装、休闲装、套装、大衣、童装等各种服装面料,也可用于制作围巾、毛毯等复制产品以及窗帘、床罩等装饰织物。

(二)腈纶膨体纱交织物

以非膨体化的短纤维(如棉纱、中长纤维纱等)作经纱,以膨体纱作纬纱进行交织。在膨体纱内混有三角形锦纶丝,与普通腈纶膨体纱相比,染色后的色泽更为鲜艳、丰满、别致。因此,织物手感厚实、丰满、柔软、保暖性好,白色的异形丝在织物表面闪闪发光,具有仿"黑白抢"或"银抢"的效果。适于制作大衣、时装、童装、围巾等仿粗纺面料。

(三)高收缩涤纶丝泡绉织物

利用高收缩涤纶丝在热的作用下会产生较大收缩这一特征,使高收缩涤纶丝与普通涤纶丝在织物的纬向间隔排列,与经纱交织,坯布在后整理加工中,两种不同缩率的纬丝在热的作用下形成泡绉效应。织物轻薄滑爽,色泽娇嫩柔和。泡绉兼有泡泡纱和绉纱的形状,而且绉效应分布均匀。适于制作春秋季连衣裙和短裙面料,也可作窗帘、床罩等装饰用布。

(四)高收缩涤纶/普通涤纶/黏胶纤维混纺织物

将少量高收缩涤纶与普通涤纶、黏胶纤维混纺,经纬纱均采用这种混纺纱织造,织物在后整理中受到湿热处理时,高收缩涤纶产生剧烈的收缩,使普通涤纶和黏胶纤维分布于纱线表面而形成卷曲感和蓬松感。织物厚度增加而丰满。手感柔软蓬松,仿毛感逼真。适于制作西服、外套、春秋季大衣等服装。

五、异形纤维面料

异形纤维是异形截面化学纤维的简称。所谓异形截面是指这种纤维的横截面呈特殊的形式,而不像一般化学纤维那样为圆形或近似圆形。异形纤维的出现是应用仿生学的结果。天然纤维一般都具有非规则的截面形态,因而形成了天然纤维及其制品的特定风格和性能。例如,棉纤维呈腰圆形且具有中空的形态,使其具有保暖、柔软、吸湿等特点。自 1954 年首次发表了制造异形纤维的研究报告后,逐渐形成了异形纤维的系列产品,如三角形(三叶形;T 形)、多角形(如五星形、五叶形、六角形和之字形)、扁平形、带形(如狗骨形、豆形)、中空形(如圆形、梅花形)等,形成了服用纤维的一大类(异形纤维的截面形状有 30 多种)。20 世纪 80 年代以来,异形纤维的生产又向异形复合化、中空化和多功能化方向发展,不仅提供了纤维的蓬松保暖性,而且也解决了起球勾丝、吸湿和透气的问题,大大提高了纤维的综合服用性能,拓展了使用范围。

(一)异形纤维混纺仿毛织物

采用异形纤维圆中空涤纶与普通涤纶、黏胶纤维三者按 40:25:35 的比例纺制混纺纱,用平纹或 $\frac{2}{2}$ 斜纹组织织制的织物,其仿毛感、手感和风格都优于普通涤/黏混纺织物,具有一般仿毛织物的风格特点,而且蓬松性、保暖性好,手感厚实,质轻,易洗快干。适于制作精纺毛织物中的隐条呢、华达呢、啥味呢、板司呢、花呢、派力司织物所能做的各种服装及装饰用织物。

(二)涤/棉纬长丝仿绸织物

通常以 13tex(45 英支)涤/棉混纺纱作经,与 7.6 ~ 8.3tex(68 ~ 75 旦)异形涤纶丝交织。织物轻薄、滑爽、挺括、免烫,手感柔软,易洗快干,光泽独特,特别是经过仿绸整理后,具有明显的丝绸风格特征。适宜制作夏季各种服装,也可作装饰用布。

六、闪光灯芯绒

以棉 80/三角形涤纶 20 混纺纱为经纱,以棉 80/三角形涤纶 20 混纺纱或纯棉纱与三角形锦纶丝并合纱或棉 82/三角形锦纶 18 包芯纱为纬纱交织成灯芯绒或仿平绒。由于异形纤维特殊的光泽而将其应用到灯芯绒织物中,产生了理想的闪光效果。其织物具有绒毛丰满、绒条清晰圆润、手感弹滑、柔软、厚实,织物紧密等特点。适于制作春、秋、冬三季男女老少各种服装和鞋料、帽料及窗帘、沙发套、幕帷、眼镜盒和各种仪器匣箱的内衬、手工艺品、玩具等制品。

七、涤纶类仿丝绸面料

在纺织纤维中,由于涤纶具有较好的综合机械性能,故而赋予织物耐穿、抗皱、洗可穿等许多优良特性。而这些特性恰恰是真丝绸类织物的不足之处。用普通涤纶丝、普通的加工方法织制的涤纶绸,在外观手感、服用舒适性和卫生性方面与真丝绸存在很大差距。因此,必须采用一些特殊的加工方法,才能获得既具有真丝绸的服用性和风格,又具有涤纶特有性能的织物,这些特殊的加工方法就是仿丝绸加工。仿丝绸加工的方法一般有以下几种。

(1)纤维截面的改性。桑蚕丝的截面呈不等边三角形,它是决定真丝绸风格的一项重要因素,诸如光泽、对比光泽度、摩擦因数等,故涤纶仿丝绸加工的原料采用了三角形、三叶形、八叶形、十六叶形、T形、Y形、五星形等异形涤纶丝,从而改善了织物的悬垂性、卷曲性和光泽的自然柔和。

(2)降低涤纶单丝的线密度。

(3)混纤、加捻、假捻。通过混纤、加捻、假捻等加工方式,可改善涤纶单丝的合散性、平滑性及粗糙性,可有效地控制经纬丝的膨化率、卷曲率和收缩率,从而获得织物的蓬松性、柔软性、弹性以及绉效应等外观风格特征。

(4)碱减量处理。在减量加工过程中,使纤维表面产生水解,织物重要有所减轻,手感柔软,悬垂性好。

(5)特种整理。对织物进行抗静电整理、丝鸣整理等。

这五种方法均可增加丝绸感,实际上,只有对以上各种方法进行有机组合,才能达到仿丝绸的最佳效果,但对具体的品种又有所不同,应根据用途和对品质的不同要求,进行合理地组合。

仿绸织物按照加工方法分为涤纶仿真丝绸织物和涤/棉混纺仿绸织物。前者是以涤纶丝为原料,在丝织设备上织制,以真丝绸风格为主要目标;后者是以涤/棉混纺的短纤纱为原料,在棉型设备上织制而成,具有一般绸类织物的风格特征。

(一)仿绸织物的减量加工

对某些品种、某些结构的仿绸织物而言,为了获得质地轻薄、手感柔软、悬垂性好的仿绸效应,必须进行减量加工。减量加工包括碱减量和酸减量两种。对于纯涤纶仿绸织物可进行碱减量加工,对于涤/棉混纺织物既可进行碱减量加工,又可进行酸减量加工,两者相比,各有特点。酸处理的减量率较均匀,工艺条件较易控制,但生产设备的选用和安全问题要特别注意。碱减量处理工艺较简单,成本较低廉,适用的织物广,仿绸效果与成品质量较理想。目前这两种减量方法在生产中都大量使用。

1.碱减量加工原理

涤纶在强碱的作用下会产生剥蚀作用,这主要是由于涤纶是一种聚酯型高聚物,其大分子各个链节间都以酯键相连,在强碱的作用下,纤维被剥蚀而变细失重。碱减量加工就是利用涤纶的这一特性,将织物放在一定条件的碱溶液中处理,引起纤维表层水解而变细。纤维变细后,增大了织物中纱(丝)间的空隙,致使织物的组织交叉点容易滑动,并形成内紧外松的组织,从而达到手感柔软、丰满的仿绸效果。如将织物再经特种整理,可使织物具有真丝般的"丝鸣"感和防污、抗静电的效果,则织物仿绸效应更佳。

2.酸减量加工原理

涤/棉混纺或交织物中的棉纤维在较浓的无机酸作用下会产生水解,这主要是由于棉纤维中的主要成分纤维素在酸的作用下,纤维素分子中的 1,4 - 苷键断裂,使其聚合度急剧下降,纤维素被水解成水溶性的葡萄糖而被洗去。涤/棉织物中的涤纶大分子主链是以酯键连接的,酯键较耐酸,在一般条件下较稳定。由于织物中部分棉纤维被水分解,去除,致使织物产生较多的空隙和失重,从而获得了质地轻薄、疏松,手感柔软、滑爽的仿丝绸风格。

从理论上讲,碱减量处理或酸减量处理方法并不复杂,但工艺技术的要求相当严格。往往由于处理的工艺条件不同,得不到相同的反应结果和均匀的减量率,甚至有可能使织物的强力骤降,服用性能变差。所以在减量加工过程中必须严格控制工艺条件,如酸或碱的浓度、促进剂的数量、温度和时间等参数。

轻薄型仿绸织物质地柔软,富有弹性,常用于制作衬衫、裙子等服装面料;中厚型织物绸面层次丰富,质地平挺厚实,可作各种高档服装,如西装、礼服、外套、裤子、领带,也可用于室内装饰织物。

(二)涤纶仿真丝绸织物

涤纶长丝经过仿绸加工的仿真丝绸织物,不仅具有涤纶织物的挺括、洗可穿、坚牢耐穿用等特点,而且还具有真丝绸织物的质地轻薄、手感柔软、光泽自然柔和、悬垂性好、吸湿透气等特点。不但与真丝绸织物真假难分,而且有其自己的特色。其风格特征视具体品种的不同而有所不同。

1. 涤纶仿乔其纱类织物

乔其纱为绉织物,为了获得绉效应,经纬纱需要加强捻,一般为 25 ~ 35 捻 /cm,两左两右排列。涤纶丝加强捻后,织物手感较粗糙,所以必须选用较细的圆形截面单丝,织物要经过碱减量加工,这样才可使织物手感柔软,具有真丝乔其纱的风格特征,而且由于采用了圆形丝,使极光得到改善,碱减量处理后的强力等物理指标不会受到大的影响。该织物轻薄透明而富有弹性,绸面呈现细小颗粒,排列稀疏而又均匀,手感柔爽且有飘逸感,外观清淡雅洁,具有良好的透气性和悬垂性。织物可用于制作妇女连衣裙、晚礼服、头巾及窗帘、灯罩、宫灯等手工艺品。

2. 涤纶仿双绉类织物

双绉也为绉织物。经一般为无捻丝或低捻丝,纬丝加以适当的捻度,两根左捻纬丝与两根右捻纬丝间隔织入。采用三角形有光丝或其他异形丝,以改善织物的光泽。为改善织物的手感应选择较细的单丝。一般根据成品的要求与单丝细度的选择,确定是否需要进行碱减量处理。

3. 涤纶仿顺纡类织物

顺纡乔其纱经丝为无捻丝或低捻丝,纬丝根据品种的要求加一定的捻度,左捻或右捻均可,由于经丝为无捻或低捻丝,为改善织物的光泽,采用三角形有光丝或其他异形丝,纬丝用圆形丝或异形丝均可。顺纡乔其纱的经丝需加强度,致使织物手感粗糙,所以应选择较细的单丝,并经碱减量处理。该织物质地轻薄糯爽,绸面呈纵向不规则凹凸波形,手感柔软而有弹性,风格新颖别致。该织物可制作男女衬衫及妇女裙子、披纱、头巾等。

4. 涤纶仿纺、仿绸、仿缎类织物

织物的经纬丝一般不加捻或加低捻。为改善织物的光泽,采用三角形有光丝或其他异形丝。选用较细的单丝,有助于获得手感柔软的仿真丝绸风格。为改善织物的光泽,无捻丝或低捻丝织物应选用异形有光丝,强捻丝织物使用普通圆形丝即可,但应经过碱减量处理。

仿纺织物质地轻薄,表面平整、细洁、缜密,坚韧细滑。色泽以平素为主,也有条格和印花产品,可用于制作女装、衬衫、裙子、滑雪衣及伞面、扇面、绝缘绸、打字带、灯罩、绢花、彩旗等产品。轻薄型仿绸织物质地柔软,富有弹性,常用于制作衬衫、裙子等服装面料;中厚型的仿绸面料绸面层次丰富,质地平挺厚实,可作各种高档服装面料,如西装、礼服、外套、裤子、领带等,也可作室内装饰用。仿缎织物的锦缎有彩色花纹,色泽瑰丽,图案精致;花缎表面呈现各种精致细巧的花纹,色泽纯,有些表面具有浮雕等特点;素缎表面素净无花。经缎的经密远大于纬密,纬缎的纬密比经密大。仿缎织物主要用于服装面料。薄型缎可做衬衫、裙子、舞台服装、披肩、头巾等;厚型缎可做外衣、旗袍、袄面以及台毯、床罩、被面、领带等方面。

(三)涤/棉混纺和纬长丝仿绸织物

普通的涤/棉混纺织物和涤/棉混纺纱作经与涤纶丝作纬的交织物经碱减量或酸减量处理,其织物既保持了涤/棉混纺或交织织物的挺括、不起皱等优点,又具有较好的仿丝绸效应。织物适宜作夏令衬衫、裙子,也可作装饰用布。

八、烂花类面料

烂花是指在多组分纤维组成的织物上印腐蚀性化学药品(如 H_2SO_4、$AlCl_3$ 等),经烘干、焙烘等后处理,使其中某一纤维组分破坏而形成图案,形成具有独特风格的烂花布。该工艺多用于丝绒织物。烂花织物的花纹或凹凸有序,或呈半透明状,装饰性很强。也可在印浆中加入适当的耐受性染料,在烂掉某一纤维组分的同时使另一组分纤维着色,获得彩色烂花效果。烂花印花最早用于丝绸交织物中的烂花绸、烂花丝绒,其后用于烂花涤/棉织物及其他织物。烂花织物都由两种不同纤维通过混纺织成,其中一种纤维被某种化学药剂破坏,而另一种不受影响,便形成特殊的烂花印花布,通常由耐酸性能好的纤维(如蚕丝、锦纶、涤纶、丙纶)与纤维素纤维(如棉、黏胶纤维等)混纺或交织成织物。烂花的质量要求表现在烂花部位的透明度要好,花型的轮廓线要清晰、不渗化、不多花、不少花、不断浅,花型美观,套版准确。设计花型时,应避免使用细小的点、线、面,以防烂花时出现丢花和花型轮廓线渗化的弊病。设计烂印结合的花型,在烂花与印花部位接线时,应留有适当间隙,以防止烂印时烂花浆与印花浆互渗,破坏花型效果。织物的套色不宜过多,避免套版时对版困难。

(一)涤棉包芯纱烂花布

包芯纱烂花布又称凸花布,是一种表面具有半透明花形图案的轻薄型混纺织物。织物原料以涤棉包芯纱为主,它以涤纶丝为纱芯,外面包覆棉纤维。也有采用涤黏包芯纱或丙棉包芯纱织制的。烂花布花纹是利用包芯纱的内芯与外层两种纤维具有不同耐酸程度的特点,根据花型设计的要求,将无机酸印在烂花的坯布上,经烘干、焙烘后,印花部分的棉纤维受到酸的腐蚀而水解,受到高温焙烘而炭化,经水洗去除炭渣;内芯的涤纶丝因不受酸腐蚀,仍保留原有光泽,呈半透明网状。另一部分未接触无机酸的经纬纱依然保持原状,从而使布面呈现凸起的花纹。产品有漂白、染色、印花和色织等品种,具有透气、尺寸稳定、挺括坚牢、快干免烫等特点,适于制作夏季妇女服装及枕套、床罩、台布、头巾、窗帘等装饰织物。如再经刺绣、抽纱等深加工,则更加华丽、高贵、美观。

(二)烂花绡

烂花绡是经烂花工艺处理的绡类织物。该织物既有绡类织物的质地轻薄、外观透明,又在透明的绡地上呈现出光泽明亮的花纹,花地分明。它以两组不同纤维原料作经,采用经向组合中耐化学药剂腐蚀的一组原料作纬。利用两种纤维耐化学药剂腐蚀脱落,保留所需花纹部分,形成风格别致的烂花绡织物。根据所选用原料的不同,有桑黏烂花绡、涤黏烂花绡、锦黏烂花绡、醋黏烂花绡等品种。若再经印花等其他工艺处理,品种更为丰富多彩。织物适宜作春夏季衣裙及各种服饰和装饰产品。

(三)烂花绒

烂花绒是经烂花工艺处理的绒类丝织物。该织物的地组织(地经和纬纱)和绒经分别为两种纤维,其耐化学腐蚀性的强弱不同,按花型要求将部分绒毛腐蚀脱落掉,形成花地分明、风格别致的烂花绒。根据所选原料的不同,有桑黏烂花丝绒、锦黏烂花丝绒,若再经印花等其他工艺处理,产品更加绚丽多彩。该类织物质地柔软、色泽鲜艳光亮、手感舒适、色光柔和、绒毛耸立、紧密。织物宜做高级礼服、外套、时装、艺装等高档服装及花饰用绸。

(四)烂花乔其绒

烂花乔其绒是以桑蚕丝作经纬线,有光黏纤丝作绒经的双层绒织物。织物经割绒、烂花、染色等后处理工艺加工,织物质地明朗透空,花形色泽鲜艳,花地分明,绒毛耸密挺立,富有立体感,手感柔软,富有弹性,花纹绚丽别致,别具一格。织物适宜制作妇女晚礼服、宴会服、少数民族服饰、连衣裙、短裙、围巾、少数民族花帽及帷幕、沙发、被面、窗帘、门窗等装饰用品。

参考文献

[1]吴振世.新型面料开发[M].北京:中国纺织出版社,1999.

[2]李青山.创造与新产品开发教程[M].北京:中国纺织出版社,1999.

[3]滑钧凯.纺织产品开发学[M].北京:中国纺织出版社,1997.

[4]吴震世,周勤华.纺织产品开发[M].北京:中国纺织出版社,1990.

[5]薛迪庚.现代纺织品的开发[M].北京:中国纺织出版社,1995.

[6]金壮,张弘.纺织新产品设计与工艺[M].北京:中国纺织出版社,1993.

[7]沈兰萍.新型纺织产品设计与生产[M].北京:中国纺织出版社,2001.

[8]李栋高,蒋惠钧.纺织新材料[M].上海:中国纺织大学出版社,2002.

[9]王曙中.高科技纤维概论,[M].上海:中国纺织大学出版社,2005.

[10]商成杰.功能纺织品[M].北京:中国纺织出版社,2006.

[11]刘国联.服装新材料[M].北京:中国纺织出版社,2005.

[12]邢声远,郭凤芝.服装面料与辅料手册[M].北京:化学工业出版社,2008.

[13]吴坚.纺织产品功能设计[M].北京:中国纺织出版社,2007.

[14]王进美,田伟.健康纺织产品开发应用[M].北京:中国纺织出版社,2005.

[15]梁惠娥.服装面料艺术再造[M].北京:中国纺织出版社,2008.

[16]杨颐.服装创意面料设计[M].上海:东华大学出版社,2011.

[17]顾东民,吴春明.免烫服装与绿色整理[M]北京:中国纺织出版社,2008.

[18]姜怀.功能纺织品开发与应用[M].北京:化学工业出版社,2013.

[19]姜怀.智能纺织品开发与应用[M].北京:化学工业出版社,2013.

[20]范雪荣,王强.针织物染整技术[M].北京:中国纺织出版社,2004.

[21]郭凤芝.针织服装设计基础[M].北京:化学工业出版社,2008.

[22]张祖芳,濮微.服装面料设计[M].上海:上海人民美术出版社,2007.

[23]赵家祥.心理舒适性织物[J].棉纺织技术,1999(6).

[24]邢宇新.仿生学原理及其在纺织工业中的应用[J].毛纺科技,2001(4).

[25]邢声远,董奎勇.新型纺织纤维[M].北京:化学工业出版社,2013.

[26]梅自强.纺织辞典[M].北京:中国纺织出版社,2007.

[27]邢声远,江锡夏.纺织新材料及其识别[M].2版,北京:中国纺织出版社,2010.

[28]季国标,梅自强,等.黄道婆走近现代纺织大观园——纺织新技术、新工艺和新设备[M].北京:清华大学出版社,2002.

[29]郁铭芳,孙晋良,等.纺织新境界——纺织新原料与纺织品应用领域新发展

[M].北京:清华大学出版社,2002.

[30]邢声远.2005 中国纺织产品开发报告(纱线篇).2005.

[31]邢声远.2006 中国纺织产品开发报告(纱线篇—常规纱线).2006.

[32]张宝山.CAD 技术在面料图案设计中的应用[J].纺织导报.2010(3).

[33]郑天勇.纺织品 CAD/CAM[M].北京:化学工业出版社,2007.

[34]刘森,朱江波.数码信息技术在纺织品设计中的应用[J].轻纺工业与技术.2012(5).

[35]王旭娟.印花分色 CAD 基础教程[M].北京:清华大学出版社,2013.

[36]郭瑞良,潘波.基于颜色值检索的面料图像检索系统[J].毛纺科技.2010(8).

[37]北京:国际纺织品流行趋势,2002,2012.